Astrowissen

Hans-Ulrich Keller

Astrowissen

Zahlen – Daten – Fakten

Franckh-Kosmos

Mit 72 Zeichnungen von Elke Köder, Hans-Hermann Kropf und Atelier Höllerer nach Vorlagen des Verfassers sowie 81 Tabellen und 6 Schwarzweißfotos im Text.

Umschlaggestaltung von Atelier Reichert, Stuttgart, unter Verwendung von Vorlagen von Gerhard Neukum und Sabine Herrmann-Ickram.

Die Deutsche Bibliothek – CIP-Einheitsaufnahme
Keller, Hans-Ulrich:
Astrowissen : Zahlen – Daten – Fakten / Hans-Ulrich Keller. – Stuttgart : Franckh-Kosmos, 1994
ISBN 3-440-06206-6

ISBN 3-440-06206-6
Lektorat: Hermann-Michael Hahn
Herstellung: Siegfried Fischer
Printed in Germany / Imprimé en Allemagne
Satz: Typobauer Filmsatz GmbH, Ostfildern
Druck und Binden: Chemnitzer Verlag und Druck GmbH, Werk Zwickau

Astrowissen

(Die Kursivangaben weisen auf Tabellen im Text hin)

Vorwort

Es gibt sehr viele Bücher über Astronomie, und es gibt auch viele gute Astronomie-Bücher. Wozu also ein weiteres Astronomie-Buch schreiben?

Bei der Vorbereitung von Kursvorlesungen, Vorträgen und der Abfassung von Manuskripten fiel mir eine Lücke in der astronomischen Literatur unangenehm auf: Es gibt sehr einfache, kurzgehaltene Werke, in denen man oft nicht das findet, was man gerade sucht. Andere Werke sind dickleibig, nach langem Suchen entdeckt man dann an drei Stellen die gewünschten Angaben, die einander jedoch – widersprechen! Also schleppt man weitere Bücher aus der Bibliothek heran ...

Zahlreiche Anfragen zu astronomischen Themen, vor allem von Lesern des astronomischen Kalenders DAS HIMMELSJAHR, führten zum Entschluß des Verfassers, das vorliegende Kompendium zusammenzustellen. Es soll für diejenigen eine schnelle und nützliche Hilfe sein, die Daten, Fakten, Zahlen und Definitionen aus der Astronomie stets griffbereit bei sich haben wollen. In erster Linie ist es als Begleitbuch zum HIMMELSJAHR gedacht, also für Sternfreunde und Amateurastronomen. Aber auch dem interessierten Laien, Schüler, Lehrer, Studierenden der Naturwissenschaften und Kollegen soll es als Leitfaden zur Himmelskunde dienlich sein.

ASTROWISSEN ist kein schönes Bilderbuch – davon gibt es mehr als genug – sondern eine preiswerte Zusammenfassung mit einfachen und möglichst leicht verständlichen Skizzen.

Wegen des knappen Umfanges war eine inhaltliche Beschränkung notwendig, was der Übersichtlichkeit zugute kommen soll. Die Auswahl und Gewichtung der Themen und Daten ist zugegebenermaßen subjektiv. Zuschriften aus dem Leserkreis werden zeigen, wo bei einer eventuellen Neuauflage Ergänzungen angebracht sind.

Zu danken habe ich den Mitarbeiterinnen und Mitarbeitern des FRANCKH-KOSMOS-Verlags für ihre stete Unterstützung und ihren tatkräftigen Einsatz bei der Herstellung dieses Werkes, namentlich Herrn Siegfried FISCHER für das Layout und Herrn Conrad HÖLLERER für die Zeichnungen.

Mein besonderer Dank gilt Herrn Hermann-Michael HAHN, ohne dessen sanfte, freundliche aber bestimmte Mahnungen das Manuskript wohl nicht zeitgerecht fertiggestellt worden wäre. Er hat mit großer Sorgfalt das Manuskript redigiert, geprüft und viele gute Verbesserungsvorschläge gemacht. Dank gebührt auch Frau Carmen BORST für die sorgfältige Reinschrift des Manuskriptes.

Alle verbliebenen Unstimmigkeiten, Unklarheiten oder Fehler gehen voll zu Lasten des Autors.

Stuttgart, im Oktober 1993

Hans-Ulrich Keller

Astronomie – die Wissenschaft vom Universum und seinen Sternen

Die Astronomie wird gelegentlich etwas euphorisch als „die älteste Wissenschaft der Menschheit" bezeichnet. Den Astronomen schmeichelt dies. Mit gleichem Recht behauptet man von der Mathematik, sie sei die älteste aller Wissenschaften. Genaugenommen gab es in grauer Vorzeit, als man die Erfahrungen und Entdeckungen des Menschengeschlechts systematisch zu sammeln und anzuwenden begann, noch keine Differenzierungen und Abgrenzungen der einzelnen Wissensgebiete. So waren im Altertum bei beschränktem Kenntnisstand auch die meisten Gelehrten Universalwissenschaftler. Ein einzelner war damals durchaus in der Lage, im wesentlichen das gesamte Wissen seiner Epoche aufzunehmen.

Durch die gewaltige Wissensvermehrung und durch die Differenzierung und Spezialisierung der Forschungsmethoden entstanden einzelne Wissenschaftszweige, die den Eindruck selbständiger Disziplinen erwecken. Doch alle Erkenntnis ist stets Teil vom Ganzen, das sich mosaikartig zusammenfügen läßt. In der heutigen Zeit ist es sinnvoll, auf die integrierende Bedeutung der einzelnen Wissenschaftsdisziplinen hinzuweisen. Es ist leider immer noch üblich, „die Wissenschaften" in zwei große Gruppen aufzuteilen: in die Natur- und in die Geisteswissenschaften. Doch was ist „Geist"? Ist die Chemie, eine reine Naturwissenschaft, etwa geistlos? Benötigt man keinen „Geist", um das Verhalten eines Elementarteilchens zu beschreiben oder eine Planetenbahn aus vorher erfolgten Beobachtungen zu errechnen?

Genau betrachtet können alle Wissensdisziplinen, die bisher unter den Begriff „Naturwissenschaft" fallen, der Physik zugeordnet werden. Die Einordnung ist eine Frage des Maßstabes (siehe Tafel I). Die Physik benötigt zu ihrer Beschreibung der Natur, zur Formulierung von Gesetzen die Mathematik, die umfassende Disziplin, die als einzige die Bezeichnung „Geisteswissenschaft" verdient.

Die Astronomie ist die Lehre von den Gestirnen und den Gesetzen des Weltalls. Der Name Astronomie leitet sich aus dem Griechischen ab: ἄστηρ-Gestirn, νόμος-Gesetz.

Die Astronomie ist ein Teilgebiet der Physik. Sie ist die Physik der großen Räume und großen Massen. Das Universum ist ein gigantisches Laboratorium, in dem höchste und tiefste Temperaturen auftreten, Materie in ungeheuer dichten Zuständen ebenso vorkommt wie ein fast vollkommenes Vakuum, wo die ganze Bandbreite der elektromagnetischen Strahlung den Raum erfüllt, unvorstellbare Energiemengen freigesetzt werden, und in dem schließlich die Evolution sich seiner selbst bewußtes Leben hervorgebracht hat.

Die Astronomie erforscht das Universum und seine Objekte. Sie bedient sich dabei physikalischer Methoden, und zwar ausschließlich. Alle nicht aufgrund physikalischer Methoden gemachten Aussagen über den Kosmos, vor allem über seine Entstehung und Entwicklung, sind reine Spekulation und haben keinen Anspruch darauf, als wissenschaftliche Erkenntnisse angesehen zu werden.

Da die Astronomie ein Teilgebiet der Physik ist – manche Astronomen nennen die Astronomie nicht zu Unrecht die „eigentliche Physik" – und sich physikalischer Methoden zur Erforschung des Weltalls bedient, sind die Astronomen im Grunde Physiker. Wer heute Astronomie betreiben will und als Berufsziel „Astronom" anstrebt, muß ein Physikstudium absolvieren. Die Fortschritte in allen Disziplinen der Physik führen auch in der Astronomie zu neuen Erkenntnissen. Die Erforschung der Atomhüllen läßt die Spektren der Sterne verstehen und damit ihre physikalischen Zustände (Oberflächentemperatur, Druck, chemische Zusammensetzung, elektrische und magnetische Felder, Radial- und Rotationsgeschwindigkeiten usw.), die Erkenntnisse der Kernphysik erlauben die Beschreibung des Aufbaues, der Energieproduktion und der Entwicklung der Sterne, und die Fortschritte in der Hochenergie-Physik ermöglichen eine immer genauere Beschreibung der Evolution des Kosmos, speziell seiner sehr frühen Phase. Andererseits befruchten neue Entdekkungen und Forschungsergebnisse der Astronomie viele Teilgebiete der Physik und verhelfen dort zu weiteren Erkenntnissen.

Einteilung der Astronomie

Das umfangreiche Wissensgebiet der Astronomie läßt sich nach verschiedenen Gesichtspunkten in Teilbereiche gliedern.

1. Historische Aufgliederung

1.1 Vorteleskopische Astronomie
Von den Anfängen bis 1610. Beobachtungen mit bloßen Augen und einfachen Winkelmeßgeräten.

1.2 Teleskopische Astronomie
Von der Erfindung des Fernrohrs (1610) bis 1957. Dieser Abschnitt ist durch Entdeckungen mit Hilfe von Teleskopen geprägt, die eine Erweiterung des beobachtbaren Raumbereiches und höhere räumliche Auflösung ermöglichen.

1.3 Astronomie im Raumfahrtzeitalter
Vom Start des ersten Erdsatelliten (1957, Sputnik I) bis heute. Durch Beobachtungen außerhalb der Erdatmosphäre sind Strahlen des gesamten elektromagnetischen Spektrums einer Beobachtung zugänglich. Ferner erlauben Raumsondenmissionen zu den Körpern des Sonnensystems direkte Messungen (In-situ-Experimente). Moderne Beobachtungstechniken erlauben extrem hohe räumliche, zeitliche und spektrale Auflösung.

2. Klassische Einteilung nach Arbeitsgebieten

2.1 Sphärische Astronomie
Erlaubt die Angabe der Positionen von Gestirnen an der Sphäre (Himmelskugel) mit Hilfe geeigneter Koordinatensysteme und leitet ihre Kinematik ab. Zur Sphärischen Astronomie gehören auch die Ephemeridenrechnung sowie die Zeit- und Ortsbestimmung.

2.2 Himmelsmechanik
Beschreibt unter Anwendung des Gravitationsgesetzes die Dynamik der Himmelskörper und bestimmt deren Bahnen.

2.3 Astrophysik
Beschäftigt sich mit den physikalischen Eigenschaften der Himmelskörper; Anwendung physikalischer Methoden zur Erforschung und Beschreibung des Weltraumes und seiner Objekte.

3. Unterteilung nach Beobachtungsmethoden

3.1 Positionsastronomie (Astrometrie)
Bestimmung der Richtungen, aus denen das Licht der Gestirne einfällt. Aus den mit der Zeit veränderlichen Richtungen werden die Bewegungen der Gestirne abgeleitet und deren scheinbare Bahnen an der Sphäre beschrieben.

3.2 Photometrie
Messung der Strahlungsintensitäten (Helligkeiten) der Gestirne und deren Veränderlichkeit mit der Zeit.

3.3.1 Spektralanalyse
Qualitative und quantitative Auswertung der Gestirnsspektren zur Bestimmung ihrer physikalischen Parameter (chemische Zusammensetzung, Temperatur, Druck, Dichte, Rotationsfrequenz, Radialgeschwindigkeit etc.).

3.3.2 Polarimetrie
Messung des Polarisationsgrades vom Gestirnslicht.

4. Einteilung nach Himmelsobjekten

4.1 Sonnensystem
4.1.1 Erde als Planet
4.1.2 Erdmond
4.1.3 Planeten und ihre Monde
4.1.4 Kleinplaneten (Planetoiden)
4.1.5 Kometen
4.1.6 Meteoroide und interstellare Materie
4.1.7 Sonne

4.2 Stellarastronomie und interstellare Materie
Doppelsterne/Veränderliche Sterne

4.3 Sterngesellschaften
Offene Sternhaufen, Kugelsternhaufen, Assoziationen, Bewegungshaufen.
4.4 Milchstraßensystem (Galaxis)
4.5 Extragalaktische Sternsysteme (Galaxien)
4.6 Kosmologie (Universum als Ganzes)

5. Moderne Aufgliederung

5.1 Ground based Astronomy (Bodengebundene Astronomie)
5.1.1 Optische Astronomie
5.1.2 Radioastronomie (Radarastronomie)
5.2 Space Astronomy (Beobachtung vom Weltraum aus)
5.2.1 Satellitenobservatorien (UV-, IR-, Röntgen- und Gammastrahlen-Astronomie)
5.2.2 In-situ-Experimente (Raumflugmissionen)

Astronomie im System der Wissenschaft aus moderner Sicht

PHYSIK ⟺ interaktiv ⟺ MATHEMATIK
(früher: „Naturwissenschaften")   (früher „Geisteswissenschaften")

MATHEMATIK ↕ Informatik ↕ Kybernetik

Astronomie: Physik der großen Räume und Massen

↕

(Makro) **Physik** (klassische Ph.) – Mechanik, Thermodynamik, Elektromagnetismus, Optik

↕

Biologie: Physik der Makromoleküle – Molekularbiologie, Botanik, Zoologie, Medizin
Medizin – Physiologie, Psychologie (Sprachwissenschaften etc.)

↕

Chemie: Physik der Moleküle

↕

Atomphysik: Physik der Elektronenhüllen und Valenzkräfte

↕

Kernphysik: Physik der Atomkerne

↕

Elementarteilchenphysik (Hochenergiephysik)

⏟

TECHNIK
(angewandte Wissenschaft)

Astronomische Instrumente

Zu den astronomischen Instrumenten zählen in erster Linie die Beobachtungsgeräte. Hinzu kommen ferner Apparate zur Auswertung der empfangenen Beobachtungsdaten. Im weiteren Sinne gehören auch Zeitmesser (Uhren) zu den astronomischen Geräten.

Das wichtigste astronomische Instrument ist das Fernrohr oder Teleskop (griech.: τελέ -fern, σκοπεῖν- sehen).

Vor der Erfindung des Teleskops zu Beginn des 17. Jahrhunderts benutzte man hauptsächlich Winkelmeßgeräte, zu denen **Astrolabium, Armillarsphäre, Quadrant** (speziell Mauerquadrant), **Sextant**, Oktant, **Triquetrum** (parallaktisches Lineal) und Jakobsstab gehören.

Ein einfaches Instrument ist der **Gnomon** (Schattenstab), in größerer Ausführung Obelisk genannt. Er dient zur Bestimmung der Himmelsrichtungen, der Sonnenhöhe, der Uhrzeit und des Datums.

Teleskope sind abstrakt gesprochen kybernetische Systeme zur (optischen) Informationsübertragung. Sie setzen sich aus drei Baugruppen zusammen.

Baugruppen eines Teleskopes

Das Objektiv eines Teleskops besteht entweder aus einer Sammellinse (oder einer Kombination von verschiedenen optischen Linsen, die eine lichtsammelnde Wirkung hervorrufen) oder einem konkaven Spiegel (kugelförmig, also sphärisch, bzw. paraboloidische Form).

Teleskope mit Linsenobjektiven heißen **Refraktoren** (lat.: refringere = brechen), Spiegelteleskope werden **Reflektoren** (lat.: reflectere = zurückwenden) genannt.

Die Bezeichnung „Fernrohr" stammt von der äußeren Form der Linsenteleskope. Moderne Teleskope haben keine Ähnlichkeit mehr mit dem klassischen Typus des Fernrohres.

Zu den Zwischengliedern (Z) eines Teleskops zählen Fang- und Umlenkspiegel, Umkehr- und Nachvergrößerungslinsen, Filter etc. Sie sind notwendig, um den Strahlengang umzulenken bzw. für den Empfänger aufzubereiten. Sie führen durch Absorption und Deformation der Wellenfront stets zu einem Informations**verlust**, weshalb man die Zahl der Zwischenglieder möglichst klein zu halten versucht. Beim klassischen Refraktor fehlen Zwischenglieder völlig.

Der Empfänger (E) verarbeitet das vom Objektiv erzeugte reelle Abbild des beobachteten Objektes. Als Empfänger kann das Auge dienen, das mittels eines **Okulars** das reelle Bild betrachtet, eine lichtempfindliche Schicht (fotografische Aufnahme), ein lichtelektrischer Detektor (Fotomultiplier) oder eine elektronische Kamera mit lichtempfindlichen Halbleiterelementen (CCD-Kamera, Charge Coupled Device).

Die Wirkung eines Teleskops ist zweifach und wird vom Objektiv bestimmt: Es erhöht die Auflösung und sammelt mehr Licht, als dem bloßen Auge zugänglich ist.

Die Kenndaten eines Objektives sind sein Durchmesser (D, freie Öffnung oder Eintrittspupille EP) und die (primäre) Brennweite F.

Die **Leistung** eines Teleskops wird von seinem **Objektivdurchmesser** bestimmt. Die Auflösung (Trennschärfe) steigt linear mit dem Durchmesser, die lichtsammelnde Wirkung hingegen mit dem Quadrat des Durchmessers. Doppelter Durchmesser erbringt doppelt so hohe Auflösung und vierfachen Lichtgewinn.

Der Objektivdurchmesser wird in Zentimeter, oft aber auch in Zoll (inches) angegeben. Bei

großen Teleskopen ist die Angabe in Metern üblich. Man spricht von einem 15 cm-Refraktor oder einem Sechszöller. Das große Spiegelteleskop auf Palomar Mountain ist ein 5-m-Reflektor oder schlicht „der 200-Zöller".
Das **Auflösungsvermögen** (A) eines Objektives läßt sich aus der DAWES-Formel schnell ermitteln. Sie lautet:

$$\varrho = k \cdot \frac{\lambda}{D}$$

Dabei ist $\varrho = 1/A$ die Trennschärfe, der reziproke Wert der Auflösung. Die Trennschärfe ist abhängig von der Wellenlänge (λ) des Lichts und dem Objektivdurchmesser D. Wählt man sichtbares Licht (gelber Farbbereich $\lambda = 550$ nm), so kann man als Konstante $k = 13$ einsetzen. Dann ergibt sich die DAWES-Formel zu:

$$\varrho = 13/D$$

Dabei bedeutet ϱ die Winkeldistanz zweier Punkte (Sterne) in Bogensekunden, die gerade noch getrennt zu sehen sind und mit einem Fernrohr, das den Objektivdurchmesser von D cm hat. Das bloße, normalsichtige Auge hat ein Auflösungsvermögen von etwa einer Bogenminute (= 60″), ein Fernrohr mit 10 cm freier Öffnung hingegen von 1,3″.
Die Konstante $k = 13$ ist etwas vom Fernrohrtyp abhängig. Bei Refraktoren ist $k = 11{,}7$, da sie im Prinzip eine bessere Auflösung erreichen als Reflektoren gleicher Öffnung.
Die DAWES-Formel gibt die Auflösung bzw. Trennschärfe unter besten Bedingungen an. Die Trennschärfe ist abhängig von der Qualität der Optik, der Stabilität der Montierung, der Luftruhe und der Helligkeitsdifferenz der einzelnen Komponenten eines Doppelsterns.
Bei bodengebundenen Teleskopen wird die erreichbare Auflösung durch die Turbulenz der irdischen Atmosphäre begrenzt. Selten kann man 0,″2 unterschreiten. Bei Teleskopen über 50 cm Öffnung zählt nur noch der Lichtgewinn, die Auflösung wird bei größerem Objektivdurchmesser nicht mehr verbessert.
Der Lichtgewinn erlaubt es, immer lichtschwächere Objekte zu beobachten. Mit bloßen Augen kann man unter guten Sichtbedingungen Sterne bis zur 6. Größenklasse erkennen. Bereits mit einem 5 cm-Objektiv sind Sterne bis 10^m zu sehen, bei 15 cm liegt die Grenzgröße bei 13^m (siehe Tabelle **Helligkeitsgewinn**).
Die Objektivbrennweite bestimmt den Abbildungsmaßstab. Sie wird meist in Metern angegeben. Als Faustregel gilt: Pro Meter Brennweite wird der Bogen von ½ Grad am Himmel

Auflösungsvermögen

Objektivdurchmesser (cm)	Trennschärfe (ϱ in ″)
freies Auge (0,5)	~60
2	6,5
3	4,4
4	3,3
5	2,6
8	1,6
10	1,3
15	0,9
20	0,65
25	0,52
30	0,43
35	0,37
40	0,33
50	0,26
100	0,13
150	0,09
200	0,065

Helligkeitsgewinn

Objektivdurchmesser (cm)	Grenzgröße (m)
freies Auge (0,5)	~ 6
Fernglas 5	9,5
Refraktor 6	10,2
10	11,7
15	12,9
20	13,4
30	14
50	14,5
60	15
Reflektor 150	16,5

auf ein Zentimeter Länge in der Brennebene abgebildet. Da Sonne und Mond am irdischen Firmament als Scheiben von etwa einem halben Grad erscheinen, bedeutet dies, daß das Sonnen- bzw. Mondbild bei einem Fernrohr von einem Meter Brennweite ein Zentimeter groß ist, bei zehn Metern jedoch zehn Zentimeter. Ist F die Brennweite in Metern, b die lineare Bildgröße und ϱ der scheinbare Winkeldurchmesser eines Objektes in Graden, so gilt:

$$b = \frac{\varrho}{50} \cdot F$$

Der Bruch O/F wird Öffnungsverhältnis genannt, der reziproke Wert heißt Öffnungszahl oder Blende. Ein Fernrohr von 10 cm Objektivdurchmesser und einem Öffnungsverhältnis von 1 : 15 hat also eine Objektivbrennweite von 1,5 m. Das Öffnungsverhältnis bestimmt die **Lichtstärke** und die nutzbare **Gesichtsfeldgröße** eines Teleskops.

Die **Vergrößerung** (V), unter der man ein Objekt sieht, ergibt sich aus dem Verhältnis Objektivbrennweite (F) zu Okularbrennweite (f):

$$V = F/f$$

Durch Wahl verschiedener Okulare können bei einem Teleskop somit fast beliebige Vergrößerungen erzielt werden. Die Vergrößerung stellt *kein* Maß für die Leistungsfähigkeit eines Instrumentes dar.

Die Wahl stärkerer Vergrößerungen durch Einsatz immer kurzbrennweitiger Okulare führt nicht zu einem beliebigen Informationsgewinn. Die anwendbare Vergrößerung bei einem vorgegebenen Objektivdurchmesser liegt zwischen zwei Grenzen: Bei zu geringer Vergrößerung wird das Auflösungsvermögen des Objektives nicht voll ausgenutzt. Bei zu starker Vergrößerung werden nur noch die Beugungsscheibchen der Sterne größer gesehen, keinesfalls aber mehr Details erkannt, da die Auflösung durch die Objektivgröße vorgegeben ist.

Das normalsichtige Auge hat eine Trennschärfe von etwa $\varrho = 1' = 60''$. Um die volle Auflösung eines Objektives mit D [cm] Öffnung auszunutzen, ist nach der DAWES-Formel folgende Mindestvergrößerung anzuwenden:

$$60'' = \frac{11{,}7}{D} \cdot V_{min}$$

woraus folgt: $V_{min} \approx 5 \times D$.

Um die theoretisch vorgegebene Auflösung eines Objektives zu erreichen, muß man somit mindestens eine Vergrößerung wählen, die dem Fünffachen des Objektivdurchmessers in Zentimetern entspricht. Leichter sind jedoch die theoretisch erkennbaren Details zu sehen, wenn man die doppelte Mindestvergrößerung wählt, also 10 × D in cm. Man spricht dann von förderlicher Vergrößerung.

Beispiel: Bei einem Refraktor von 5 cm freier Öffnung ist die Mindestvergrößerung 5 × 5 = 25fach, die förderliche Vergrößerung 10 × 5 = 50fach.

Noch größere Vergrößerungen erbringen kein besseres Bild. Die Sternscheibchen erscheinen eher „zerblasen".

Fernrohrtypen:

1. Klassischer Refraktor (KEPLERsches Fernrohr)

Das aus einer (oder mehreren) Linsen bestehende Objektiv (Ob) erzeugt in der Brennebene ein reelles Bild, das mittels des Okulars (Ok) betrachtet wird. Das Fernrohr ist **umkehrend**, d.h. es liefert Bilder die seitenverkehrt und auf dem Kopf stehend erscheinen. In der Astronomie ist es üblich, umkehrende Optiken

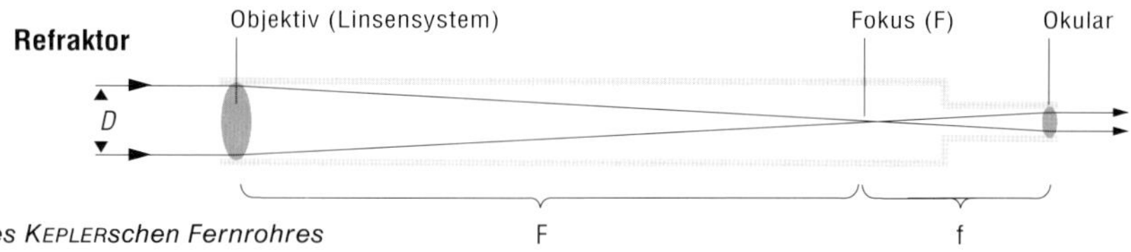

Strahlengang des KEPLERschen Fernrohres

zu verwenden, da man so Zwischenglieder (zur Aufrichtung des Bildes) vermeidet, die die Abbildungsqualität verschlechtern.

2. Reflektor System Newton

Ein unter 45° zur optischen Achse des Spiegelobjektives (Hauptspiegel) geneigter Planspiegel (Fangspiegel) lenkt das vom Objektiv kommende konische Lichtbündel seitlich aus dem Teleskoptubus hinaus. Der Fokus (Brennpunkt) liegt beim Newton-Reflektor seitlich neben dem Vorderende des Teleskops. Bei größeren Spiegelteleskopen der Newtonschen Art legt der Fokus entsprechend der Position des Beobachtungsobjekts am Himmel relativ große Strecken zurück. Es müssen Beobachtungsleitern oder Hebebühnen verwendet werden. Wegen seiner asymmetrischen Lage zur optischen Teleskophauptachse können schwere Zusatzgeräte wie große Spektrographen kaum eingesetzt werden. Für leichte Kameras oder visuelle Beobachtungen ist der Newton-Reflektor jedoch recht gut geeignet.

3. Reflektor System Cassegrain

Ein konvexer Fangspiegel wirft das vom konkaven Hauptspiegel (Objektiv) kommende Strahlenbündel zurück, wobei es durch die zentrische Bohrung des Hauptspiegels tritt. Der Fokus liegt knapp hinter der Rückseite des Hauptspiegels. Die Baulänge des Cassegrain-Teleskops ist kurz und gedrungen im Vergleich zum Objektivdurchmesser und der Primärbrennweite. Der Fokus ändert seine Lage nur wenig bei Ausrichtung des Teleskops auf Himmelsobjekte in verschiedenen Positionen. Man kann relativ bequem beobachten; es lassen sich relativ schwere und komplexe Empfänger (Spektrographen, lichtelektrische Photometer – kurze Kabelwege bei Bewegung des Teleskops!) benutzen. Cassegrain-Spiegelteleskope eignen sich besonders für Gabelmontierungen (siehe Abschnitt „Teleskopmontierungen").

4. Reflektor System Schmidt

Schmidt-Teleskope arbeiten als Himmelskameras, man spricht auch von Schmidt-Kameras.

Das Licht wird vom sphärischen (kugelförmigen) Hauptspiegel direkt auf eine fotografische Schicht, die in der Brennebene angebracht ist, geworfen. Schmidt-Kameras sind komafreie Spiegelteleskope. Allerdings muß die bei einem kugelförmigen Hauptspiegel für außerhalb der optischen Achse liegenden Strahlen auftretende sphärische Aberration mittels einer Korrektionsplatte beseitigt werden. Die dünne Korrektionsplatte befindet sich

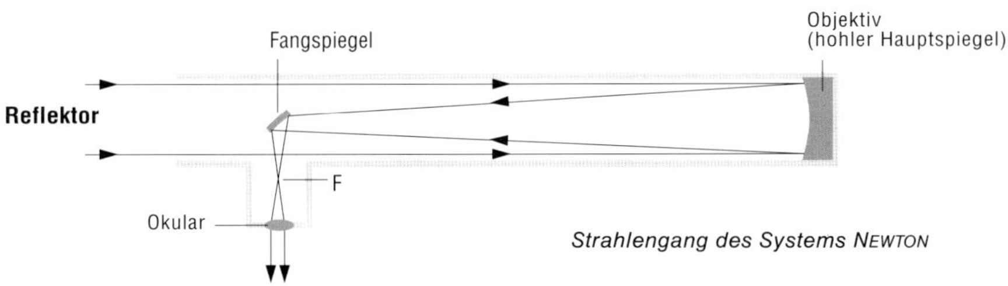

Strahlengang des Systems Newton

Strahlengang des Systems Cassegrain

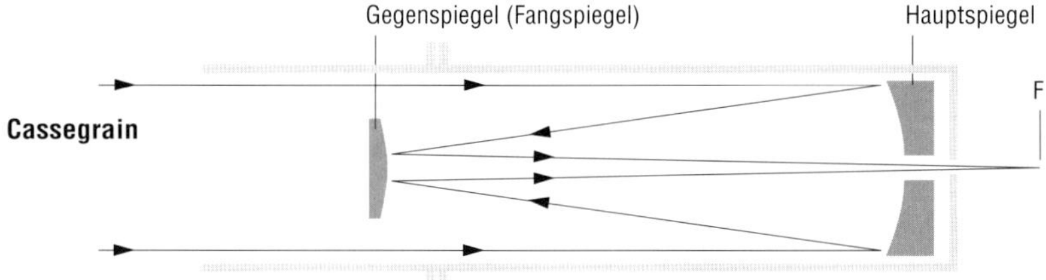

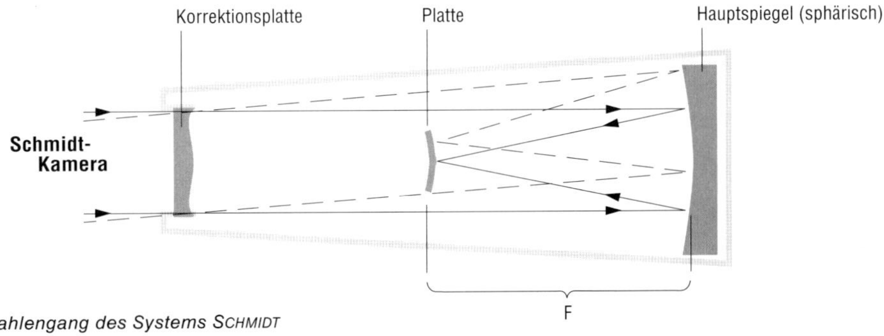

Strahlengang des Systems SCHMIDT

im Krümmungsmittelpunkt des sphärischen Hauptspiegels, also in doppelter Objektivbrennweite.

Außer den genannten vier Teleskopsystemen gibt es noch weitere Konstruktionen wie GALILEI-Refraktor, NASMYTH-Fokus, Coudé-Fokus, GREGORY-Reflektor, RITCHEY-CHRÉTIEN-Reflektor, Schiefspiegler nach KUTTER sowie katadioptrische Systeme.

Das GALILEI-Linsenfernrohr benutzt als Okular eine Zerstreuungslinse, was zu einer kurzen Baulänge führt. Die Gesamtlänge ergibt sich nämlich zu Objektivbrennweite *minus* Okularbrennweite. Dadurch eignet sich das GALILEIfernrohr speziell für kleinere Teleskope (Opernglas, Taschenfernrohr). Da kein reelles Bild in der Brennebene des Objektives entsteht und somit kein Fadenkreuz einsetzbar ist, ist es als Sucherfernrohr nicht zu verwenden. Das GALILEIsche Fernrohr wird gelegentlich auch holländisches Fernrohr genannt.

Der Hauptvorteil liegt beim GALILEIschen Fernrohr darin, daß es aufrechte und seitenrichtige Bilder liefert im Gegensatz zum KEPLER-Fernrohr.

Beim NASMYTH-System handelt es sich um eine Kombination aus NEWTON- und CASSEGRAIN-Teleskop. Das Strahlenbündel wird wie beim CASSEGRAIN-Reflektor von einem konkaven Fangspiegel in Richtung Objektivhauptspiegel zurückgeworfen, tritt aber nicht durch diesen nach außen, sondern wird vorher durch einen zur optischen Achse um 45° geneigten Planspiegel in die Deklinationsachse gelenkt, wo er seitlich austritt („NASMYTH-Fokus"). Hier können am Gabelholm mechanisch gesehen einfacher umfangreiche Empfangsapparaturen angebracht werden.

Beim Coudé-System wird das Strahlenbündel durch einen weiteren Planspiegel von der Deklinations- in die Stundenachse umgelenkt. Dadurch lassen sich lange Brennweiten erzielen. Der wesentliche Vorteil dieses optischen Systems liegt darin, daß der Coudé-Fokus **ortsfest** bleibt, egal auf welchen Punkt am Himmel das Fernrohr gerichtet wird. Dadurch lassen sich schwere und umfangreiche Empfangsapparaturen (wie Coudé-Spektrographen hoher Auflösung) gut unterbringen.

GREGORY-Reflektoren sind ähnlich den CASSEGRAIN-Teleskopen. Statt eines konvexen Fangspiegels haben GREGORY-Teleskope jedoch einen *konkaven* Sekundärspiegel. Die Baulänge des GREGORY-Teleskops ist bei gleichem Öffnungsverhältnis größer als bei einem CASSEGRAIN-Reflektor. Nur wenige GREGORY-Reflektoren sind heute noch im Einsatz. Als großen Vorteil sah man früher an, daß das GREGORY-System aufrechte und seitenrichtige Bilder liefert, während das CASSEGRAIN-System wie das KEPLER-Fernrohr *umkehrende* Wirkung hat.

Das RITCHEY-CHRÉTIEN-System hat im Prinzip den gleichen Strahlengang wie das CASSEGRAIN-Teleskop. Hauptspiegel und Sekundärspiegel sind jedoch aufeinander abgestimmte asphärische Flächen, was in der Herstellung schwieriger und damit teuer ist. Beim R-C-System werden sphärische Aberration und Koma weitgehend behoben, so daß sich ein größeres nutzbares Gesichtsfeld ergibt.

Katadioptrische Systeme weisen eine Kombination von Linsen- und Spiegelsystemen auf. Die beiden verbreitetsten Systeme sind dabei die SCHMIDT-CASSEGRAIN-Teleskope und die MAKSUTOW-Teleskope.

Teleskopmontierungen

Um mit einem Teleskop möglichst erschütterungsfrei zu beobachten und jede gewünschte Richtung einstellen zu können, sind mechanische Konstruktionen entwickelt worden, die eine zweckmäßige Aufstellung und Bedienung des Teleskops ermöglichen. Der Fachausdruck für solche Apparte lautet Teleskopmontierung oder kurz **Montierung**.
In der Regel besteht jede Montierung aus einem Gerüst mit zwei aufeinander senkrecht stehenden Achsen, um die sich der eigentliche Teleskopkörper drehen und damit auf jeden Punkt des Himmels richten läßt.
Man unterscheidet zwei Arten von Montierungen:

I. Azimutale oder horizontale Montierung
Eine Achse steht senkrecht auf der Horizontebene, die zweite Achse liegt waagerecht in der Horizontebene. Die erste Achse heißt **Azimutalachse**. Dreht man das Fernrohr um diese Achse, so ändert sich die Beobachtungsrichtung in der Horizontebene. Die zweite Achse heißt **Höhen-** oder **Elevationsachse**. Durch Drehung um die Elevationsachse wird die gewählte Höhe über dem Horizont eingestellt.
Durch die Rotation der Erde und die damit hervorgerufene scheinbare Drehung der Himmelskugel muß bei längerer Beobachtung ein azimutal montiertes Fernrohr ständig in zwei Achsen der Himmelsbewegung nachgeführt werden. Dabei ist auch noch die erforderliche Drehgeschwindigkeit zum Ausgleich der Erdrotation für beide Achsen variabel. Diesen Nachteil vermeidet die parallaktische Orientierung, ebenso die auftretende Bildfelddrehung.

II. Parallaktische oder äquatoriale Montierung
Bei der parallaktischen Montierung steht eine Achse parallel zur Erdachse. Diese Achse wird **Stundenachse** genannt. Die zweite Achse steht senkrecht auf der Stundenachse und wird als **Deklinationsachse** bezeichnet.
Um die tägliche Rotation der Himmelskugel auszugleichen, muß das Fernrohr lediglich mit gleichförmiger Geschwindigkeit (pro Stunde um 15°) um die Stundenachse gedreht werden. Die gewählte Deklinationseinstellung muß nicht verändert werden, wenn das gleiche Gestirn beobachtet werden soll.
Die Ausgleichsbewegung um die Stundenachse wird üblicherweise als die **Nachführung** bezeichnet. Bei größeren oder besseren Fernrohren erfolgt die Nachführung mittels eines Motorantriebes, bei kleinen und einfachen Teleskopen durch manuelle Bedienung (Drehung von Hand).
Die wichtigsten Ausführungen der parallaktischen Montierungen sind:

Azimutale und parallaktische Teleskopmontierung

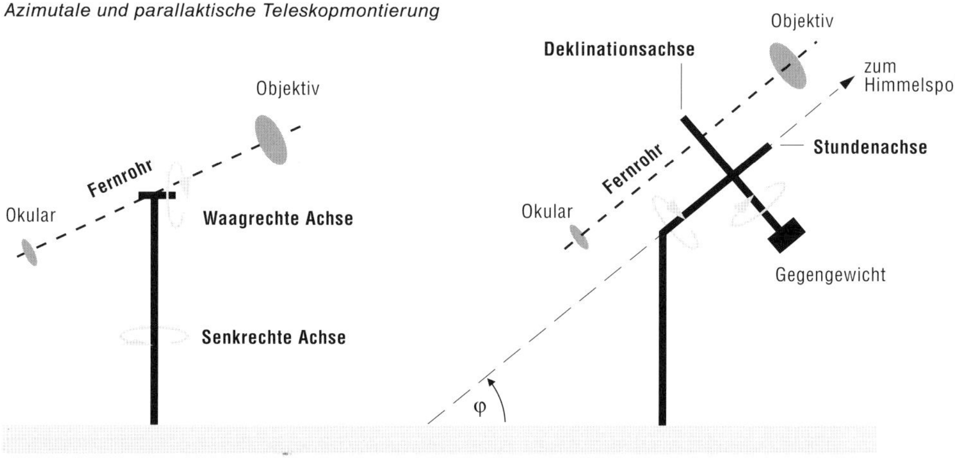

1. Klassische oder Deutsche Montierung
2. Knicksäulenmontierung
3. Englische Kreuzachsenmontierung
4. Englische Rahmenmontierung
5. Gabelmontierung
6. Hufeisenmontierung

Parallaktische Montierungen sind aufwendiger in der Herstellung als azimutale. Bei sehr großen Teleskopen benutzt man daher die azimutale Montierung und kompensiert die Folgen der Erdrotation (variable Nachführung in zwei Achsen, **Bildfelddrehung**) mittels moderner elektronischer Regelsysteme.

Spezielle Teleskoptypen

Zu den speziellen Teleskoptypen gehören Instrumente, die sich nur um eine Achse oder gar nicht bewegen lassen **(Passageinstrument, Meridiankreis, Zenitteleskop)**, die eine besondere Aufstellungsart haben **(Coelostat, Heliostat, Siderostat)**, die spezielle Objekte beobachten lassen **(Protuberanzenfernrohr, Koronograph, Meteorkamera, BAKER-NUNN-Kamera)** oder die in anderen Wellenlängenbereichen des elektromagnetischen Spektrums als dem sichtbaren Licht arbeiten **(Radioteleskope, Infrarotteleskope, Ultraviolett-Detektoren, WOLTER-Teleskope** für den Röntgenbereich, **Gammastrahlenempfänger)**.

Die genannten Spezialteleskope stellen einige wichtige Beispiele dar, die Aufzählung ist keineswegs komplett. Etliche Typen, wie z.B. die Radioteleskope, bilden eine eigene, große Gruppe von Beobachtungsgeräten mit sehr verschiedenen und vielfältigen Konstruktionen.

Im weiteren Sinne zählen auch alle Weltraumgeräte zur Beobachtung der Gestirne zu den astronomischen Instrumenten (Weltraumteleskope, diverse Beobachtungssatelliten, Sonnen-, Mond-, Planeten- und Kometensonden).

Passageinstrument und Meridiankreis

Passageinstrumente und Meridiankreise sind Teleskope, die sich nur in Nord-Süd-Richtung um eine waagrecht liegende Ost-West-Achse drehen lassen. Es lassen sich somit nur Sterne im Meridian oder in seiner unmittelbaren Nähe (entsprechend dem Gesichtsfeld des verwendeten Okulars) beobachten.

Im Prinzip haben Passageinstrumente und Meridiankreise dieselben Aufgaben wie der *Mauerquadrant* in der vorteleskopischen Zeit, nämlich den Meridiandurchgang (Kulmination) von Gestirnen zu beobachten. **Passageinstrumente**, auch gelegentlich Durchgangsinstrumente genannt, dienen dabei zur genauen **Sternzeitbestimmung**. Aus der Kulminationshöhe des Gestirns folgt dessen Deklination. Um die Gestirnshöhe möglichst genau ablesen zu können, stellt man den Höhenteilkreis möglichst groß her. Durch Verdrehen des Höhenteilkreises um den Komplementärwinkel der geographischen Breite (90 – φ) des Beobachtungsortes kann man an diesem Höhenteilkreis sofort die Deklination des kulminierenden Gestirns ablesen. Die Bezeichnung „Meridiankreis" ist vom Höhenteilkreis auf das gesamte Instrument übertragen worden.

Meridiankreise dienen zur **Bestimmung der äquatorialen Gestirnskoordinaten** (siehe Abschnitt Astronomische Koordinatensysteme).

Das Durchgangsinstrument des Royal Greenwich Observatory (bei London) bestimmt seit 1884 den Nullmeridian der Erde.

Zenitteleskop

Zenitteleskope stehen senkrecht und lassen nur Sterne im Zenit (Scheitelpunkt) oder dessen unmittelbarer Nähe beobachten. Sie dienen zur genauen Beobachtung der Rotations- und Polhöhenschwankung der Erde **(internationaler Breitendienst).**

Coelostat, Heliostat, Siderostat

Coelostaten werden Turmteleskope genannt, bei denen das Objektiv ortsfest ist und die optische Achse häufig senkrecht steht. Das Licht der Gestirne wird dabei durch zwei plane Spiegel auf das Objektiv gelenkt. Der erste Planspiegel wird mit halber Rotationsgeschwindigkeit der Himmelskugel um die Stundenachse (Polachse) gedreht, um die Erdrotation zu kompensieren. Der zweite Planspiegel läßt sich entsprechend der Deklination des zu beobachtenden Gestirns verstellen.

Coelostaten, im engeren Sinne die Spiegelkombination samt Montierung und Antrieb, leiten somit das Gestirnslicht auf ein fest aufgestelltes Teleskop, wobei sie nicht nur die tag-

liche Erdrotation kompensieren, sondern auch die Bildfelddrehung ausgleichen.
Heliostaten sind spezielle Coelostaten zur **Sonnenbeobachtung**. Die Drehgeschwindigkeit des ersten Planspiegels wird dabei dem täglichen Sonnenlauf angepaßt, der zweite Planspiegel wird entsprechend der sich täglich ändernden Sonnendeklination permanent nachgestellt.
Der **Siderostat** hat nur einen Planspiegel, der das Gestirnslicht auf das Objektiv wirft. Dieser Planspiegel kann um zwei Achsen gedreht werden. Allerdings gleicht der Siderostat die Bildfelddrehung nicht aus, weshalb er nur für sehr kurze Belichtungszeiten oder punktförmige Objekte in der optischen Achse einsetzbar ist. Dafür ist er relativ leicht, handlich und meist transportabel.

Moderne Teleskope neuer Technologien
Bei den in letzter Zeit gebauten bzw. in Planung befindlichen optischen Großteleskopen wurden und werden neue technologische Verfahren eingesetzt, die die Leistungsfähigkeit der optischen Systeme in kaum für möglich gehaltenem Maße zu steigern vermögen.
Zum einen werden Objektivspiegel verwendet, deren Oberflächen nicht mehr starr in einen dicken Glasblock eingeschliffen sind: Relativ dünne, biegsame Spiegel werden durch computergesteuerte Stellglieder permanent in optimaler Form gehalten, wobei mechanische Belastungen durch Bewegen des Spiegels ebenso ausgeglichen werden wie ein erheblicher Teil der atmosphärischen Turbulenzen. Diese Verfahren bezeichnet man als **aktive** und **adaptive Optik**. Das bisher wohl leistungsfähigste bodengebundene Teleskop ist das NTT (New Technology Telescope) der Europäischen Südsternwarte (ESO) auf dem Berg La Silla in Chile. Das NTT verfügt über 3,50 m freier Öffnung und das oben beschriebene Verfahren zur ständigen Spiegelkorrektur.
Zum anderen setzen sich Objektive sehr großer Teleskope aus mehreren Spiegeln zusammen und nicht mehr aus nur einem einzigen. Das Licht wird in einen gemeinsamen Fokus geleitet. Diese Systeme nennt man **Multi-Mirror-Telescopes** (MMT; Mehrspiegelteleskope). Ein solches MTT steht auf dem Mt. Hopkins in Arizona und hat eine wirksame freie Öffnung von 4,46 m. Die ESO baut ein VLT (Very Large Telescope), das sich aus vier Spiegeln zu je acht Meter Durchmesser zusammensetzen soll, was einer optisch wirksamen Apertur (Öffnung) von 16 m entspricht. Das erste Teleskop soll 1995 auf dem Cerro Paranal im Norden Chiles errichtet werden.

Radioteleskope
Instrumente zum Empfang kosmischer Radiowellen vornehmlich im Wellenlängenbereich von etwa 1 mm bis 20 m werden als Radioteleskope bezeichnet. Ein solches Gerät setzt sich aus einem **Reflektor**, einem **Dipol**, einem **Empfänger** und einer **Registriereinrichtung** zusammen. Der meist schlüsselförmige Reflektor samt dem Dipolsystem bildet gewissermaßen die Antenne der Empfangsapparatur. Wegen der gegenüber sichtbarem Licht wesentlich größeren Wellenlänge der kosmischen Radiostrahlung ist das Auflösungsvermögen von Radioteleskopen gleicher Apertur wesentlich geringer. Man baut daher möglichst große parabolische Reflektoren. Das größte vollbewegliche Radioteleskop der Erde steht bei Effelsberg (in der Nähe von Bonn) und hat eine schüsselförmige Parabolantenne von 100 m Durchmesser. Bei einer Wellenlänge von 20 cm wird dabei eine Auflösung von 8′ erreicht, was immer noch etwa fünfmal geringere Auflösung im Vergleich zum bloßen Auge bedeutet.
In Arecibo (Puerto Rico) befindet sich der größte, nicht bewegliche schüsselförmige Radioreflektor von 300 m Durchmesser. Der größte ringförmige Radioreflektor steht im Kaukasus bei Selentschukskaja und hat 600 m Durchmesser.
Durch interferometrische Koppelung mehrerer Einzelantennen, die meist noch auf Schienen gegeneinander verschiebbar sind, werden wesentlich höhere Auflösungen bei den Radioquellen erzielt **(Radiointerferometer)**.
Bei globaler virtueller Zusammenschaltung großer Radioteleskope (interkontinentale Radiointerferometer) mittels elektronischer Rechenanlagen werden Auflösungen in der Größenordnung von nur einem Tausendstel einer Bogensekunde ($\varrho = 0''\!.001$) erreicht. Damit übertreffen interkontinentale Radiointerferometer das Auflösungsvermögen selbst der größten bodengebundenen optischen Teleskope um mindestens den Faktor Zehn.

Auswertegeräte

Zu den wichtigsten Auswertegeräten gehören **Mikrodensitometer, Koordinatenmeßgerät** („Komeß"), **Blinkkomparator** sowie **elektronische Bildverarbeitungssysteme**.

Mikrodensitometer sind Geräte zur Messung der Schwärzungen einer fotografischen Aufnahme, um daraus Sternhelligkeiten abzuleiten. Sie sind meist als Fotometer wirksam (z.B. Irisblendenfotometer).

Koordinatenmeßgeräte dienen zur Vermessung der Sternscheibchen auf fotografischen Platten, um die astronomischen Koordinaten der Gestirne zu bestimmen.

Moderne Koordinatenmeßgeräte messen gleichzeitig auch die Schwärzung mit und bestimmen vollautomatisch Ort und scheinbare Helligkeit der Gestirne auf der fotografischen Aufnahme.

In **Blinkkomparatoren** werden Himmelsaufnahmen derselben Gegend (Sternfeld) miteinander verglichen, die zu unterschiedlichen Zeiten gewonnen wurden.

Objekte, deren Helligkeit sich verändert hat, scheinen zu blinken. Objekte, die ihre Position in der Zwischenzeit gewechselt haben (z.B. Planetoiden), springen hin und her. Auf diese Weise können veränderliche Sterne oder Kleinplaneten schnell gefunden werden.

Elektronische Bildverarbeitungssysteme digitalisieren zunächst das vom Teleskop empfangene Bild, d.h. die einzelnen Bildpunkte werden nach Intensität und Wellenlänge bzw. Frequenz der Strahlung in einem Rechner abgespeichert. Entsprechende Programme erlauben nun, die elektronisch gespeicherten Bilder zu bearbeiten. So können einzelnen Frequenzen und Intensitäten bestimmten Farben zugeordnet werden. Auf diese Weise lassen sich beispielsweise im Radiofrequenzbereich empfangene Bilder sichtbar machen. Dieses Verfahren wird Falschfarbendarstellung genannt, da die so entstandenen Bilder nicht den wirklichen Farben im sichtbaren Spektralbereich des Objektes entsprechen, sondern beliebig gewählt sind. Es lassen sich ferner schnell am Monitor vergrößerte Bildausschnitte darstellen, verschiedene Bilder können kombiniert oder verglichen werden, Zeitraffersequenzen können ebenso erstellt werden wie Graphiken oder Statistiken aus ganzen Bildserien. Kontraste können ebenso verstärkt wie die Auflösung gewaltig erhöht werden durch statistische Verarbeitung einer großen Zahl kurzbelichteter Aufnahmen desselben Objektes **(Speckle-Interferometrie)**.

Planetarien

Planetarien sind Modelle zur Demonstration astronomischer Vorgänge, speziell der Bewegungen von Sonne, Mond und Planeten. Sogenannte Kopernikanische Planetarien sind mechanische Nachbildungen des Sonnensystems. Eine zentrale Lichtquelle markiert die Sonne, um die, durch sinnreiche Getriebe und Gestänge miteinander verbunden, die Planeten laufen. Modelle, die nur Sonne, Mond und Erde darstellen, heißen **Tellurien**. Tellurien sollen in erster Linie die Entstehung von Mondphasen und von Finsternissen demonstrieren.

Einen besonderen Reiz übt das **Projektionsplanetarium** aus, das im Jahre 1919 von Walther BAUERSFELD (1879–1959) erfunden wurde. Projektionsplanetarien erlauben, den mit freiem Auge sichtbaren Sternenhimmel recht naturgetreu auf die Innenseite einer Halbkugel („Planetariumskuppel") zu projizieren. Dabei können Datum, Uhrzeit und geographische Position des Beobachters beliebig gewählt werden. Die Bewegungen der Gestirne können in gewaltiger Zeitraffung vorgeführt werden, was der Anschaulichkeit zugute kommt. In erster Linie sind folgende Bewegungen zu demonstrieren: Tägliche Himmelsdrehung, Mondlauf samt Phasen, Jahreslauf der Sonne durch die Ekliptik, heliozentrische und geozentrische Planetenbahnen, Präzession der Erdachse, Veränderung der Polhöhe (entspricht der geographischen Breite). Zahlreiche weitere Projektionsmöglichkeiten wie Darstellung der Himmelskoordinaten, Ablauf von Sonnen- und Mondfinsternissen, Kometen, Sternschnuppen, Sternbildfiguren, Dämmerungseffekte, Szintillation, Wolken usw. machen moderne Projektionsplanetarien zu erstaunlich vielseitigen Geräten.

Je nach Kuppelgröße unterscheidet man zwischen Kleinplanetarien (bis 10 m Durchmesser), Mittel- (bis 15 m Durchmesser) und Großplanetarien (über 15 m Durchmesser). Moderne Großplanetarien haben heute den standardisierten Kuppeldurchmesser von 20 m. Die Bezeichnung „Planetarium" bezieht sich nicht nur auf das Projektionsgerät, sondern auch auf das gesamte Gebäude und die Institution. Planetarien sind astronomische Bildungseinrichtungen, die durch Veranstaltungen vielfältiger Art (allgemein verständliche Sternenvorführungen, Schulunterricht, astronomische Kurse, Vorlesungen, Praktika, Seminare, Vortragsreihen und Ausstellungen) Kenntnisse über das Weltall und seine Objekte verbreiten helfen. Sie dienen dazu, astronomische Forschungsergebnisse dem Endverbraucher zu vermitteln, der als steuerzahlender Bürger schließlich Sternwarten, astronomische Institute und kostspielige Weltraumprojekte finanziert. In Planetarien wird öffentliche Wissenschaft betrieben und die Bringschuld der Wissenschaftler abgetragen.

Die größeren Planetarien im deutschen Sprachraum sind in der Liste **Astronomische Institute, Planetarien und Sternwarten** im jährlich erscheinenden Kosmos-Himmelsjahr verzeichnet.

Sternkarten, Kataloge und Himmelsatlanten

Erich Karkoschka
Atlas für Himmelsbeobachter
Franckh-Kosmos, 1988

D. Hoffleit, C. Jaschek
The Bright Star Catalogue
Yale Observatory, 1982

A. Hirschfeld, R.W. Sinnott
Sky Catalogue 2000.0 Vol 1 + 2
Cambridge University Press, 1985

W. Tirion, B. Rappaport, G. Lovi
Uranometria 2000.0
Vol 1 + 2 (Grenzgröße $9\overset{m}{,}5$)
Willmann-Bell, 1987

I. Ridpath
Norton's 2000.0 Staratlas
Longman, 18. Edition, 1989

Wil Tirion
Sky Atlas 2000 (bis $8\overset{m}{,}0$)

H. Werner, F. Schmeidler
Synopsis der Nomenklatur der Fixsterne
Wiss. Verlagsges. Stuttgart, 1986

Antonin Bećvár
Atlas of the Heavens
(Atlas Coeli 1950.0, reicht bis $7\overset{m}{,}75$)

Hans Vehrenberg
Falkauer Atlas
(fotografischer Sternatlas bis $13\overset{m}{,}0$)

Antonin Bećvár
Atlas Borealis, Eclipticalis und Australis
(farbige Darstellung der Sterne nach dem Spektraltyp, Grenzgröße $10\overset{m}{,}0$)

Hans Vehrenberg
Atlas Stellarum
(Grenzgröße etwa 15^{m})

Sphärische Astronomie

Astronomische Koordinatensysteme

Um die Positionen der Gestirne im Raum festzulegen, kann man verschiedene Koordinatensysteme benutzen. In der Astronomie verwendet man in der Regel dreidimensionale Koordinatensysteme, um die Gestirnsörter anzugeben. Hinzu kommt als vierte Dimension die Zeit. Meistens werden in der Himmelskunde sphärische Polarkoordinaten (Kugelkoordinaten) benutzt. Zwei Winkel (α und β) geben die Richtung und eine Strecke (r) die Distanz eines Raumpunktes vom Ursprung des Koordinatensystems an. Will man nur die Richtung eines Gestirns festlegen, genügen zwei Winkelangaben.

Nach Lage des Ursprungs (Origenes) unterscheidet man folgende astronomische Koordinatensysteme:

1. Topozentrische Koordinaten
2. Geozentrische Koordinaten
3. Baryzentrische Koordinaten
4. Heliozentrische Koordinaten
5. Galaktozentrische Koordinaten

Die **topozentrischen Koordinaten** haben ihren Ursprung im Auge des Beobachters auf der Erdoberfläche bzw. im Achsenschnittpunkt der Fernrohrmontierung. Topozentrische Koordinaten sind die einzigen, die tatsächlich *gemessen* werden, während alle anderen davon abgeleitet sind.

Die **geozentrischen Koordinaten** haben ihren Ursprung im Erdmittelpunkt. Für große Distanzen (Entfernungen im interstellaren Raum) kann der Unterschied zwischen topozentrischen und geozentrischen Koordinaten vernachlässigt werden, da die Differenzen weit unter der Meßgenauigkeit liegen.

Im Nahbereich, vor allem beim Mond, ist jedoch der Unterschied schon für das freie Auge auffallend. Der topozentrische Mondort kann um etwa 1° (= 60′) vom geozentrischen Mondort differieren. So sind beispielsweise die Angaben für Sternbedeckungen ortsabhängig.

Die **baryzentrischen Koordinaten** haben ihren Ursprung im Schwerpunkt des Systems Erde – Mond. Das Baryzentrum umkreist die Sonne in einer Kepler-Ellipse.

Bei den **heliozentrischen Koordinaten** liegt der Ursprung im Schwerpunkt des Sonnensystems, der nicht genau mit dem Sonnenmittelpunkt zusammenfällt. Sie werden auch gelegentlich **heliobaryzentrische Koordinaten** genannt.

Die **galaktozentrischen Koordinaten** haben ihren Ursprung im Zentrum der Milchstraße. Sie sind nicht zu verwechseln mit den galaktischen Koordinaten (siehe weiter unten), die zu den geozentrischen Koordinaten zählen.

Die topozentrischen bzw. geozentrischen Koordinatensysteme unterscheiden sich durch die Großkreise, die von der jeweiligen Hauptebene aus der Himmelskugel herausgeschnitten werden, und die Pole, an denen die auf der jeweiligen Hauptebene senkrecht stehende Achse die Himmelskugel durchstößt.

Folgende vier Koordinatensysteme sind gebräuchlich:

2.1 Horizontalkoordinaten

Die Horizontebene schneidet aus der Himmelskugel den Großkreis des Horizonts heraus. Vom Horizont aus wird die Höhe (h) eines Gestirns gemessen. Gestirne im Horizont haben die Höhe 0°. Die Senkrechte auf der Horizontebene durchstößt die Himmelskugel im **Zenit** (Scheitelpunkt) und im **Nadir** (Fußpunkt). Der Zenit hat eine Höhe von $h = 90°$, der Nadir von $h = -90°$. Gestirne unterhalb des Horizonts haben negative Höhenwinkel. Statt der Höhe wird auch die Zenitdistanz (z) verwendet. Die **Zenitdistanz** ist der Komplementärwinkel zur Höhe. Es gilt $z = 90° - h$. Ein Gestirn im Horizont hat somit die Zenitdistanz $z = 90°$. Zenitdistanzen über 90° geben an,

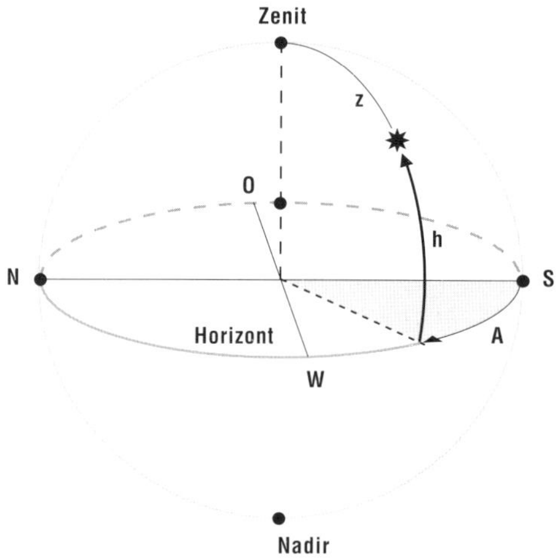

Das Horizontsystem

daß das Gestirn unter dem Horizont steht und somit unsichtbar ist. Der Nadir hat eine Zenitdistanz von $-180°$.

Während ihres Tageslaufes infolge der Erdrotation ändern die Gestirne permanent ihre Höhe (Ausnahme für einen Beobachter: am Nord- oder Südpol bleibt die Gestirnshöhe durch die Tagesdrehung unverändert). Verbindet man alle Punkte der Himmelskugel, in der die Gestirne ihre größte Höhe erreichen, miteinander, so erhält man einen **Großkreis**, der **Meridian** (Mittagslinie) genannt wird. Der Meridian steht senkrecht auf dem Horizont und geht durch Zenit und Nadir. Er schneidet den Horizont im Süd- und im Nordpunkt. Der Südpunkt wird als Nullpunkt der zweiten Koordinate des Horizontsystems genommen. Diese zweite Koordinate wird in der Ebene des Horizonts gemessen und heißt das **Azimut** (A). Der Großkreis, der ebenfalls senkrecht zum Horizont steht, aber um 90° (im Azimut) zum Meridian gedreht ist, heißt **Erstes Vertikal**. Das Erste Vertikal geht durch Zenit und Nadir und schneidet den Horizont in den Punkten West und Ost. Die Punkte Süd, West und Ost werden die **Kardinalpunkte des Horizonts** genannt. Das Azimut wird in der Astronomie vom Südpunkt aus in Richtung West gezählt. Ein Gestirn in Südrichtung hat das Azimut $A = 0°$, in Westrichtung ist $A = 90°$, in Nordrichtung ist $A = 180°$ und in Ostrichtung $A = 270°$.

In der Navigation wird das Azimut vom *Nord*punkt über Ost gezählt, ist also um 180° gegenüber der astronomischen Zählweise verschoben.

Die beiden Winkel, Höhe (bzw. Zenitdistanz) und Azimut, geben die Richtung zu einem Gestirn an. Durch die tägliche Himmelsdrehung ändern sich jedoch beide Koordinaten ständig mit der Zeit. Die Änderung erfolgt nicht gleichförmig, sondern mit variabler Winkelgeschwindigkeit.

Für die Einstellung eines Teleskops auf ein bestimmtes Gestirn oder die Angabe von Gestirnsörtern in einem Katalog oder Jahrbuch sind die Horizontalkoordinaten nicht besonders geeignet. Für solche Zwecke sind die Äquatorialkoordinaten zu verwenden.

2.2 Äquatorialkoordinaten

Die Äquatorebene der Erde schneidet aus der Himmelskugel den **Himmelsäquator** als Großkreis heraus. Der Himmelsäquator ist also der auf die Himmelskugel projizierte Erdäquator. Er teilt die Himmelskugel in eine Nord- und eine Südhälfte. Die auf der Äquatorebene senkrecht stehende Rotationsachse der Erde durchstößt die Himmelskugel im Himmelsnord- und im Himmelssüdpol.

Festes Äquatorsystem

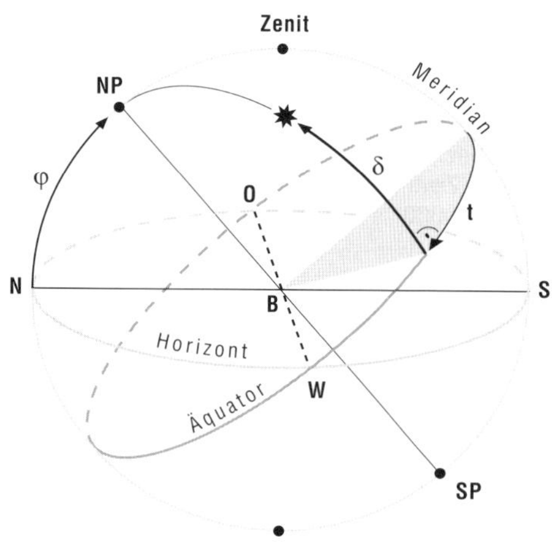

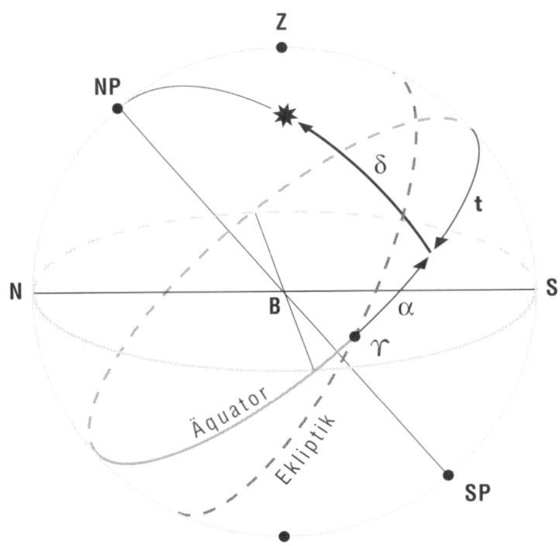

Das rotierende Äquatorsystem

Die Entfernung eines Gestirns vom Äquator wird als Koordinate **Deklination** (δ) angegeben. Gestirne, die im Äquator liegen, haben die Deklination $\delta = 0°$. In Richtung Nord wird die Deklination positiv gezählt, in Richtung Süd entsprechend negativ. Der Himmelsnordpol hat die Deklination $\delta = +90°$, der Himmelssüdpol $\delta = -90°$.

Die zweite Koordinate wird in der Ebene des Äquators gemessen. Hier unterscheidet man zwischen zwei Systemen, dem **ortsfesten** oder erdverbundenen und dem **mitbewegten** oder rotierenden **Äquatorsystem**.

Beim ortsfesten Äquatorsystem wird der **Stundenwinkel** (t) vom Schnittpunkt des Äquators mit dem Meridian aus in Richtung West gezählt. Ein Gestirn im Meridian hat somit den Stundenwinkel 0° bzw. 0^h. Der Stundenwinkel wird üblicherweise nicht in Winkelgrad, sondern im Zeitmaß angegeben. Ein voller Kreis hat somit $360° = 24^h$. Damit ergeben sich folgende Unterteilungen:

$$1^h = 15°$$
$$1^m = 15'$$
$$1^s = 15''$$

Der Stundenwinkel eines Gestirns wächst mit ablaufender Zeit an, die Periode ist 24^h. Zwei Stunden nach Meridiandurchgang hat ein Gestirn den Stundenwinkel $t = 2^h$, dies entspricht 30° im Winkelmaß. Ortsfest wird das Äquatorsystem genannt, da für einen feststehenden Beobachter auf der Erde die Richtung zum Schnittpunkt Äquator mit Meridian stets unveränderlich bleibt und nur vom Ortsmeridian des Beobachters abhängig ist.

Die Deklination (δ) des Gestirns bleibt infolge der Erdrotation jedoch unverändert.

Beim mitbewegten Äquatorsystem nimmt der Nullpunkt der Koordinatenzählung an der täglichen Himmelsdrehung mit teil. Als Nullpunkt für die Koordinaten in der Äquatorebene dient der **Frühlingspunkt**. Der Frühlingspunkt ist der Schnittpunkt des aufsteigenden Astes der Ekliptik (scheinbare Sonnenbahn) mit dem Himmelsäquator. Im mitbewegten Äquatorsystem wird die Koordinate **Rektaszension** (α) in der Ebene des Äquators vom Frühlingspunkt in Richtung Ost gezählt. Die Rektaszension wird ebenfalls wie der Stundenwinkel im Zeitmaß angegeben ($24^h = 360°$). Der Frühlingspunkt hat die Rektaszension $\alpha = 0^h$, der Herbstpunkt $\alpha = 12^h$). Die Rektaszension bleibt von der täglichen Himmelsdrehung unberührt, da der Frühlingspunkt als Nullpunkt ebenfalls mitrotiert. Die Koordinaten Rektaszension (α) und Deklination (δ) des rotierenden Äquatorsystems eignen sich daher zur Angabe von Gestirnsörtern in Sternkatalogen und Jahrbüchern.

Die Rektaszension („gerade Aufsteigende") wir deshalb in Richtung Ost gezählt, da sich sowohl die Sonne als auch der Mond von West nach Ost unter den Sternen weiterbewegen, ihre Rektaszensionen mit fortschreitender Zeit anwachsen. Auch die Planeten bewegen sich in der Regel (wenn sie **rechtläufig** sind) von West nach Ost, so daß ihre Rektaszensionen mit Ablauf der Zeit größer werden. Nur in ihrer **rückläufigen** Phase nehmen die Rektaszensionen eine Zeitlang ab.

Die beiden Äquatorsysteme sind über die **Sternzeit** (ϑ) miteinander gekoppelt. Die Sternzeit entspricht dem Stundenwinkel des Frühlingspunkts ($\vartheta = t$). Geht der Frühlingspunkt durch den Meridian, so ist es 0^h Sternzeit. Es gilt folgende Beziehung:

$$\vartheta = \alpha + t$$

Die Sternzeit ist gleich der Summe von Rektaszension und Stundenwinkel eines Gestirns.

Kennt man die Rektaszension eines Gestirns (z. B. aus dem Sternkatalog) und die Sternzeit (von einer Uhr abgelesen), so kann man den Stundenwinkel des Gestirns bestimmen und eventuell ein Fernrohr entsprechend einrichten. Es gilt

$$t = \vartheta - \alpha$$

Der Stundenwinkel eines Gestirns ist gleich der Differenz Sternzeit minus Rektaszension des Gestirns.
Kulminiert ein Gestirn, so passiert es den Meridian und hat den Stundenwinkel $t = 0^h$. Seine Rektaszension entspricht dann der Sternzeit:

$$\alpha = \vartheta$$

Registriert man beim Meridiandurchgang eines Sternes die genaue Sternzeit, so hat man für das Gestirn die Koordinate Rektaszension bestimmt, da $\vartheta = \alpha$ ist. Kennt man andererseits die genaue Rektaszension eines (Fundamental-) Sterns, so ist aus seinem Meridiandurchgang die genaue Sternzeit abzuleiten.

2.3 Ekliptikalkoordinaten

Die durch den Umlauf der Erde um die Sonne aufgespannte Ebene wird Erdbahnebene genannt. Die Erdbahnebene schneidet aus der Himmelskugel den Großkreis der **Ekliptik** heraus. Entlang der Ekliptik läuft die Sonne durch die Sternbilder als Spiegelbild des Erdumlaufes. Die Ekliptik wird deshalb auch **scheinbare Sonnenbahn** genannt. Die Sternbilder, durch die die Ekliptik zieht, bilden den Tierkreis oder (lat.) Zodiacus.
Die Ekliptik ist zum Himmelsäquator um rund 23,5° geneigt. Diese Neigung nennt man **Schiefe der Ekliptik**. Entsprechend ist die Senkrechte auf der Erdbahnebene zur Erdachse um 23,5° geneigt. Die Senkrechte auf der Erdbahnebene, kurz Ekliptikachse genannt, durchstößt die Himmelskugel im Ekliptiknord- und Ekliptiksüdpol.
Die Koordinaten des Ekliptiksystems sind die **ekliptikale Breite** (β) und die **ekliptikale Länge** (λ). Die ekliptikale Breite wird von der Ekliptik aus nach Norden positiv und nach Süden negativ gezählt. Ein Stern in der Ekliptik hat die ekliptikale Breite $\beta = 0°$. Für den Ekliptiknordpol gilt $\beta = 90°$, für den Ekliptiksüdpol ist $\beta = -90°$.
Die ekliptikale Länge wird in der Ebene der Ekliptik gemessen. Als Nullpunkt dient der Frühlingspunkt $\lambda = 0°$. Die ekliptikalen Längen werden in Richtung Ost vom Frühlingspunkt aus gezählt. Der Herbstpunkt hat $\lambda = 180°$.
Die Koordinaten der Ekliptik sind die primären Koordinaten für die Beschreibung der Kinematik der Körper des Sonnensystems. So ist es sinvoll anzugeben, welche ekliptikale Breite der Mond in Neu- oder Vollmondposition einnimmt, weil davon abhängt, ob es zu einer Sonnen- oder Mondfinsternis kommt.

2.4 Galaktische Koordinaten

Will man die Verteilung von offenen Sternhaufen oder Galaxien an der Himmelskugel untersuchen, so sind weder äquatoriale noch ekliptikale Koordinaten besonders sinnvoll oder hilfreich. Denn sowohl die Rotationsachse der Erde als auch die Lage der Erdbahnebene sind rein zufällig zur Hauptebene der Milchstraße orientiert. Für galaktische und extragalaktische Objekte – also Objekte außerhalb unseres Sonnensystems – verwendet man daher auch die galaktischen Koordinaten. Sie beziehen sich auf die **Hauptebene unseres Milchstraßensystems**. Die Milchstraßenhauptebene schneidet aus der Himmelskugel den galakti-

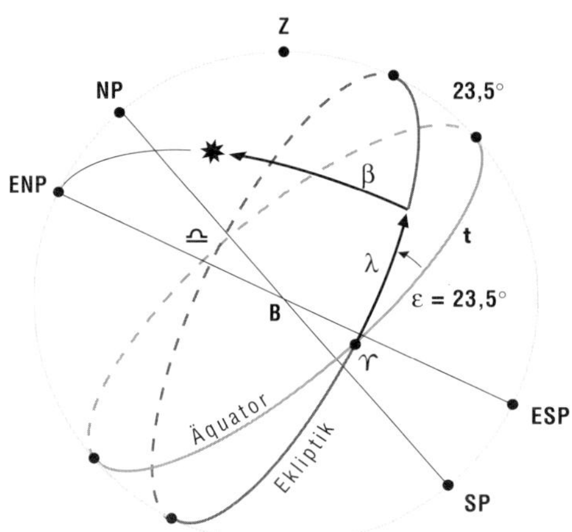

Das Ekliptiksystem

schen Äquator heraus. Er ist zum Himmelsäquator um 62°36,'0 geneigt.

Die Senkrechte auf der galaktischen Hauptebene durchstößt die Himmelskugel in den beiden Punkten galaktischer Nord- und galaktischer Südpol.

Die Koordinate, die angibt, wie weit ein Gestirn vom galaktischen Äquator entfernt ist, wird **galaktische Breite** (b) genannt. Ein Stern auf dem galaktischen Äquator hat die galaktische Breite $b = 0°$. Der galaktische Nordpol hat die Breite $b = 90°$, der galaktische Südpol $b = -90°$. Der galaktische Nordpol hat die äquatorialen Koordinaten $\alpha = 12^h29^m\!.0$, $\delta = +27°24'\!.0$ (1950.0) und liegt somit im Sternbild Coma Berenices (Haar der Berenike). Die Koordinate, die in der Ebene des galaktischen Äquators gezählt wird, heißt **galaktische Länge** (l). Der Nullpunkt der galaktischen Länge wird durch die Richtung zum galaktischen Zentrum (Mittelpunkt der Milchstraße) am galaktischen Äquator festgelegt.

Der Nullpunkt des galaktischen Koordinatensystems liegt im Sternbild Schütze und hat die äquatorialen Koordinaten $\alpha = 17^h42^m\!.4$ und $\delta = -28°55'$ (1950.0).

Anmerkung: Ursprünglich wurde als Nullpunkt der galaktischen Länge der Schnittpunkt des galaktischen Äquators mit dem Himmelsäquator (aufsteigender Knoten des galaktischen Äquators) genommen. Diese alten Galaktischen Koordinaten wurden als l^I und b^I bezeichnet, im Gegensatz zu den neuen, die eine Zeitlang mit l^{II} und b^{II} vermerkt wurden. Gegenüber dem alten System ist der neue galaktische Äquator um $-1{,}4°$ geneigt.

Beziehungen der Koordinatensysteme zueinander

Für zahlreiche Zwecke ist es erforderlich, die Koordinaten eines Systems in die eines anderen Systems umzurechnen. Nachstehend sind die wichtigsten Fälle kurz skizziert.

Beziehung von Horizontal- zu Äquatorialkoordinaten

Der Himmelsäquator ist um den Winkel $(90 - \varphi)$ gegen die Horizontebene gekippt. φ gibt dabei die geographische Breite des Beobachterstandortes an. Die Kippachse ist die Ost-West-Linie in der Horizontalebene.

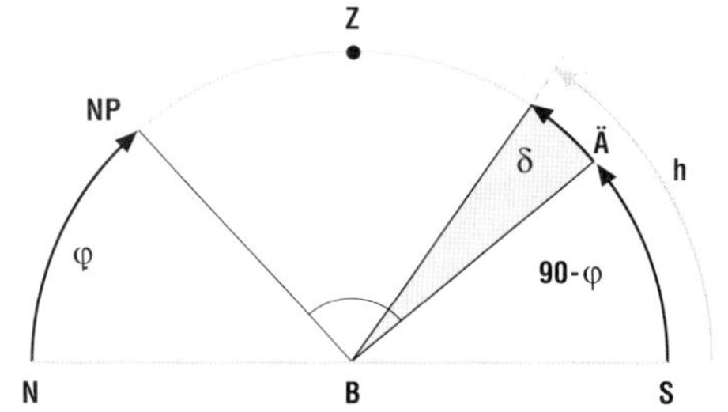

Der Meridianschnitt zeigt den Zusammenhang von geographischer Breite, Polhöhe und Kulminationshöhe eines Gestirns

Daraus folgt: Der Schnittpunkt Himmelsäquator/Meridian (= Äquatorkulm) hat eine Höhe über dem Südpunkt von

$$h = 90° - \varphi$$

Ein Gestirn auf dem Himmelsäquator (Deklination $\delta = 0°$) kulminiert also in einer Höhe von $h = 90° - \varphi$ für den Standort mit der geographischen Breite φ.

Weiter gilt: Der Himmelsnord*pol* ($\delta = +90°$) hat eine Höhe (h) über dem Nord*punkt*, die der geographischen Breite φ des Beobachters entspricht:

$$h_{\text{Nordpol}} = \varphi$$

Allgemein gilt für die Kulminationshöhe eines Gestirns mit der Deklination δ:

$$h = 90° - \varphi + \delta$$

Diese Gleichung ist algebraisch zu behandeln, das heißt, negative Deklinationen sind abzuziehen.

Die Kulminationshöhe wird in der Regel gemessen (mit Sextant, Mauerquadrant, Meridiankreis). Bei bekanntem Standort (φ!) kann auf diese Weise einfach die Deklination δ eines Gestirns ermittelt werden.

Kennt man seinen Standort und die Deklination eines Gestirns (beispielsweise der Sonne aus einem Jahrbuch), so kann man schnell die

Kulminationshöhe errechnen (Mittagshöhe der Sonne).

Mißt ein Seefahrer die Kulminationshöhe h eines Gestirns mit der bekannten Deklination δ, so kann er sofort die geographische Breite φ seines Schiffes ermitteln.

Weiter folgt aus obiger Gleichung: Hat ein Gestirn die Deklination $\delta = \varphi$, so wird $h = 90°$. Dies bedeutet, daß das Gestirn in der geographischen Breite φ im Zenit ($z = 0°$) kulminiert.

Zenitalbedingung: $\delta = \varphi$

Gestirne, deren Deklinationen δ größer oder gleich ($90° - \varphi$) sind, haben in unterer Kulmination eine positive Höhe bzw. Höhe $= 0°$. Solche Gestirne gehen in der Breite φ nicht unter. Sie werden zirkumpolar genannt.

Zirkumpolarbedingung: $\delta \geq 90° - \varphi$

Dadurch, daß der Himmelsäquator aus der Horizontebene herausgekippt ist, ist auch ein Teil der Gestirne des Südhimmels in der geographischen Breite φ (bzw. des Nordhimmels analog für einen Beobachter auf der Südhalbkugel der Erde) zu sehen. Da der Äquator in der Höhe $h = 90° - \varphi$ kulminiert, so sind alle Gestirne zu sehen, deren Deklination

$$-\delta \geq 90° - \varphi$$

ist. Für den Fall $-\delta = 90° - \varphi$ steht ein Gestirn bei seiner Kulmination genau im Südpunkt am Horizont.

Gestirne, deren Deklination

$$-\delta < 90° - \varphi$$

ist, gehen in der Breite φ nicht auf und bleiben stets unter dem Horizont. Sie sind für einen Standort mit der Breite φ niemals sichtbar.

Sonderfälle:

Für $\varphi = 0°$ und für $\varphi = \pm 90°$ ergeben sich folgende beiden Sonderfälle:

1. Beobachter auf dem Nord- (Süd)pol: $\varphi = 90°$ ($-90°$).

Der Äquator fällt mit dem Horizont zusammen, der Kippwinkel $90° - \varphi$ ist $0°$. Der Himmelsnordpol liegt im Zenit, der Himmelssüdpol im Nadir (für Beobachter auf dem Südpol fällt der Himmelssüdpol mit dem Zenit und der Nadir mit dem Himmelsnordpol zusammen).

Die Gestirnshöhen h entsprechen den Deklinationen δ der jeweiligen Gestirne. Es sind somit am Nord- (Süd)pol nur Gestirne mit positiven (negativen) Deklinationen über dem Horizont und damit beobachtbar.

An den Polen der Erde ist jeweils nur eine Hälfte der Himmelskugel zu sehen, die andere bleibt stets unter dem Horizont verborgen.

Alle Gestirne sind hier zirkumpolar und laufen infolge der täglichen Himmelsdrehung parallel zum Horizont. Da die Sonne vom 21. März bis 23. September positive Deklinationen aufweist, so ist sie in diesem Zeitraum ununterbrochen über dem Horizont. Der **Polartag** dauert ein halbes Jahr. Vom 23. September bis 21. März hat die Sonne negative Deklinationen, am Nordpol bleibt sie in dieser Zeitspanne stets unter dem Horizont, die **Polarnacht** dauert ein halbes Jahr.

Analog sind die Verhältnisse für die Südhalbkugel der Erde. Dort sind nur Gestirne mit negativen Deklinationen über dem Horizont. Alle Gestirne der nördlichen Himmelshalbkugel bleiben unsichtbar. Da die Sonne vom 23. September bis 21. März negative Deklinationen hat, herrscht am Südpol in dieser Zeit der Polartag, während die Polarnacht vom 21. März bis 23. September dauert.*

2. Beobachter auf dem Äquator: $\varphi = 0°$

Für einen Beobachter auf dem Erdäquator ist der Himmelsäquator um den Winkel $90° - \varphi = 90°$ aus der Horizontebene herausgekippt. Der Himmelsäquator geht hier durch die Punkte Zenit und Nadir. Er fällt mit dem Ersten Vertikal (Großkreis im Horizontsystem durch die Punkte Ost, Zenit, West, Nadir) zusammen.

Der Himmelsnordpol liegt im Nordpunkt am Horizont, der Himmelssüdpol fällt mit dem Südpunkt am Horizont zusammen.

Auf dem Äquator der Erde sind somit alle Gestirne der Himmelskugel (Sphäre) von $\delta = -90°$ Deklination bis $\delta = +90°$ zu sehen. Zirkumpolare Gestirne gibt es hier nicht zu beobachten. Alle Gestirne gehen auf und unter, wobei die Tag- und Nachtbögen gleich lang sind. Die Gestirne sind daher für einen Be-

* Dies gilt für die idealisierte Vorstellung einer Erde ohne Lufthülle. Durch die atmosphärische Strahlenbrechung (Refraktion) erscheinen Gestirne am Horizont jedoch rund ein halbes Grad angehoben.

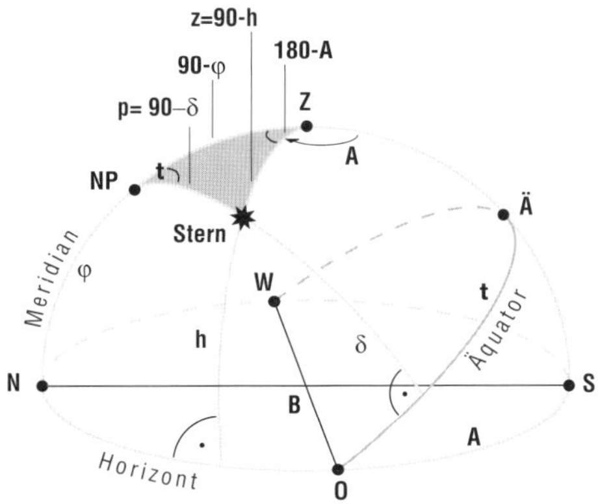

Das Nautische Dreieck

obachter auf dem Erdäquator jeweils zwölf Stunden über und zwölf Stunden unter dem Horizont.

Das Nautische (Astronomische) Dreieck
Kulminiert ein Gestirn, so befindet es sich im Meridian. In diesem Falle ist die Umrechnung von Horizontal- in Äquatorialkoordinaten besonders einfach. Das Azimut $A = 0°$, der Stundenwinkel $t = 0^h$, die Rektaszension α entspricht der Sternzeit ϑ, und für die Höhe über dem Südpunkt (Kulminationshöhe) gilt: $h = 90° - \varphi + \delta$.
Im allgemeinen Fall befindet sich ein Gestirn nicht im Meridian ($t \neq 0^h$). Dann bilden Gestirn – Zenit – Himmelsnord- (bzw. Süd-)pol ein Dreieck, das „Nautisches" oder auch „Astronomisches Dreieck" genannt wird.
Das Nautische Dreieck ist ein sphärisches Dreieck. Seine Seiten sind ebenfalls Winkel, und zwar $(90° - \varphi)$ die Strecke Pol – Zenit, $(z = 90° - h)$ die Strecke Zenit – Gestirn und $(p = 90° - \delta)$ die Strecke Pol – Gestirn. p steht für die Poldistanz des Gestirns. Der Innenwinkel beim Pol ist der Stundenwinkel t und beim Zenit der Supplementärwinkel zum Azimut 180° – A.
Aus den Regeln der sphärischen Trigonometrie folgen die Transformationsgleichungen:

$$\cos z = \sin\varphi \cdot \sin\delta + \cos\varphi \cdot \cos\delta \cdot \cos t$$
$$\sin z \cdot \sin A = \cos\delta \cdot \sin t$$

Für cos z kann auch sin h gesetzt werden, und läßt sich durch $\cos t \cos(\vartheta - \alpha)$ ersetzen, wenn man anstelle des Stundenwinkels die Differenz Sternzeit minus Rektaszension verwendet.

Umrechnungen anderer Koordinatensysteme
Bei Umrechnungen anderer Koordinatensysteme geht man ähnlich vor und konstruiert die entsprechenden sphärischen Dreiecke. Zu beachten ist der jeweilige Kippwinkel zwischen zwei Polarkoordinatensystemen. So ist beispielsweise das Ekliptiksystem gegen das Äquatorsystem um den Winkel $\varepsilon = 23{,}5°$ („Schiefe der Ekliptik") geneigt. Der Winkel ε ist das Analogon zu Winkel $(90° - \varphi)$, um den das Äquatorsystem aus dem Horizontsystem gekippt ist.

Entfernungseinheiten in der Astronomie

Die Grundeinheit der Entfernung in der Astronomie ist der mittlere Abstand Erde – Sonne, genannt Astronomische Einheit (AE).
Die Astronomische Einheit entspricht einer Sonnenparallaxe von 8,79″.

$1\ \text{AE} = 1{,}49598 \times 10^8$ km
$\pi_\odot = 8{,}''79$ $\quad t_c = 8^m20^s$ (Lichtlaufzeit)

In der Stellarastronomie (Raumbereiche außerhalb des Sonnensystems) wird das **Parsec** verwendet. Definitionsgemäß hat ein Stern ein Parsec Abstand, wenn man eine Astronomische Einheit (mittlere Entfernung Erde – Sonne) unter dem Winkel von einer Bogensekunde sieht. Parsec ist die Abkürzung für Parallaxensekunde. Der reziproke Wert von einem Parsec ist der Parallaxenwinkel selbst.

1 pc [Parsec]	$= 30{,}856 \times 10^{12}$ km
	= 206265 AE
$1/\pi$	= r [pc]
1 LJ [Lichtjahr]	$= 9{,}46 \times 10^{12}$ km
	= 63240 AE
1 pc	= 3,26 LJ

1 kpc = 10^3 pc / 1 Mpc = 10^6 pc

Der **Entfernungsmodul (m–M)** ist ein Maß für die Distanz eines Sternes. Er gibt die Differenz zwischen scheinbarer (m) und absoluter Helligkeit (M) an. Ein Stern in zehn Parsec Distanz hat eine scheinbare Helligkeit, die gleich seiner absoluten Helligkeit ist.

$$m - M = 5 \cdot (\lg \cdot r - 1)$$

$$m - M + 5 = 5 \cdot \lg \cdot r \, [pc]$$

Helligkeiten in der Astronomie

Seit alters her teilt man die Helligkeiten der Sterne in sogenannte **Größenklassen** (Magnitudines) ein. Die Größenklassen haben nichts mit dem wahren Durchmesser oder der Masse eines Sternes zu tun, sondern geben die **scheinbare Helligkeit** eines Sternes an. Die sichtbaren Sterne teilt man in sechs Stufen ein, wobei die Sterne erster Größe die hellsten Sterne sind, die Sterne sechster Größe die schwächsten, die mit freiem Auge gerade noch erkennbar sind. Ein Stern erster Größe ist hundertmal heller als ein Stern sechster Größe.
Die Größenklassen sind ein logarithmisches Maß. Die Differenz von fünf Größenklassen entspricht einem Intensitätsverhältnis von 1 : 100, eine solche von zehn Größenklassen einem Intensitätsverhältnis von 1 : 10000 (WEBER-FECHNERsches Psycho-Physisches Grundgesetz).

Die Größenklassen werden mit einem hochgestellten m (für magnitudo) gekennzeichnet.

1. Scheinbare Helligkeit
Es gelten folgende Umrechnungen:

$$m_1 - m_2 = -2{,}5 \lg (I_1/I_2)$$

$$I_1 : I_2 = 10^{-0{,}4\,(m_1 - m_2)}$$

2. Absolute (Wahre) Helligkeit: M
Scheinbare Helligkeit in Normdistanz von 10 pc
Sonne: $+ 4{,}^{M}8 \triangleq 3{,}853 \times 10^{26}$ Watt $= 1\ L_\odot$

3. Sonnenleuchtkraft: $L_\odot$
Statt der absoluten Helligkeit wird die Leuchtkraft eines Sternes auch in Einheiten der Sonnenleuchtkraft angegeben.

Zeit und Kalender

Die Zeitbestimmung ist seit alters her eine Domäne der Astronomie. Gerade die Einteilung der Zeit und die Aufstellung von Kalendern bezeugt, daß die Astronomen keine esoterische Wissenschaft pflegen, sondern durchaus Bezug zur Praxis des täglichen Lebens haben. Ohne präzise Zeitmessung und allgemein gültige Kalenderregeln käme unsere heutige Zivilisation schnell in große Schwierigkeiten. Schon im Altertum hatte die Astronomie durch die Messung und Einteilung des Zeitlaufes ihre praktische Bedeutung bewiesen.
Hauptsächlich drei astronomische, periodische Vorgänge bieten sich zur Zeiteinteilung und -zählung an: der Wechsel von Tag und Nacht, die Lichtgestalten des Mondes und die Erscheinung der Jahreszeiten. Schon in grauer Vorzeit haben unsere Ahnen diese natürlichen Zeitmarken verwendet. Die modernen astronomischen Zeitbestimmungen beruhen prinzipiell auf den gleichen Naturvorgängen: der Erdrotation, der periodischen Änderung des Phasenwinkels des Mondes und der Erdrevolution, also des Umlaufs der Erde um die Sonne.
Aus der Erdrotation lassen sich fünf Zeitintervalle definieren:

1. Wahrer Sonnentag
= Zeit zwischen zwei aufeinanderfolgenden Kulminationen der wahren Sonne.

2. Mittlerer Sonnentag
= Zeit zwischen zwei aufeinanderfolgenden Kulminationen der mittleren Sonne.
= per definitionem $24^h00^m0{,}^s00$ Sonnenzeit.
= $24^h03^m56{,}^s555$ in Sternzeit.

3. Wahrer Sterntag
= Zeit zwischen zwei aufeinanderfolgenden Kulminationen des wahren Frühlingspunktes.

4. Mittlerer Sterntag
= Zeit zwischen zwei aufeinanderfolgenden Kulminationen des mittleren Frühlingspunktes.

= per definitionem $24^h00^m00\overset{s}{.}00$ Sternzeit.
= $23^h56^m04\overset{s}{.}091$ in Sonnenzeit.

5. Siderische Erdrotation
= Zeit zwischen zwei aufeinanderfolgenden Kulminationen eines Fixsternes mit verschwindender Eigenbewegung (EB = 0).
= $23^h56^m04\overset{s}{.}100$ in Sonnenzeit.

Der **mittlere Sonnentag** und der **mittlere Sterntag** sind Zeitintervalle von konstanten Längen, weshalb sie für die Zeitrechnung brauchbar sind. Sie sind allerdings nicht beobachtbar. Beobachtbar hingegen sind der wahre Sonnentag und die siderische Erdrotation, die im Mittel nur um 0,009 Sekunden länger dauert als ein mittlerer Sterntag.

Der Ablauf der Zeit wird anhand des wachsenden Stundenwinkels der Gestirne ermittelt.

Die **Sonnenzeit** entspricht dem Stundenwinkel der Sonne, vermehrt um zwölf Stunden, die **Sternzeit** ist gleich dem Stundenwinkel des Frühlingspunktes.

Die obere Kulmination der wahren Sonne entspricht somit 12 Uhr wahrer Sonnenzeit, die des wahren Frühlingspunktes 0 Uhr wahrer Sternzeit.

Da der Stundenwinkel eines Gestirns von der geographischen Länge des Beobachters abhängt, handelt es sich bei den oben definierten Zeiten um **Ortszeiten**. Für den gleichen Erdmeridian gelten dieselben Sonnen- und Sternzeiten.

Eine Längendifferenz von 15° entspricht jeweils einer Differenz der Ortszeiten von einer Stunde. Sternzeiten sind immer Ortszeiten. Deshalb ist bei jeder Zeitangabe stets der Ortsmeridian (= geographische Länge), auf den sich die Zeitangabe bezieht, zu nennen. In Jahrbüchern wird üblicherweise die Sternzeit für den Null-Meridian der Erde (Meridian der alten Sternwarte von Greenwich bei London) tabuliert. Häufig findet man für sie die Abkürzung: GMST (Greenwich Mean Sidereal Time).

Die auf den Null-Meridian bezogene mittlere Sonnenzeit wird **Weltzeit** (WZ) oder **Universal Time** (UT) oder auch **Greenwich Mean Time** (GMT) genannt.

Aus verkehrstechnischen Gründen wurden für die mittlere Sonnenzeit sogenannte **Zonenzeiten** geschaffen. Laut Übereinkunft gilt jeweils innerhalb einer rund 15° breiten Zone die gleiche mittlere Sonnenzeit, unabhängig von der tatsächlich geographischen Länge des Beobachtungsortes. An der Grenze zweier **Zeitzonen** springt die mittlere Sonnenzeit um eine Stunde. Beim Überschreiten einer Zeitzonengrenze von West nach Ost ist eine Stunde zu addieren, beim Überschreiten von Ost nach West ist eine Stunde zu subtrahieren.

Für die mitteleuropäische Zonenzeit (MEZ) gilt die mittlere Sonnenzeit des 15° Meridians östlich von Greenwich. Sie geht gegenüber der Weltzeit um eine Stunde vor. Es gilt:

$$\boxed{\text{MEZ} = \text{UT} + 1}$$

Die westeuropäische Zonenzeit (WEZ) korrespondiert mit der Weltzeit (0°-Meridian), die osteuropäische Zonenzeit (OEZ) entspricht der mittleren Sonnenzeit des 30°-Meridians östlich von Greenwich (OEZ = UT + 2).

Zeitgleichung

Die **mittlere Sonnenzeit** richtet sich nach einer fiktiven mittleren Sonne, die mit gleichmäßiger Geschwindigkeit den Himmelsäquator im Laufe eines Jahres durchwandert. Die täglichen Rektaszensionszunahmen der mittleren Sonne bleiben konstant.

Die **wahre Sonne** wandert entlang der Ekliptik, die um rund 23,5° gegen den Himmelsäquator geneigt ist. Gleich lange Strecken auf der Ekliptik, die auf den Himmelsäquator projiziert werden, entsprechen dort ungleich langen Abschnitten. Die täglichen Rektaszensionszuwächse der wahren Sonne fallen somit um die Zeit der Solstitien (Sommer- und Wintersonnenwende) größer aus als um die Zeit der Äquinoktien (Frühlings- und Herbsttagundnachtgleiche). Da aber die Zeitmessung auf das Äquatorsystem bezogen wird (Sonnenzeit = Stundenwinkel der Sonne + 12), ergibt sich eine Differenz mit halbjähriger Periode zwischen wahrer und mittlerer Sonnenzeit. Sie bildet die Hauptkomponente der Zeitgleichung. Hinzu kommt als zweite Komponente die ungleichförmige Geschwindigkeit der wahren Sonne entlang der Ekliptik. Infolge der Elliptizität der Erdbahn läuft nach dem zweiten KEPLERschen Gesetz die Erde im Perihel (Anfang Januar) schneller als im Aphel (Anfang Juli). Als spiegelbildliche Bewegung wandert daher die wahre Sonne im Winter schneller

als im Sommer entlang der Ekliptik. Die zweite Komponente der Zeitgleichung hat eine ganzjährige Periode.
Der Unterschied zwischen wahrer und mittlerer Sonnenzeit wird **Zeitgleichung** genannt. Es gilt folgende Definition:

Zeitgleichung = Wahre Sonnenzeit minus Mittlerer Sonnenzeit

Die wahre Sonnenzeit ist stets eine Ortszeit und keine Zonenzeit. Die Zeitgleichung gibt somit die Differenz zwischen Wahrer Ortszeit und Mittlerer Ortszeit an.

ZGL = WOZ − MOZ

Der Unterschied zwischen wahrer und mittlerer Zeit, also die Zeitgleichung, ist der Betrag, der der *mittleren Sonnenzeit hinzugefügt* werden muß, um die *wahre* Sonnenzeit zu erhalten. Ist der Wert der Zeitgleichung *positiv*, so kulminiert die wahre Sonne *vor* der *mittleren* durch den Meridian. Sonnenuhren, die in der Regel wahre Sonnenzeit anzeigen, gehen somit *vor*, wenn die Zeitgleichung *positiv* ist.
Ist die Zeitgleichung *negativ*, so kulminiert die wahre Sonne *später* als die *mittlere*, die Sonnenuhr geht *nach*.

Extrema		Nullstellen
12.2.	-15^m	15.4.
14.5.	$+\ 4^m$	13.6.
26.7.	$-\ 6^m$	1.9.
3.11.	$+17^m$	25.12.

Wie die Tabelle in der linken Spalte unten erkennen läßt, kann die Zeitgleichung Werte um plus/minus einer Viertelstunde annehmen. Sie darf daher keineswegs vernachlässigt werden.

Sternzeit

Da sich die wahre Sonne täglich auf der Ekliptik vom Frühlingspunkt um durchschnittlich ein Grad in östlicher Richtung entfernt und die Erdrotation ebenfalls in östlicher Richtung erfolgt, ist der mittlere Sterntag um $3^m56\overset{s}{.}555$ (in Sternzeit ausgedrückt) kürzer als ein mittlerer Sonnentag. Wahrer und mittlerer Sterntag unterscheiden sich nur geringfügig voneinander. Der mittlere Sterntag gilt als Zeitintervall zwischen zwei aufeinanderfolgenden Kulminationen des von der Nutation befreiten (= mittleren) Frühlingspunktes.
Laut Definition (siehe oben) hat ein mittlerer Sonnentag 24 *Sonnenzeit*stunden, und ein Sterntag dauert 24 *Sternzeitstunden*. Da ein Sterntag rund vier Minuten kürzer ist als ein Sonnentag, ist somit auch eine *Sternzeitstunde* kürzer als eine *Sonnenzeitstunde*. Einer Sonnenzeitstunde entspricht $1^h00^m09\overset{s}{.}86$ in Sternzeit. 366 Sterntage entsprechen 365 Sonnentagen.
Die klassische Definition der Sekunde lautet:

1 Sekunde ist der 86400. Teil eines mittleren Sonnentages.

Dabei handelt es sich um eine *Sonnenzeitsekunde*.

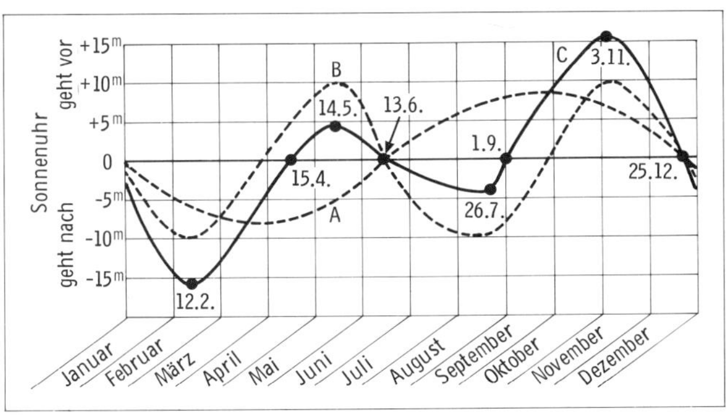

Die jährliche Doppelwelle der Zeitgleichung. Die Kurve A gibt den Zeitgleichungsanteil aus der ungleichförmigen Erdbewegung um die Sonne, die Kurve B den zweiten Effekt der Zeitgleichung an, der aus der Schiefe der Ekliptik folgt. Beide Effekte addiert ergeben die resultierende Zeitgleichung (ausgezogene Kurve). Weitere Erläuterungen siehe Text.

> 1 Sternzeitsekunde ist der 86400. Teil eines mittleren Sterntages.

Wie vorhin dargelegt, ist eine Sternzeitsekunde etwas kürzer als eine Sonnenzeitsekunde, und zwar ist

> 1 Sternzeitsekunde = 0,997 267 76 Sonnenzeitsekunden

*Stern*zeittage, -stunden, -minuten und -sekunden sind jeweils um den Faktor 0,977 267 76 kürzer als *Sonnen*zeittage, -stunden, -minuten und -sekunden. Man muß stets darauf achten, in welchem Zeitmaß eine Zeitspanne angegeben ist, um Verwechslungen zu vermeiden.
Die siderische Erdrotation (Zeit zwischen zwei aufeinanderfolgenden Meridiandurchgängen eines Fixsternes mit verschwindender Eigenbewegung) unterscheidet sich vom mittleren Sterntag infolge der **Lunisolarpräzession**: Der Frühlingspunkt wandert täglich rückläufig (also entgegengesetzt der Erdrotation) um das kleine Stück von 50,″2/366 = 0,″137 in der Ekliptik, so daß ein mittlerer Sterntag um 0,009 Sekunden kürzer ist als eine siderische Erdrotation. Diese Differenz wächst in 25784 Jahren zu einem ganzen Tag an. In 25784 Jahren wandert der Frühlingspunkt einmal durch den gesamten Tierkreis. Diese Zeitspanne entspricht also einer vollen Präzessionsperiode und wird **Platonisches Jahr** genannt (siehe auch weiter unten).

Umrechnung von MEZ in Sternzeit

Die Sternzeit gibt die Stellung des Beobachters relativ zur Himmelssphäre an und erlaubt die Bestimmung des Stundenwinkels eines Gestirns, dessen Rektaszension bekannt ist. Sie wird benötigt, um beispielsweise ein Teleskop auf das Gestirn zu richten oder aus einem Meridiandurchgang eines bekannten Gestirns die genaue Zeit abzuleiten.
Verfügt man über keine Sternzeituhr, sondern nur Uhren, die MEZ (= mittlere Sonnenzeit des Meridians 15° östlich von Greenwich) anzeigen, so kann man die Sternzeit folgendermaßen ermitteln:
Zunächst wird die MEZ um eine Stunde reduziert, um Weltzeit zu erhalten (MEZ − 1 = UT). Dann wird die UT (= Zeit, die seit 0^hUT des betreffenden Tages verflossen ist), die eine Sonnenzeit darstellt, in Sternzeitmaß (Sternzeitstunde, -minuten, -sekunden) verwandelt, indem man eine Korrektion Δ_{korr} anbringt. Die Korrektion entnimmt man einer Umrechnungstafel. Verfügt man nicht über diese Tafel, so kann man die Sternzeit für die meisten Fälle mit ausreichender Genauigkeit ermitteln, wenn man pro sechs Stunden Sonnenzeit eine Minute addiert. 6^h Sonnenzeit entsprechen etwa 6^h01^m Sternzeit. Zwischenwerte lassen sich interpolieren.
Zur so ermittelten verflossenen Sternzeit seit 0^hUT ist noch der Wert der Sternzeit zu addieren, der um 0^hUT an dem betreffenden Tag am Meridian von Greenwich ($\lambda = 0°$) gilt. Dieser Wert ist einem astronomischen Jahrbuch zu entnehmen.
Man erhält damit die Sternzeit für die oben verwendete MEZ, die *in Greenwich* gilt! Für den Beobachtungsort ist noch die geographische Länge λ im Zeitmaß anzubringen ($15° = 1^h$, $1° = 4^m$). Für Orte östlich von Greenwich ist λ zu addieren, für Orte westlich von Greenwich dagegen zu subtrahieren. Dann erhält man die **Ortssternzeit** für den Beobachtungsplatz. Ist der ermittelte Wert größer als 24, zieht man 24 ab. Für die Berechnung der MEZ aus der Ortssternzeit (z. B. für die Zeitbestimmung) geht man umgekehrt vor.

Verwandlung von MEZ in Ortssternzeit:

	MEZ	
−	1^h	
	UT	Weltzeit in Sonnenzeitstunden
+	Δ_{korr}	Verwandlung der Sonnenzeitstunden in Sternzeitstunden
+	ST	Sternzeit 0^h UT für Greenwich am Berechnungstage (siehe Jahrbuch)
	ST′	in Greenwich
±	λ	geograph. Länge: + östlich / − westlich von Greenwich

Ortssternzeit für (MEZ, λ).

Ephemeridenzeit und Dynamische Zeit

Die klassische Definition der Sekunde als 1/86400 eines mittleren Sonnentages hat sich für die Ableitung und Darstellung eines gleichförmigen Zeitmaßes als nicht praktikabel erwiesen. Die Erdrotation erfolgt nämlich nicht gleichmäßig, sondern unterliegt Schwankungen. Darüber hinaus verlangsamt sich die Erdrotation permanent, die Tageslängen nehmen zu – in 100000 Jahren um etwa 1,6 Sekunden. Die jahreszeitlichen Schwankungen der Erdrotation werden durch Änderungen des Trägheitsmoments des Erdkreisels bewirkt. Da der Drehimpuls gleich dem Produkt von Trägheitsmoment mal Winkelgeschwindigkeit ist, erhöht sich die Winkelgeschwindigkeit bei Verringerung des Trägheitsmoments.

Durch Verlagerung von Massen (Wasser durch Niederschläge, Drift von Eisbergen, Schmelzen von Polareis, Zirkulation der Atmosphäre, fallende Blätter im Herbst, Verschiebungen innerhalb des Erdkörpers usw.) treten kurzfristige Änderungen der Erdrotationsdauer auf, die die Werte von einigen Hundertstel Sekunden erreichen. Im Frühsommer verlangsamt sich die Erddrehung um rund 0,02 Sekunden, im Herbst ist sie um den gleichen Betrag beschleunigt. Weitere quasiperiodische Fluktuationen mit mittlerer Periode von zehn Jahren sind diesen Schwankungen überlagert (dekadische Variation der Erdrotation).

Diese Schwankungen ergeben sich aus dem Erhaltungssatz des Drehimpulses: Bei Veränderung des Trägheitsmoments ändert sich entsprechend die Winkelgeschwindigkeit.

Doch auch der Drehimpuls der Erde bleibt nicht konstant. Durch die Gezeitenreibung verliert die Erde an Rotationsenergie und gibt sie an den Mond ab, der beschleunigt wird. Die Flutberge bremsen die Erddrehung, was zur säkularen Zunahme der Tageslängen führt.

Die stetige Abnahme der Erdrotationsgeschwindigkeit fiel in erster Linie durch Beobachtung der Mondbewegung, aber auch der Planetenbewegung auf. Da man den mittleren Sonnentag und die daraus abgeleitete Sekunde als gleichförmiges Zeitmaß ansah, schienen der Mond und die Planeten gegenüber den kalkulierten Positionen stets ein wenig vorauszueilen **(säkulare Akzeleration)**.

Mit genau gehenden Zeitmessern **(Atomuhren)** wiederum fand man die kurzfristigen Schwankungen der Erddrehung. Da sich die Erdrotation somit zur Ableitung eines gleichförmigen Zeitmaßes als ungeeignet erweist, hat man eine physikalische Festlegung der Zeiteinheit Sekunde gewählt.

Die physikalische Definition der Sekunde lautet:

$$1\text{ s} = 9192631770\text{ Hz }^2S_{1/2}\text{ Cs}^{133}$$

Eine Sekunde entspricht der Dauer von 9192631770 Schwingungen der Strahlung, die beim Übergang zwischen den beiden Hyperfeinstrukturniveaus eines Caesium-(133)-Atomkerns ausgesandt wird. Diese Strahlung hat eine Wellenlänge von $\lambda = 3{,}26125$ cm.

Damit ist die Sekundendefinition von astronomischen Vorgängen abgekoppelt. Mit der physikalisch festgelegten Sekunde wird eine gleichförmige Zeitskala dargestellt, die als **Internationale Atomzeit** (TAI = Time Atomic International) bezeichnet wird. Sie wird durch den Einsatz von sogenannten Atomuhren realisiert und wurde 1972 als internationales Zeitmaß eingeführt. Die Ganggenauigkeit guter Atomuhren liegt bei 10^{-12}, was zu einer Abweichung von 1 Sekunde in 30000 Jahren führt.

Die Atomzeitskala muß jedoch mit astronomischen Zeitbestimmungen in Einklang gebracht werden, da sich unser zivilisatorisches Leben nach Sonnentag und Sonnenjahr richtet. Noch vor Einführung der Atomzeitsekunde hat man die Sekundendefinition von der Erdrotation unabhängig gemacht und die **Ephemeridensekunde** eingeführt. Die Ephemeridensekunde wird aus der Erdrevolution abgeleitet.

Mit Hilfe der Umlaufsbewegung der Erde um die Sonne (Erdrevolution) lassen sich folgende Zeitintervalle definieren:

1. Tropisches Jahr

= Zeit zwischen zwei aufeinanderfolgenden Durchgängen der mittleren Sonne durch den mittleren Frühlingspunkt.

$= 365\overset{d}{,}24219879 - 0\overset{d}{,}0000000614 \times t.$

2. Siderisches Jahr

= Zeit zwischen zwei aufeinanderfolgenden Vorübergängen der mittleren Sonne an einem Fixstern mit verschwindender Eigenbewegung.

$= 365\overset{d}{,}25636042 + 0\overset{d}{,}0000000011 \times t$

3. Anomalistisches Jahr

= Zeit zwischen zwei aufeinanderfolgenden Durchgängen der Erde durch das Perihel.

= $365\overset{d}{,}25964134 + 0\overset{d}{,}00000304 \times t$.

Das tropische Jahr ist kürzer als das siderische, da sich der Frühlingspunkt infolge der Erdpräzession *rückläufig* durch den Tierkreis bewegt und somit der Sonne entgegenkommt. Das anomalistische Jahr ist länger als das siderische, da die **Apsidenlinie** der Erdbahn (Verbindungslinie Perihel – Aphel) sich rechtläufig dreht und das Perihel sich daher unter den Sternen in gleicher Richtung wie der Sonnenlauf weiterbewegt. Es läuft damit der Sonne gewissermaßen ein Stückchen pro Umlauf davon, man spricht von einem Vorrücken des Erdbahnperihels.

Aus den Umläufen des Frühlingspunktes und den Apsiden durch den Tierkreis, also entlang der Ekliptik, ergeben sich drei langfristige Zeitintervalle, die man als die „Großen Jahre" bezeichnet. Sie sind folgendermaßen definiert:

1. Platonisches Jahr

= siderische Umlaufszeit des wahren Frühlingspunktes (rückläufige Bewegung).

= 25784^a

2. Euklidisches Jahr

= siderische Umlaufszeit des Erdbahnperihels (rechtläufige Bewegung).

= 111270^a.

3. Pythagoreisches Jahr

= tropische Umlaufszeit des Erdbahnperihels (rechtläufige Bewegung).

= 20934^a.

Das pythagoreische Jahr ist am kürzesten, da Erdbahnperihel und Frühlingspunkt gegenläufig durch den Tierkreis wandern, also einander entgegenkommen.

Für die Aufstellung von Kalendern eignen sich weder das tropische, noch das siderische, noch das anomalistische Jahr, da sie zur Länge eines Sonnentages inkommensurabel sind, also in keinem ganzzahligen Verhältnis stehen.

Um dem tropischen Jahr möglichst nahezukommen, das ja die Jahreszeiten bedingt, verwendet man **Schaltregeln**. Nach dem Julianischen Kalender (so benannt nach Gaius Julius CAESAR) folgt nach vier Gemeinjahren zu 365 Tagen ein Schaltjahr zu 366 Tagen. Damit gilt

1 Julianisches Jahr = 365,2500 mittl. Sonnentage

Das Julianische Jahr ist also 11^m46^s länger als ein tropisches Jahr. Nach 128 Jahren summiert sich diese Differenz zu einem ganzen Tag, der Frühlingsbeginn (Passage der Sonne durch den Frühlingspunkt) erfolgt dann einen Tag früher. Im Laufe der Jahrhunderte verschob sich der kalendarische Frühlingsbeginn gegenüber dem astronomischen immer mehr. Um zu verhindern, daß der kalendarische Frühlingsbeginn schließlich mit dem Sonnenhöchststand zusammenfällt (= Sommerbeginn), ließ Papst GREGOR XIII. den Kalender im Jahre 1582 reformieren.

Auf seine Veranlassung folgte unmittelbar auf den 4. Oktober der 15. Oktober 1582 – zehn Tage wurden übersprungen und somit die aufgelaufene Differenz zwischen kalendarischen und astronomischen Jahreszeiten beseitigt. Ferner ergänzte man die Schaltregel um zwei weitere Vorschriften:

1. Alle restlos durch 100 teilbaren Jahre sind Gemeinjahre zu 365 Tagen.
2. Alle restlos durch 400 teilbaren Jahre sind Schaltjahre.

Nach dem Gregorianischen Kalender sind die Jahre 1700, 1800, 1900, 2100, 2200 und 2300 Gemeinjahre, die Jahre 1600, 2000 und 2400 jedoch Schaltjahre.

Damit gilt

1 Gregorianisches Jahr = 365,2425 mittl. Sonnentage

Die Differenz zwischen tropischem und Gregorianischem Jahr beträgt somit nur noch 0,000301 Tage (= 26 Sekunden). Erst nach 3320 Jahren wird sich diese Differenz zu einem ganzen Tag summieren. Erst nach dieser Zeit wird man wieder einen Schalttag ausfallen lassen müssen, da das Gregorianische Jahr 26 Sekunden länger ist als ein tropisches. Der Gregorianische Kalender setzte sich nur langsam durch. In Rußland zum Beispiel wurde er erst ab 1918 (nach der Oktober-Revolution) übernommen.

Ephemeridenzeit

In der Himmelsmechanik und Ephemeridenrechnung wird üblicherweise das **tropische Jahr** verwendet. Aus dem tropischen Jahr läßt sich ebenfalls die Sekundenlänge festlegen. Die Definition der Sekunde aus dem tropischen Jahr ist *unabhängig* von der Erdrotation und wird *Ephemeridensekunde* genannt.
Eine *Ephemeridensekunde* ist definiert:

$$1\ \text{s} = 1/31\,556\,925{,}9747\ \text{trop. Jahr 1900.00}$$

Eine Ephemeridensekunde dauert also rund ein 31millionstel des tropischen Jahres 1900. Man mußte ein bestimmtes tropisches Jahr wählen, da durch die Variation der Erdbahnelemente auch die Länge des tropischen Jahres Schwankungen unterliegt.
Aus der Ephemeridensekunde wird die Zeitskala der sogenannten **Ephemeridenzeit** gebildet. Die Ephemeridenzeit ist erst im nachhinein aus Beobachtungen der Umläufe des Mondes und der Planeten bestimmbar (daher auch der Name Ephemeridenzeit). Da sich aber unser bürgerliches Leben nach der Sonnenzeit richtet, also vom Stundenwinkel der Sonne abhängt und dieser wieder an die Erdrotation gebunden ist, muß die Ephemeridenzeit (ET) mit der Weltzeit (UT) in Einklang gebracht werden.
Es gilt

$$\Delta t = EZ - UT$$

Infolge der säkularen Abnahme der Erdrotation wächst Δt immer mehr an. Zur Zeit (1992) beträgt die Differenz zwischen Ephemeridenzeit und Weltzeit rund eine Minute. Der Wert von Δt wird zunächst extrapoliert und im nachhinein aus Mond- und Planetenbeobachtungen (Sternbedeckungen, Positionsmessungen) ermittelt. Die Kalkulation der Planetenpositionen erfolgt in Ephemeridenzeit.
Seit 1984 wird statt der Ephemeridenzeit die **Dynamische Zeitskala** (Dynamical Time) benutzt. Die DT ist ebenfalls eine Ephemeridenzeit, nur unterscheidet man nun zwischen zwei dynamischen (von der Erdrotation unabhängigen) Zeitskalen, der TDT (Terrestrial Dynamical Time) und der TDB (Time Dynamical Barycentric). Die TDT bezieht sich auf den Beobachter auf der Erde, die TDB hingegen ist auf das Baryzentrum (Schwerpunkt) des Sonnensystems bezogen.
Die Differenz TDT – TDB in der Größenordnung von 0,001 Sekunden und ist für die meisten Fälle der Zeitmessung vernachlässigbar.
Die Dynamische Zeitskala muß als Ephemeridenzeit mit der Atomzeitskala (TAI) in Einklang gebracht werden. Auf Beschluß der IAU von 1991 gilt:

$$\begin{aligned}&1977\ \text{Januar 1. } 0^h0^m32{,}^s184\ \text{TDT}\\ &= 1977\ \text{Januar 1. } 0^h0^m0{,}^s0\ \text{TAI}\end{aligned}$$

Auf die Erdrotation bezogen stehen drei Weltzeiten in Gebrauch:
1. UT0 = Stundenwinkel der mittleren Sonne + 12 für den Meridian von Greenwich (Null-Meridian) = Mittlere Zeit Greenwich (GMT – Greenwich Mean Time) gezählt von Mitternacht;
2. UT1 = UT 0 verbessert für die Polschwankung (Breitendrift);
3. UT3 = UT 1 verbessert für die extrapolierte jahreszeitliche Schwankung der Erdrotation.
Die Differenz zur Ephemeridenzeit TDT

$$\Delta t = TDT - UT1$$

wird aus Beobachtungen bestimmt. Davon wird eine koordinierte Weltzeit (UTC) abgeleitet, die über Zeitzeichensender verbreitet wird. Die Bestimmung von Δt ist somit, wie angedeutet, erst im nachhinein möglich. Der Wert von Δt wird jedoch extrapoliert und in den astronomischen Kalendern im vorhinein angegeben. Beispiel:

Jahr	Δt	
1990	$+ 56{,}86^s$	bestimmt
1992	+ 58,0	extrapoliert
1993	+ 58,6	extrapoliert

Die Weltzeit hinkt also fast eine Minute der Dynamischen Zeitskala (Ephemeridenzeit) hinterher. Um aus der Ephemeridenzeit eines kalkulierten astronomischen Ereignisses Weltzeit zu erhalten, ist somit eine Minute abzuziehen.

Die UTC hat als Zeiteinheit die physikalisch definierte **SI-Sekunde**. Weicht die UTC um mehr als 0,7 Sekunden von der UT1 ab, dann wird eine **Schaltsekunde** eingeschoben bzw. weggelassen. Nach internationaler Vereinbarung ist dies entweder am 30. Juni oder am 31. Dezember um $24^h00^m00^s$ UTC möglich. Es gilt die Vorschrift:
Wenn ΔUT (= UT1 − UTC) $\geqslant$ 0,7, dann Schaltsekunde!
Die Differenz zwischen der Atomzeitskala (TAI) und der koordinierten Weltzeit (UTC) wird stets auf ganze Sekunden festgelegt. Durch die säkulare Abnahme der Erdrotation driften beide Skalen auseinander:

$$\Delta AT = TAI - UTC$$

Für 1990 Januar 1, $0^h0^m0^s$ ist $\Delta AT = +25\overset{s}{.}00$.
Für die Darstellung und Verbreitung der UTC ist in Deutschland die Physikalisch-Technische Bundesanstalt (PTB) in Braunschweig zuständig.

Julianisches Datum

Um ein für Ephemeridenrechnungen und chronologische Bestimmungen gleichförmiges Zeitmaß zu haben, verwendet man eine fortlaufende Tageszählung. Die Einheit ist dabei ein mittlerer Sonnentag. Uhrzeiten werden in Bruchteilen von Tagen angegeben.
Eingeführt wurde das Julianische Datum (JD) im Zuge der Gregorianischen Kalenderreform durch Joseph Justus SCALIGER im Jahre 1582. Um möglichst große Zeiträume ohne negative Zeitargumente überbrücken zu können, hat Scaliger den Nullpunkt der Tageszählung in das Jahr 4713 vor Christus gelegt.

1. Januar −4712 (= 4713 vor Chr.) = 0 JD
1. Januar 1992, 0^hUT = 2448662,5 JD

Aus historischen Gründen erfolgt im JD der Tageswechsel um 12^h UT (= 13^h MEZ), also zu Mittag.

Modifiziertes Julianisches Datum (MJD)

Um beim Rechnen zu große Zahlen zu vermeiden, wurde im Internationalen Geophysikalischen Jahr 1957/58 das MJD eingeführt. Es gilt

$$MJD = JD - 2400000{,}5$$

wobei 2400000,5 JD = 1858 November 17, 0^h UT = 0,0 MJD
Der Tageswechsel erfolgt im MJD um Mitternacht UT.
Das MJD wird vor allem in der **Raumfahrt** verwendet, in der Astronomie hat es sich nicht durchgesetzt.

Grundzüge der Himmelsmechanik

Die Himmelsmechanik ist jenes Teilgebiet der Astronomie, das die Bewegungen der Gestirne unter dem Einfluß der Gravitation (allgemeine Massenanziehung) beschreibt. Sie gehört zu den klassischen Gebieten der Sternkunde. Grundlage der Himmelsmechanik sind die von Isaac NEWTON (1643–1727) aufgestellten Axiome der Mechanik und sein universelles Gravitationsgesetz. Die Himmelsmechanik erlaubt die Berechnung des Gestirnlaufes in Vergangenheit und Zukunft mit hoher Genauigkeit. Bei besonders hohen Anforderungen an die Präzision der Ortsbestimmungen, wie sie beispielsweise die Raumfahrt stellt, oder bei großen Zeiträumen sind Abweichungen von der NEWTONschen Mechanik zu berücksichtigen. Hier spielen relativistische Effekte eine nicht mehr zu vernachlässigende Rolle. An Stelle der klassischen Mechanik treten die Rechenvorschriften der Allgemeinen Relativitätstheorie (ART) nach Albert EINSTEIN (1879–1955).

Die **NEWTONschen Axiome** lauten:

1. Gesetz der Trägheit: Wirkt auf einen Körper keine Kraft ein, so beharrt er in seinem Bewegungszustand.

2. Gesetz der Kraft: Eine auf einen Körper wirkende Kraft erteilt ihm eine der Kraft proportionale Beschleunigung (oder Verzögerung = negative Beschleunigung). Die von einer Kraft bewirkte Beschleunigung ist der Masse proportional (Kraft = Masse mal Beschleunigung). Die Richtung der Beschleunigung ist gleich der Richtung der Kraft.

3. Actio = Reactio: Übt ein Körper auf einen anderen eine Kraftwirkung aus, so wirkt der zweite Körper auf den ersten mit der gleich großen Kraft, aber in entgegengesetzter Richtung.

Nach NEWTON ziehen Massen einander an. Für den einfachen Fall zweier Körper mit den Massen M_1 und M_2, deren Durchmesser klein gegenüber ihrer gegenseitigen Entfernung r sind (Idealfall: zwei Massenpunkte M_1 und M_2), wirkt eine anziehende Kraft K. Die Größe von K errechnet sich nach dem NEWTONschen Gravitationsgesetz zu*:

$$K = G \cdot \frac{M_1 \cdot M_2}{r^2}$$

Der Proportionalitätsfaktor G wird dabei als NEWTONsche Gravitationskonstante bezeichnet. Es ist davon auszugehen, daß sie universell gilt und zeitunabhängig ist ($dG/dt = 0$). Ihr Wert lautet:

$$\begin{aligned} G &= 6{,}672 \times 10^{-8}\ \mathrm{cm^3\, g^{-1}\, s^{-2}} \\ &= 6{,}672 \times 10^{-11}\ \mathrm{m^3\, kg^{-1}\, s^{-2}}\ \text{(SI-Einheiten)} \end{aligned}$$

In der Himmelsmechanik wird häufig auch die GAUSSsche Gravitationskonstante benutzt (Definition siehe Seite 38).

Zweikörperproblem

Die Bewegung zweier Körper in ihrem gemeinsamen Gravitationsfeld läßt sich besonders einfach beschreiben. Im „Zweikörperproblem" stellt sich die Aufgabe, die Bewegungsgleichungen für beide Körper aufzustellen und zu lösen. Für das Zweikörperproblem sind geschlossene algebraische Lösungen vorhanden. Ein einfach zu lösender Sonderfall des Zweikörperproblems liegt vor, wenn fast die gesamte Masse in einem Körper versammelt ist und die Masse des zweiten Körpers (Probekörper) sehr klein im Vergleich zum ersten Körper (Zentralmasse) ist. Dann fällt der Schwerpunkt des Systems fast mit dem des massereicheren Körpers zusammen. Der Probekörper beschreibt dann eine Bahn um den als ruhend anzusehenden Zentralkörper (Zentralbewegung). Dieser Fall ist im Sonnensystem mehrfach verwirklicht. Die massearmen

* Anmerkung: Aus Gründen der Übersichtlichkeit wird in diesem Kapitel auf die vektorielle Schreibweise verzichtet.

Planeten laufen um die Zentralmasse Sonne, die Monde wiederum umrunden die Planeten. Johannes KEPLER (1571–1630) hat vornehmlich aus den Beobachtungsdaten, die Tycho BRAHE (1546–1601) gesammelt hatte, seine drei Gesetze der Planetenbewegung aufgestellt.

Die **KEPLER-Gesetze** lauten:

1. Die Bahnen der Planeten sind Ellipsen, in deren einem Brennpunkt die Sonne steht (Gesetz von der Bahnform). Dieses Gesetz gilt allgemein auch für Kometen, Meteoroide, Monde, künstliche Satelliten usw.

Allgemein formuliert lautet es:

Bei einer Zentralbewegung beschreibt der Probekörper im Gravitationsfeld der Zentralmasse eine Kegelschnittlinie (Kreis, Ellipse, Parabel oder Hyperbel). Kreis und Parabel sind Sonderfälle (numerische Exzentrizität $e = 0$ bzw. $e = 1$), während Ellipse ($e < 1$) und Hyperbel ($e > 1$) die allgemeinen Fälle sind. Welche Bahn in einem konkreten Fall beschrieben wird, hängt vom Verhältnis der potentiellen Energie des Probekörpers (Planet, Mond etc.) zu seiner kinetischen Energie ab.

2. Der Radiusvektor oder Leitstrahl (Verbindungslinie Sonne – Planet) überstreicht in gleichen Zeiten gleiche Flächen (Flächensatz).

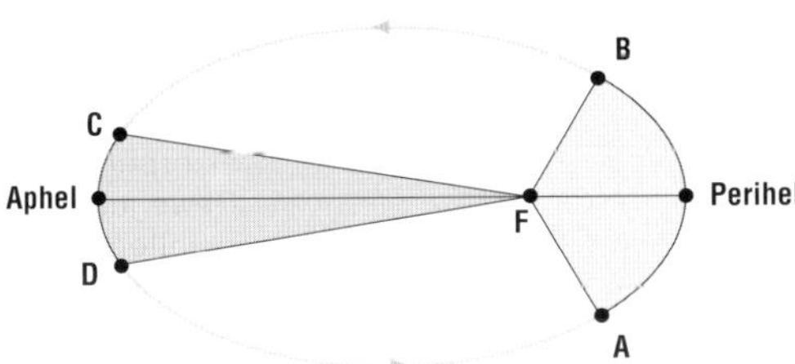

Zweites KEPLERsches Gesetz (Flächensatz)

Der Flächensatz folgt unmittelbar aus dem Energieerhaltungssatz und aus der Konstanz des Drehimpulses (= Trägheitsmoment mal Winkelgeschwindigkeit). Ferner ergibt sich aus ihm, daß die Planeten im Aphel (= Sonnenferne, Apogäum bei Mondbahn) am langsamsten, im Perihel dagegen (= Sonnennähe, Perigäum bei Mondbahn) am schnellsten laufen.

3. Die Quadrate der Umlaufzeiten (U) der Planeten verhalten sich wie die Kuben ihrer mittleren Entfernungen (= großen Halbachsen (a) ihrer Ellipsenbahnen) von der Sonne:

$$U_1^2 : U_2^2 : U_3^2 : \ldots U_n^2 = a_1^3 : a_2^3 : a_3^3 : \ldots a_n^3$$

oder:

$$U^2/a^3 = \text{const}$$

Das Verhältnis vom Quadrat der Umlaufszeit eines Planeten zur dritten Potenz seiner mittleren Entfernung von der Sonne ist also stets konstant. Die Größe der Konstante wird durch die Summe Sonnenmasse (M) plus Planetenmasse (m) bestimmt. Es gilt

$$\frac{U^2}{a^3} = \frac{4\pi^2}{G} \cdot \frac{1}{M + m}$$

Das 3. Keplersche Gesetz erlaubt es somit, aus der Beobachtung der Umlaufszeiten der Planeten die relativen Entfernungen im Sonnensystem zu bestimmen. Setzt man für die Erde $U = 1$ und $a = 1$, dann erhält man die mittleren Abstände (= große Halbachsen) der anderen Planeten in Astronomischen Einheiten.

Als Astronomische Einheit (AE) wird die mittlere Entfernung (= große halbe Bahnachse) der Erde von der Sonne genommen:

$$1 \text{ AE} = 149{,}60 \times 10^6 \text{ km}$$

Beispiel: Jupiter läuft in knapp zwölf Jahren um die Sonne ($U_{Jupiter} = 12$); für die Erde gilt $U = 1$ Jahr. Somit ergibt sich die mittlere Entfernung des Jupiters von der Sonne zu

$$a_{Jupiter} = \sqrt[3]{12^2} = 5{,}2 \text{ AE}$$

Außerdem läßt sich aus dem 3. Keplerschen Gesetz, das allgemein für jede Zentralbewegung gilt, die Massensumme ermitteln. Kreist ein Mond oder künstlicher Satellit um einen Planeten, ergibt sich aus seiner Distanz und Umlaufszeit die Masse des Planeten (plus Mond bzw. Satellit).

Gibt man die Umlaufszeit in Tagen, die Masse in Sonnenmassen und die Länge der großen halben Bahnachse in AE an, so erhält man für die NEWTONsche Gravitationskonstante G einen anderen Zahlenwert, den man nach Carl Friedrich GAUSS (1777–1855), dem berühmten

Göttinger Mathematiker, als **GAUSSsche Gravitationskonstante** (k) bezeichnet:

$$k = 0{,}0172021$$
wobei die Beziehung gilt:
$$G = k^2\,AE^3\,M_{\odot}^{-1}\,d^{-2}$$

Wichtige Begriffe der Himmelsmechanik

Sind F_1 und F_2 die Brennpunkte, M der Mittelpunkt sowie A und P die Scheitel der Ellipse an den Enden der großen Achse, a und b die große und die kleine Halbachse, so gelten folgende Beziehungen:

Ellipsengleichung: $$\frac{x^2}{a^2} + \frac{y^2}{b^2} = 1$$

Lineare Exzentrizität: $c \mathrel{\hat{=}} \overline{FM}$ (Brennpunkt – Mittelpunkt)

Numerische Exzentrizität: $e = c/a$ und, da $c = \sqrt{a^2 - b^2}$ ist

$$e = \frac{\sqrt{a^2 - b^2}}{a} = \sqrt{1 - \left(\frac{b}{a}\right)^2}$$

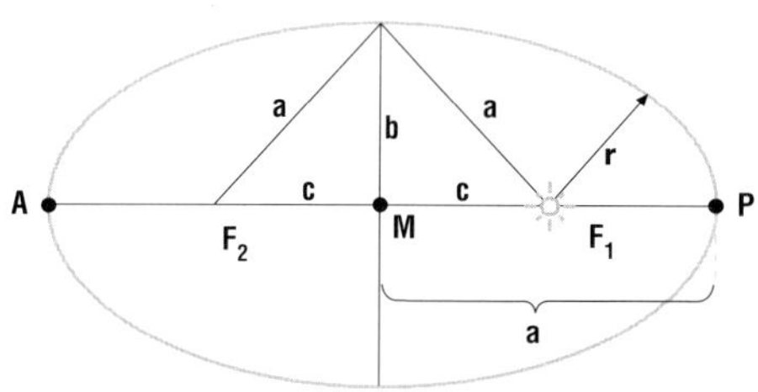

Die Ellipse und ihre Bestimmungsstücke

a und e bestimmen Größe und Form der Ellipse. Die Größen a und e gehören zu den **Bahnelementen** (siehe weiter unten).
Steht die Sonne im Brennpunkt F_1, so ist der Abstand $\overline{F_1P}$ der Minimalabstand des Planeten (Perihel), der Abstand $\overline{F_1A}$ die größte Distanz Aphel.

Periheldistanz: $q = a\,(1 - e)$
Apheldistanz: $Q = a\,(1 + e)$

Die Strecke Aphel–Perihel ($\overline{AP} = 2a$) wird **Apsidenlinie** genannt. Perihel und Aphel heißen **Apsiden**.
Die heliozentrische Position eines Planeten in seiner Bahn wird durch die sogenannte **Anomalie** angegeben. Man unterscheidet zwischen drei Anomalien (siehe Abb. unten).

υ = wahre Anomalie
E = exzentrische Anomalie
$\tilde{M}$ = mittlere Anomalie

Die **wahre Anomalie** gibt den Winkel Perihel – Sonne – Planet an. Mit der Länge des Radiusvektors r und der wahren Anomalie υ ist die Position des Planeten in seiner Bahnebene bestimmt. Die wahre Anomalie wächst allerdings mit ungleichförmiger Geschwindigkeit.

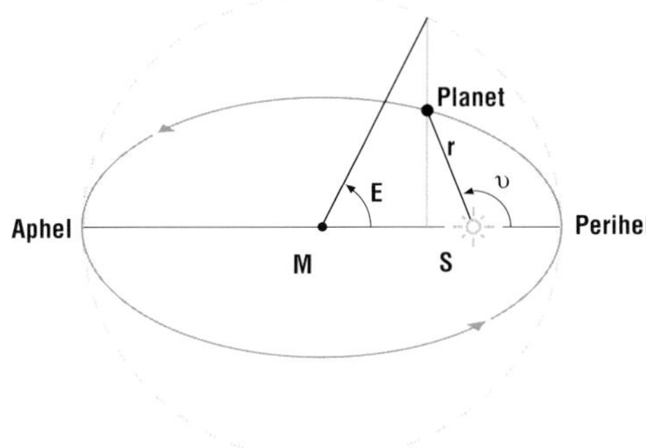

Wahre und exzentrische Anomalie

Deshalb definiert man die **mittlere Anomalie**. Sie ist der Winkel Perihel – Sonne – fiktiver (gedachter) Planet, der sich mit gleichförmiger (konstanter) Geschwindigkeit um die Sonne bewegt und die gleiche Umlaufszeit wie der reale Planet hat.

$$\tilde{M} = \frac{2\pi}{U} \cdot t$$

$\tilde{M}$ wächst somit gleichförmig mit fortschreiten-

der Zeit. Die Größe $n = 2\pi/U$ gibt die mittlere tägliche Bewegung des Planeten an.
Die mittlere Anomalie M und die **exzentrische Anomalie** E sind über die **KEPLER-Gleichung** miteinander verbunden:

$$\tilde{M} = E - e \cdot \sin E \qquad e = \text{numerische Exzentrizität}$$

Die KEPLER-Gleichung ist transzendent und muß iterativ gelöst werden.
Die Berechnung von υ (wahre Anomalie) und r (Radiusvektor) erfolgt nach den Gleichungen:

$$\operatorname{tg}\frac{\upsilon}{2} = \frac{1+e}{1-e}\operatorname{tg}\frac{E}{2} \quad \text{und}$$

$$r = a\,(1 - e \cos E)$$

Die **exzentrische Anomalie** wird aus der KEPLER-Gleichung ermittelt.
Die drei KEPLERschen Gesetze der Planetenbewegung, die Johannes KEPLER aufgrund von Beobachtungen empirisch fand, lassen sich aus den Gesetzen der Mechanik (Erhaltungssatz von Drehimpuls und Energie, Gravitationsgesetz) ableiten. So ist die Summe von potentieller (im Gravitationsfeld) und kinetischer Energie der Planetenbewegung stets konstant. Im Perihel hat E_{kin} ein Maximum, E_{pot} ein Minimum, während im Aphel die potentielle Energie einen Höchstwert, die kinetische jedoch ein Minimum erreicht (der Planet bewegt sich am langsamsten).
Die Summe aus $E_{kin} + E_{pot}$ ergibt sich zu

$$\frac{m \cdot v^2}{2} + G \cdot \frac{M \cdot m}{r} = \text{const}$$

Ist die Zentrifugalkraft $\left(\frac{m \cdot v^2}{r}\right)$ gleich der Anziehungskraft $\left(G \cdot \frac{M \cdot m}{r^2}\right)$, so wird die Bahn zu einem Kreis.
Die **Kreisbahngeschwindigkeit** ergibt sich zu:

$$v_K = \sqrt{\frac{G \cdot M}{r}}$$

Die Kreisbahngeschwindigkeit ist also unabhängig von der Masse des umlaufenden Planeten (Mond usw.) gemäß der klassischen Erkenntnis von Galileo GALILEI: „Alle Körper fallen gleich schnell."
Ist $E_{kin} = E_{pot}$, so entartet die Ellipsenbahn zu einer Parabel, der Körper entweicht dem Gravitationsfeld der Zentralmasse ins Unendliche.
Denn $E_{pot} = G \cdot \frac{M \cdot m}{r}$ ist diejenige Energie, die aufgewendet werden muß, um die Masse m (des Planeten, der Raumsonde etc.) von der Zentralmasse M nach Unendlich zu transportieren. Damit ergibt sich die **Entweichgeschwindigkeit** (auch **Fluchtgeschwindigkeit**) zu:

$$v_E = \sqrt{\frac{2\,G \cdot M}{r}} = \upsilon_K\sqrt{2}$$

Die Entweichgeschwindigkeit ist identisch mit der Fallgeschwindigkeit aus dem Unendlichen.
Die Bahngeschwindigkeit v_B in einem beliebigen Punkt der Ellipsenbahn ist gegeben durch:

$$v_B = \sqrt{G \cdot M \left(\frac{2}{r} - \frac{1}{a}\right)}$$

Insbesondere gilt:

Perihelgeschwindigkeit:

$$v_P = \sqrt{\frac{G \cdot M}{a} \cdot \left(\frac{1+e}{1-e}\right)}$$

Aphelgeschwindigkeit:

$$v_A = \sqrt{\frac{G \cdot M}{a} \cdot \left(\frac{1-e}{1+e}\right)}$$

Formen der KEPLER-Bahnen:
Welche Bahn ein Probekörper bei der Zentralbewegung einschlägt, hängt von seiner potentiellen und kinetischen Energie ab:

Fall	Energieverhältnis	Num. Exzentr.	Kegelschnittlinie
1	$E_{kin}/E_{pot} < 1$	$e < 1$	Ellipse
		$e = 0$	Kreis
2	$E_{kin}/E_{pot} = 1$	$e = 1$	Parabel
3	$E_{kin}/E_{pot} > 1$	$e > 1$	Hyperbel

Bahnelemente

Die Bahnelemente bestimmen Größe, Form und Lage (Orientierung) der Bahn eines Probekörpers (Planet, Mond) im Gravitationsfeld der Zentralmasse bei einer Zentralbewegung. Aus den Bahnelementen läßt sich die Position des Planeten (Mond etc.) berechnen.
In der Himmelsmechanik stellen sich zwei Aufgabenkreise:

I. Ephemeridenrechnung
Aus bekannten Bahnelemente wird der (geozentrische) Ort eines Himmelskörpers (Planet etc.) zum Zeitpunkt t ermittelt.
Unter **Ephemeriden** versteht man die Angabe der Koordinaten eines Gestirns für einen bestimmten Zeitpunkt (von ἐφημερίς = Tagebuch).

II. Bahnbestimmung
Aus den Beobachtungen von Gestirnsörtern (Planeten, Kometen etc.: α_n, δ_n, t_n) werden die Bahnelemente abgeleitet. Auf diese Weise wird gegebenenfalls die Bahn eines neuentdeckten Kometen bestimmt.
Für die Bahn eines Probekörpers sind sechs Bahnelemente notwendig, um seine Zentralbewegung zu beschreiben:

a –	Große halbe Bahnachse
e –	Numerische Exzentrizität
i –	Neigung der Bahn zu einer Referenzebene (normalerweise zur Ekliptik)
Ω –	Länge des aufsteigenden Knotens (Abstand des Knotens vom Frühlingspunkt)
ω –	Länge des Perihels (Abstand vom aufsteigenden Knoten)
T_0 –	Perihelzeit oder
$\tilde{M}$ –	Mittlere Anomalie (zu einem bestimmten Zeitpunkt)

Die beiden Größen a und e geben, wie weiter oben schon dargestellt, Größe und Form der Bahnellipse an.
Die drei Winkel i, Ω und ω bestimmen die Lage der Ellipse im Raum. Die Bahnneigung i wird gewöhnlich zur Erdbahnebene (Ekliptik) gemessen. $i < 90°$ bedeutet rechtläufige, $i > 90°$ retrograde Bewegung im Sonnensystem. Die Bahnen der großen Planeten haben nur ge-

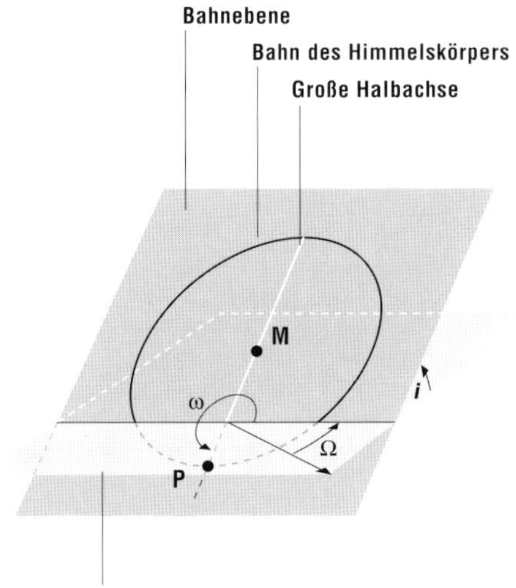

Bahnelemente

ringe Neigungen zur Ekliptik ($i < 10°$, Ausnahme Pluto $i = 17°$, siehe Tabelle „Bahnelemente der großen Planeten").
Die Schnittpunkte einer Bahn mit der Ekliptik (Referenzebene) werden **Knoten** genannt. Im „aufsteigenden" Knoten wechselt das Gestirn von der Südseite zur Nordseite der Ekliptik (positive ekliptikale Breiten). Ω gibt den Abstand (in Grad oder Bogenmaß) des aufsteigenden Knotens vom **Frühlingspunkt** (♈) an; man spricht von der „Länge des Knotens". Ähnlich bezeichnet ω die „Länge des Perihels"; sie gibt den Abstand (in Grad oder Bogenmaß) des Perihels vom aufsteigenden Knoten in der Bahnebene des umlaufenden Körpers an.
Manchmal wird die Länge des Perihels auch vom Frühlingspunkt aus gezählt und mit ϖ bezeichnet. Dann gilt

$$\varpi = \Omega + \omega,$$

wobei beide Winkel zu addieren sind, obwohl sie in zwei verschiedenen Ebenen gezählt werden.
Außer Größe, Form und Lage der Bahn ist noch anzugeben, wann und wo das Gestirn anzutreffen ist. Das sechste Bahnelement gibt daher die Zeit an, wann ein Planet (Komet

Oskulierende Bahnelemente der großen Planeten

Planet	M °	a AE	e	ω °	Ω °	i °
Merkur	137.25231	0.3870983	0.2056321	29.10831	48.33757	7.00533
Venus	175.14029	0.7233276	0.0068088	54.80361	76.69455	3.39471
Erde	243.67233	1.0009071	0.0162313	334.51714	125.75139	0.00003
Mars	80.35665	1.5237020	0.0934005	286.52990	49.57592	1.85021
Jupiter	217.12237	5.2026255	0.0483745	275.21485	100.47009	1.30464
Saturn	252.59619	9.5402393	0.0526286	338.59317	113.65714	2.48585
Uranus	114.65441	19.2685300	0.0461957	101.58137	74.06259	0.77297
Neptun	279.60001	30.2080026	0.0066071	241.71816	131.76366	1.77116
Pluto	6.82632	39.8397880	0.2553540	114.05238	110.35700	17.12690

Gültig für 5.September 1994, 0 Uhr UT/Äquinoktium J2000.0

etc.) durch sein Perihel läuft (Perihelzeit T_0) Statt T_0 kann auch die mittlere Anomalie $\tilde{M}$ als sechstes Bahnelement vermerkt werden.
Strenggenommen gehört die **Umlaufzeit** U noch als siebtes Bahnelement aufgeführt. Die Umlaufszeit ergibt sich jedoch aus dem dritten KEPLER-Gesetz unter der Voraussetzung, daß die Massensumme (Zentralmasse + Probekörper) bekannt ist. Bei nicht zu vernachlässigender Masse der Planeten muß das 7. Bahnelement gesondert berücksichtigt werden.

Drei- und Mehrkörperproblem/ Störungen

Sind mehr als zwei Körper im Spiel, was selbst im Sonnensystem stets der Fall ist, so lassen sich für ihre Bewegungen im allgemeinen Fall keine algebraischen Lösungen mehr angeben. Die Bewegungen der Körper müssen numerisch berechnet werden durch fortgesetzte (iterative) Integration der Bewegungsgleichungen.
Für spezielle Fälle lassen sich jedoch algebraische Lösungen angeben. Beim Dreikörperproblem ist dies der Fall, wenn die Masse eines Körpers gegenüber den beiden anderen vernachlässigbar klein ist (eingeschränktes Dreikörperproblem oder „Problème restreint") oder wenn der dritte Körper bestimmte Positionen einnimmt (Lagrange Librationspunkte).
Da fast die gesamte Masse des Sonnensystems im Zentralkörper Sonne vereinigt ist, beschreiben die Planeten in erster Näherung KEPLER-Bahnen (Ellipsen).
Bei der Berechnung der Bahn eines Planeten kann man so verfahren, daß man die gravitativen Einflüsse der anderen Planeten als mehr oder minder kleine Störungen der Bewegung des Planeten in seiner Ellipsenbahn auffaßt.
Diese Störungen verändern die Ellipsenbahn ein wenig, was dadurch ausgedrückt wird, daß die Bahnelemente zeitlich variieren (Methode der Variation der Bahnelemente). Dabei gibt es kurzfristig periodische, langfristig periodische und säkulare Variationen der Bahnelemente. Die **mittleren Bahnelemente** beschreiben die ungestörte Planetenbahn. Durch die Störungen wird sie verändert. Man wählt eine Ellipsenbahn, die sich der veränderten Bahn am besten anschmiegt. Die Bahnelemente dieser angeschmiegten Bahn werden **oskulierende Elemente** genannt (lat.: osculum – das Küßchen). Man ermittelt die oskulierenden Elemente aus den mittleren durch Reihenentwicklung mit Störtermen, wobei als Zeiteinheit das Julianische Jahrhundert (= 36525 Tage) verwendet wird, zum Beispiel:

$$a = a_0 + a_1 \cdot T + a_2 \cdot T^2 + a_3 \cdot T^3 + \ldots$$
$$i = i_0 + i_1 \cdot T + i_2 \cdot T^2 + i_3 \cdot T^3 + \ldots$$

a und i sind die oskulierenden Elemente

(große halbe Achse und Neigung) für ein bestimmtes Datum, $T = (JD_0 - JD)/T$, wobei JD_0 das Startdatum ist, ab dem die Einflüsse der Störungen zu berücksichtigen sind, $a_1, \ldots a_n$ sowie $i_1 \ldots i_n$ sind die Störterme. a_0 und i_0 sind die zum Startdatum gültigen Bahnelemente.
Im Zeitalter der Computer bereitet es keine allzugroße Mühe, auch größere Rechenarbeiten in Sekundenschnelle zu erledigen. Gute astronomische Programme erlauben es heute, in kurzer Zeit Gestirnspositionen (Ephemeriden) mit hinreichender Genauigkeit zu ermitteln.

Das Sonnensystem

Das Sonnensystem ist unsere eigentliche kosmische Heimat. Der Raum, in dem sich die Körper des Sonnensystems befinden, heißt **interplanetarer Raum**. Der interplanetare Raum ist der Schauplatz von bemannten und unbemannten Raumflugmissionen. Bis August 1989 sind alle Planeten bis auf Pluto von interplanetaren Raumsonden aufgesucht worden. Der Durchmesser des Sonnensystems (= Plutobahndurchmesser) beträgt 80 AE, das sind 12×10^9 km oder, in Lichtlaufzeit ausgedrückt, 12 Lichtstunden.

Zentralkörper (Gravitationszentrum) ist die **Sonne**, der massereichste und an Durchmesser größte Körper des Sonnensystems.

Die Sonne wird von neun großen Trabanten, den **Planeten**, umkreist. Die meisten Planeten werden ihrerseits von **Monden** (Satelliten) umrundet (bis auf Merkur und Venus). In ihrem Abstand von der Sonne aufgezählt, heißen die Planeten: Merkur, Venus, Erde, Mars, Jupiter, Saturn, Uranus, Neptun, Pluto.

Ferner laufen Tausende von **Planetoiden** (Asteroiden), die **Kometen** sowie **Meteoroide** um das Zentralgestirn Sonne. Hinzu kommt die **interplanetare Materie**, die sich aus einer Gas- und einer Staubkomponente zusammensetzt (Stichworte: Zodiakallicht, Gegenschein).

Planeten und Planetoiden laufen ebenso wie Kometen und Meteoroide in KEPLER-Bahnen um den Schwerpunkt des Systems, der stets innerhalb der Sonnenkugel liegt. Die numerischen Exzentrizäten der Planeten- und der meisten Planetoidenbahnen liegen nahe bei null (kreisähnliche Bahnen), während die überwiegende Zahl der Kometenbahnen Exzentrizitäten von knapp unter eins aufweisen, also langgestreckte (parabelnahe) Ellipsen sind. Die größten Abweichungen von der Kreisbahn weisen von den Planeten Merkur und Pluto auf.

Die Hauptebene des Sonnensystems ist die Ekliptikebene, die durch den Lauf der Erde um die Sonne aufgespannt wird (Erdbahnebene). Die anderen Planetenbahnen zeigen nur geringe Neigungen zur Ekliptik. Die größte Bahnneigung hat dabei die Plutobahn ($i = 17°$).

Planetoiden und Kometen laufen häufig in zur Ekliptik stark geneigten Bahnen um die Sonne, wobei auch Neigungswinkel größer als 90° vorkommen (retrograde Bahnen).

Die großen Planeten

	Mittlerer Abstand zur Sonne (Mio km)	(AE)	Umlaufzeit (Jahre)	Durchmesser (km)	Rotationsdauer ($^{d\ h\ m}$)
Merkur	58	0,39	0,24	4878	58^d14^h
Venus	108	0,72	0,62	12104	243^d02^hR
Erde	150	1,00	1,00	12756	23^h56^m
Mars	228	1,52	1,88	6794	24^h37^m
Jupiter	779	5,2	11,87	142796	9^h55^m
Saturn	1432	9,6	29,46	120000	10^h40^m
Uranus	2884	19,3	84,67	51118	17^h14^m
Neptun	4509	30,1	165,49	49424	16^h03^m
Pluto	5910	39,5	247,7	2300	$6^d\ 9^h18^m$

Die Sonne

Die Sonne ist der größte Körper unseres Sonnensystems. Sowohl ihr Durchmesser als auch ihre Masse übertreffen die der Planeten bei weitem. Die Sonne ist ein Stern, eine selbstleuchtende, heiße Gaskugel, die ihre Energieausstrahlung durch Verschmelzen von Atomkernen deckt. In erster Linie werden in den Zentralbereichen der Sonne Wasserstoffatomkerne zu Heliumkernen fusioniert.
Hinsichtlich Größe, Masse und Leuchtkraft ist die Sonne ein ganz gewöhnlicher Durchschnittsstern. Nur weil sie uns im Vergleich zu den (Fix-)Sternen so nahe ist, erscheint sie am irdischen Firmament als grell leuchtender Feuerball, der alles andere überstrahlt.
Die auf der Erde eintreffende Strahlungsleistung pro Flächeneinheit wird durch die **Solarkonstante** angegeben. Die Solarkonstante ist eine Meßgröße. Ihr Wert beträgt 1367 Watt/m^2. Berücksichtigt man, daß die Erde im Mittel 150 Millionen Kilometer von der Sonne entfernt ist, so ergibt sich eine **Gesamtleistung** der Sonne von $3{,}8 \times 10^{26}$ Watt. Dieser Wert entspricht einer Sonnenleuchtkraft. Unter der Annahme, daß die Sonne ein „Schwarzer Strahler" (PLANCKscher Strahler, Hohlraumstrahler) ist, ergibt sich aus der Gesamtleistung (Leuchtkraft) eine effektive Oberflächentemperatur von 5780 K.
Obwohl die Sonne ein Gasball ist, erscheint sie uns mit scharf begrenztem Rand am Firmament.
Das sichtbare Licht der Sonne stammt zu über 99 % aus einer Schicht, die nur 400 Kilometer dick ist. Diese Schicht heißt **Photosphäre.** In Sonnendistanz sieht man eine lineare Größe von 400 km unter einem Winkel von einer halben Bogensekunde, weit unter dem Auflösungsvermögen des menschlichen Auges. Deshalb entsteht der Eindruck eines scharfen Sonnenrandes.
Die Sonne zeigt eine **Randverdunklung**; vom Zentrum her fällt die Helligkeit der Sonnenscheibe zum Rand hin ab. Diese Randverdunklung ist wellenlängenabhängig und gilt als Hinweis auf die gasförmige Zusammensetzung der Sonne. Für kurzwelliges Licht (blau) ist die Randverdunklung stärker als für langwelliges Licht (rot), wo sie kaum auffällt. Ursache für die Randverdunklung ist die Tatsache, daß das Licht vom Rande der Sonne einen längeren Weg durch die Sonnenatmosphäre zurücklegen muß, um uns zu erreichen, als Licht von der Mitte der Sonnenscheibe.

Die Atmosphäre der Sonne

Die Sonnenatmosphäre setzt sich aus drei Schichten zusammen. Die unterste Schicht ist die **Photosphäre** (Lichtschicht), darüber liegt die **Chromosphäre** (Farbschicht). Die äußerste Atmosphärenschicht heißt **Korona** (Strahlenkranz) und reicht weit in den interplanetaren Raum hinein.

Photosphäre

Die Photosphäre ist die unterste Schicht der Sonnenatmosphäre. Ihre Dicke beträgt nur 400 Kilometer. Die Temperatur nimmt von innen nach außen von rund 7500 K auf etwa 4500 K ab. Die Dichte der Photosphäre liegt bei 10^{-7} g/cm^3. Im Teleskop erkennt man eine reiskornartige Struktur, die **Granulation** (lat.: granulum = Körnchen). Die einzelnen Elemente der Granulation haben scheinbare Durchmesser von 1″bis 2″, dies entspricht einer linearen Ausdehnung von etwa 700 bis 1400 km. Ursache der Granulation sind vertikale Strömungen: Die Sonne brodelt gewissermaßen an ihrer Oberfläche. Die Energie wird durch Konvektion von innen nach außen transportiert. Man spricht von der Wasserstoffkonvektionszone: Heiße Gaszellen steigen auf, kühlen ab und sinken wieder abwärts. Die aufwärtsströmenden Gaszellen sind heißer und somit heller als die Umgebung. Die mittlere Lebensdauer der Granulen beträgt rund fünf bis zehn Minuten, die Aufstiegsgeschwindigkeit einige Kilometer pro Sekunde. In der Photosphäre entsteht auch das Phänomen der Randverdunklung (siehe oben). Ferner treten hier Sonnenflecken auf, Störgebiete in der Lichtschicht.

Chromosphäre

Die Chromosphäre liegt über der Photosphäre. Die untere Schicht der Chromosphäre ist rund 8000 km dick, die obere Chromosphäre etwa 12000 km. Die Temperatur nimmt rasch von unten nach oben zu: An der Grenze zur Photosphäre beträgt sie 4500 K

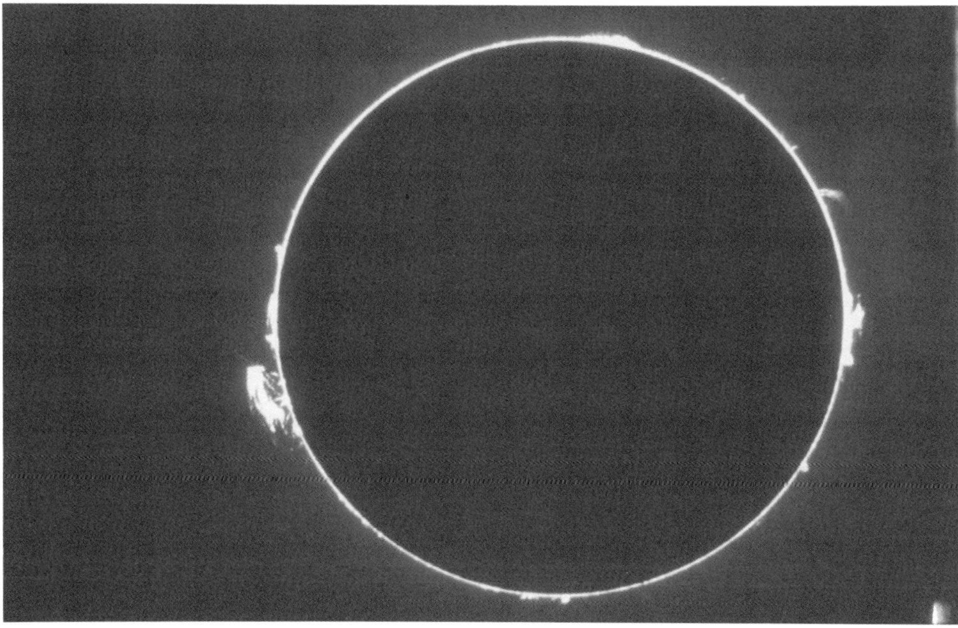

Der Sonnenball mit Protuberanzen – gewaltige Fontänen leuchtenden Gases, die von der Sonnenoberfläche aufsteigen (Aufnahme GUTZEIT/IDLER)

und steigt schnell auf über 400000 K an. An der Obergrenze zur Korona erreicht sie schließlich eine Million Kelvin. Die mittlere Dichte liegt bei 10^{-12} g/cm^3.
Die Chromosphäre zeigt im monochromatischen (einfarbigem) Licht eine flockige Struktur. Man spricht von der **Flocculi**. Sie sind eine Folge starker Turbulenzen. Man beobachtet die Chromosphäre in der Regel im Licht der roten Wasserstoffemissionslinie H_α der **Balmer**-Serie bei λ = 656,3 nm und im violetten Licht der H- (λ = 396,8 nm) und K-Linie (λ = 393,4 nm) des ionisierten Kalziums (Ca II).
In den Störgebieten (oberhalb der Sonnenflekken) treten **Fackeln, Flares, Eruptionen** und **Filamente** auf. Die Filamente sind Materieauswürfe, die am Sonnenrand als **Protuberanzen** erscheinen.
Bei totalen Sonnenfinsternissen ist die Chromosphäre kurz vor und nach der totalen Phase auch ohne monochromatische Filter (LYOT-Filter bzw. Spektroheliographen) beobachtbar.

Korona

Die Korona ist die äußerste Gashülle der Sonne. Sie erstreckt sich bis weit in den interplanetaren Raum hinein. Strenggenommen kreist noch die Erde in den äußersten Gebieten der Korona um die Sonne. Die Korona ist nur sichtbar, wenn die Photosphäre der Sonne abgedeckt ist. Dies ist bei totalen Sonnenfinsternissen gegeben oder in Spezialteleskopen, sogenannten **Koronographen**. In ihnen wird die Photosphäre durch eine Kegelblende abgedeckt. Die Gesamthelligkeit der Korona beträgt nur ein Millionstel der Sonnenleuchtkraft. Der bei totalen Sonnenfinsternissen sichtbare Strahlenkranz um die verfinsterte Sonne (die eigentliche Korona) erstreckt sich etwa eine Million Kilometer in den Weltraum hinein. Die Korona ist ein äußerst heißes, aber sehr dünnes Gas. Die Temperaturen liegen zwischen ein bis drei Millionen Kelvin, die Dichte der inneren Korona beträgt

10^{-17} g/cm^3. Am kräftigsten leuchtet die grüne Emissionslinie des dreizehnfach ionisierten Eisens (Fe XIV) bei $\lambda = 530{,}3$ nm.
Die Korona zeigt eine fächerförmige Struktur. Bei starker Sonnenaktivität erscheint sie radialsymmetrisch, bei minimaler Aktivität rotationssymmetrisch (Sonnenachse ist in etwa die Symmetrieachse).
Wegen der hohen Temperaturen sendet die Korona intensives Röntgenlicht aus ($\lambda < 10$ nm). In Röntgenaufnahmen erscheint die Korona deswegen wesentlich heller als die eigentliche Sonnenoberfläche (Photosphäre).

Sonnenaktivität

Die Sonne zeigt eine periodische Aktivität. Auffälligstes Merkmal der Sonnenaktivität ist das Auftreten von Flecken in mehr oder minder großer Zahl.
Im Altertum und Mittelalter war man der Auffassung, daß die Sonne als „göttliches Gestirn" makellos rein und unbefleckt sein müsse. Nach Erfindung des Fernrohres erkannten unabhängig voneinander Galileo GALILEI, Johann FABRICIUS und Christoph SCHEINER, daß die Sonnenoberfläche gelegentlich Flecken zeigt. Manchmal treten so große Flekken auf, daß sie bei Sonnenauf- oder -untergang sogar mit bloßen Augen zu sehen sind.
Samuel Heinrich SCHWABE (1789–1875), Apotheker und Liebhaberastronom aus Dessau, entdeckte, daß die Zahl der Sonnenflecken periodisch schwankt. Er fand einen etwa zehnjährigen **Zyklus** der Sonnenfleckenhäufigkeit. Später wurde diese Periode etwas genauer zu 11,1 Jahren bestimmt. Dies ist ein Mittelwert. Die Zeiten zwischen zwei Fleckenmaxima schwanken von acht bis dreizehn Jahren. Auch die Höhe der Maxima ist sehr unterschiedlich.
Der genaue Zeitpunkt eines Maximums oder Minimums kann erst im nachhinein aus den Beobachtungen bestimmt werden. Die Flekkenzyklen werden fortlaufend gezählt. Das Maximum des ersten Zyklus fiel auf die Jahresmitte 1761.
Das Aktivitätsmaximum 1991 gehörte zum 22. Zyklus. Die Numerierung der Fleckenzyklen geht auf den Zürcher Astronomen Rudolf WOLF (1816–1893) zurück, der den Beginn eines Zyklus jeweils auf ein Minimum legte. Nach WOLF begann der Zyklus Nr. 1 im Jahre 1755 und dauerte bis 1766. Mit dem Minimum von 1766 begann Zyklus Nr. 2.
WOLF führte auch die **Relativzahl** der Fleckenhäufigkeit ein, die ein Maß für die Stärke der Fleckentätigkeit darstellt. Die Relativzahl R ist definiert als

$$R = 10\,g + f$$

Um die Relativzahl zu bestimmen, wird zunächst die Zahl f aller sichtbaren Flecken ermittelt. Dann wird die Zahl g der Fleckengruppen bestimmt, wobei nicht zwischen großen und kleinen Gruppen unterschieden wird. Auch ein vereinzelt stehender Fleck wird als Gruppe gezählt.
Die Zahl der ermittelten Flecken hängt vom Beobachter und dem verwendeten Instrumentarium ab. Mit größeren Teleskopen sind kleinere und damit mehr Flecken zu erfassen als mit kleineren Teleskopen.
Daher müssen die individuell bestimmten Relativzahlen mit einem Faktor k korrigiert werden, um auf eine international einheitliche Skala zu kommen.
Es gilt:

$$R = k\,(10\,g + f)$$

Der Korrektionsfaktor k kann erst nach mehrjährigen, systematischen Aufzeichnungen für einen einzelnen Beobachter und für sein verwendetes Teleskop bestimmt werden, indem man die selbst ermittelten Relativzahlen mit den internationalen vergleicht.
Die Daten aller Fleckenbeobachtungen wurden in Fortführung der WOLFschen Tradition viele Jahre lang von der Sternwarte der ETH Zürich gesammelt und reduziert. Heute besorgt dies das Observatoire Royal de Belgique in Brüssel, das die Zentralstelle für Sonnenbeobachtungsdaten **(Sunspot Index Data Center)** betreibt.
Außer den Flecken sind noch folgende Erscheinungen Zeichen einer aktiven Sonne: **Fackeln**, die vor allem in Sonnenrandnähe als helle Lichtadern sichtbar werden. Mehrere kleinere Fackeln vereinigen sich öfters zu Fakkelherden. **Flares** (Strahlungsausbrüche), **Eruptionen, Protuberanzen** und **Filamente** sind im monochromatischen Licht beobachtbar.

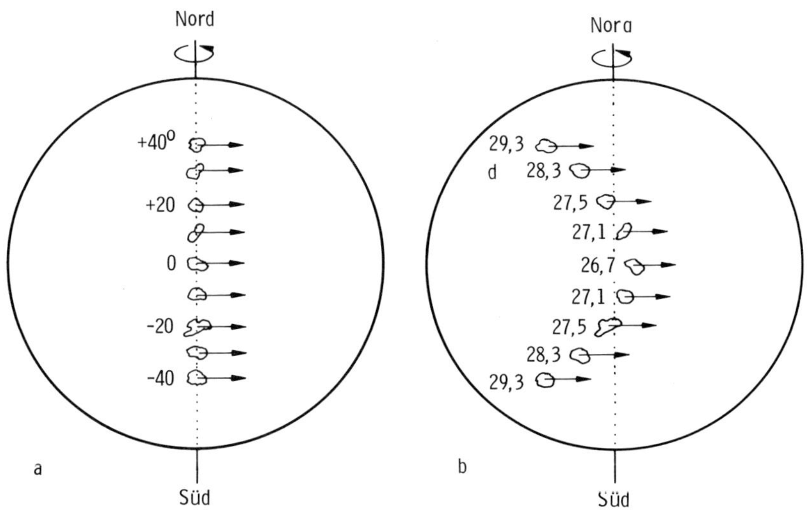

Unterschiedliche Umlaufgeschwindigkeiten der Sonnenflecken in verschiedenen heliographischen Breiten. In Bild a befinden sich alle Flecken im Zentralmeridian. Bild b zeigt die Verhältnisse nach einer synodischen Rotation: Während die Flecken am Äquator den Zentralmeridian schon durchschritten haben, haben die Flecken in höheren Breiten ihn noch nicht erreicht. Fazit: Der Sonnenäquator rotiert am schnellsten, die Geschwindigkeit der Rotation nimmt mit zunehmender Breite ab.

Auch Fackeln sind im monochromatischen Licht, vornehmlich im Licht der roten H_α-Linie und der violetten H- und K-Linien des Ca II, beobachtbar. Sie sind dort noch deutlicher erkennbar als im integralen (weißen) Licht.

Flares sind im monochromatischen Licht beobachtbare Strahlungsausbrüche, die in seltenen Fällen auch im weißen Licht zu erkennen sind. Sie treten meist im Zusammenhang mit Flecken auf. Sie sind Erscheinungen in der Chromosphäre, also oberhalb der Photosphäre, und reichen bis zur Korona empor. Flares erscheinen für wenige Minuten bis einige Stunden. In der Höhe erstrecken sie sich etwa 20000 km, in der Ebene erreichen sie zwischen wenigen tausend bis etwa 50000 Kilometer Ausdehnung. Meist leuchten Flares recht plötzlich auf, die Helligkeit klingt dann langsam ab.

Protuberanzen und Filamente sind Materieeruptionen, die große Höhen (über 100000 km) erreichen. Teilweise bilden sie, durch Magnetfelder gezwungen, große Bögen (Loops). Im monochromatischen Licht erscheinen diese Gasausbrüche als dunkle, fadenartige Gebilde vor der Sonnenscheibe (Filamente), während sie am Sonnenrand als Flammenzungen (Protuberanzen) in Erscheinung treten.

Radiobursts sind Strahlungsausbrüche im Radiofrequenzbereich, die mit der Erscheinung von Flares eng verbunden sind.

Sonnenrotation

Aus der Wanderung der Sonnenflecken über die Sonnenscheibe kann man auf die Sonnenrotation schließen. Eine grobe Abschätzung läßt erkennen, daß nach rund 27 Tagen die gleichen Flecken wieder durch den Zentralmeridian gehen. Der Zentralmeridian ist der Sonnenmeridian, der durch die Scheibenmitte geht. Die Zeitspanne zwischen zwei aufeinanderfolgenden Durchgängen derselben Fleckengruppe durch den Zentralmeridian wird synodische Rotationszeit genannt. Die synodischen Rotationen werden seit Richard Christopher CARRINGTON (1826–1875) fortlaufend numeriert, um den Zentralmeridian bestimmen zu können.

Die Rotation Nr. 1 begann am 9. November 1853. Die Dauer einer synodischen Rotation

beträgt 27,2753 Tage. Davon zu unterscheiden ist die siderische Rotation. Bezogen auf die Fixsternwelt dreht sich die Sonne einmal in 25,38 Tagen um ihre eigene Achse. In dieser Zeit bewegt sich die Erde ein gutes Stück in ihrer Bahn weiter. Damit der gleiche Fleck von der Erde aus gesehen wieder durch den Zentralmeridian geht, muß sich die Sonne noch ein wenig weiter drehen. Denn der Umlauf der Erde um die Sonne und die Eigenrotation der Sonne erfolgen in der gleichen Richtung. Die angegebenen Rotationszeiten beziehen sich auf Gebiete nahe dem Sonnenäquator ($\pm$ 16° heliographischer Breite). Die Sonne rotiert nicht wie ein starrer Körper, sondern zeigt eine differentielle Rotation:
Mit wachsender heliographischer Breite, also in Richtung zu den Polen, wird die Umdrehungsgeschwindigkeit langsamer (siehe Tabelle unten).

Die Sonne in Zahlen

Entfernung von der Erde

mittlere	149598000 km
kleinste (Anfang Januar)	147100000 km
größte (Anfang Juli)	152100000 km

Scheinbarer Winkeldurchmesser der Sonnenscheibe:
Anfang Januar: 32′32″ — Anfang Juli: 31′28″

Sonnenparallaxe: $\pi = 8''\!.79$
Scheinbare Helligkeit: $m_V = -26^m\!.7$
Absolute Helligkeit: $M_V = 4^M\!.87$
Spektraltyp: G2 V
Leuchtkraft: $3{,}8 \times 10^{26}$ Watt
Solarkonstante: 1367 Watt/m^2
Oberflächentemperatur: 5780 K (etwa 5510 °C)

Durchmesser	1392520 km $\hat{=}$ 109 Erddurchmesser
Oberfläche	$6{,}09 \times 10^{12}$ km^2 $\hat{=}$ 11920 Erdoberflächen
Volumen	$1{,}41 \times 10^{18}$ km^3 $\hat{=}$ 1302000 Erdvolumen
Masse	$1{,}989 \times 10^{30}$ kg $\hat{=}$ 333000 Erdmassen

Mittlere Dichte: 1,41 g/cm^3
Dichte im Zentrum: 134 g/cm^3
Zentraltemperatur: knapp 15 Millionen Grad
Schwerebeschleunigung an der Oberfläche: 274 m/s^2 = 30fache Erdbeschleunigung
Entweichgeschwindigkeit: 617,7 km/s $\hat{=}$ 55fache Erdentweichgeschwindigkeit

Rotation

Neigung der Sonnenachse zur Ekliptik: i = 7°15′

	Siderische Rotation	*Synodische Rotation*
Mittelwert ($\pm$16°)	25 Tage 9 Stunden	27 Tage 7 Stunden
in heliographischer Breite		
0°	25 Tage 0 Stunden	26 Tage 20 Stunden
$\pm$10°	25 Tage 5 Stunden	27 Tage 2 Stunden
$\pm$20°	25 Tage 17 Stunden	27 Tage 16 Stunden
$\pm$30°	26 Tage 11 Stunden	28 Tage 13 Stunden
$\pm$40°	27 Tage 9 Stunden	29 Tage 14 Stunden
$\pm$60°	29 Tage 8 Stunden	31 Tage 21 Stunden
$\pm$75°	30 Tage 10 Stunden	33 Tage 4 Stunden
fast $\pm$90°	30 Tage 21 Stunden	33 Tage 17 Stunden

Alter der Sonne: knapp 5 Milliarden Jahre

Die Rotationsachse der Sonne ist um 7°15′zur Erdbahnebene (Ekliptik) geneigt. Aus der Neigung folgt, daß der Sonnenäquator nicht immer durch den Scheibenmittelpunkt geht und der Nord- und Südpol der Sonne auch nicht immer mit den Nord- und Südpunkten der Sonnenscheibe zusammenfallen. Anfang März ist die Südhalbkugel, Anfang September die Nordhalbkugel den Erde zugekehrt. Die Verhältnisse werden aus den Abb. rechts und unten deutlich. P gibt den Positionswinkel des Sonnennordpols und B_0 die heliographische

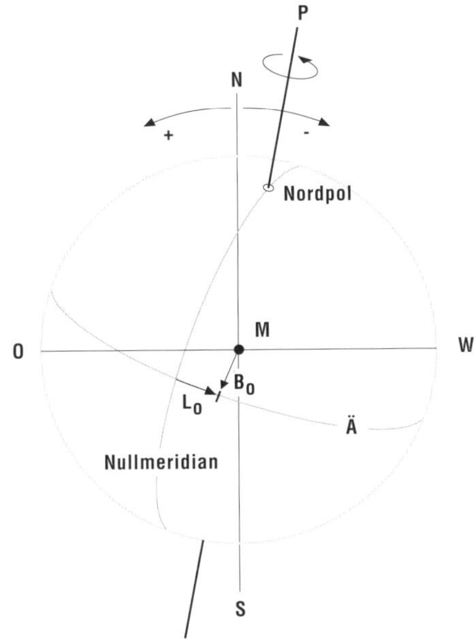

Rechts: Zur Definition der Größen P (Positionswinkel der Sonnenachse) B_0 (heliographische Breite des Scheibenmittelpunktes) und L_0 (heliographische Länge des Zentralmeridians)

Unten: Lage der Rotationsachse und des Äquators der Sonne im Verlauf des Jahres relativ zum Beobachter auf der Erde

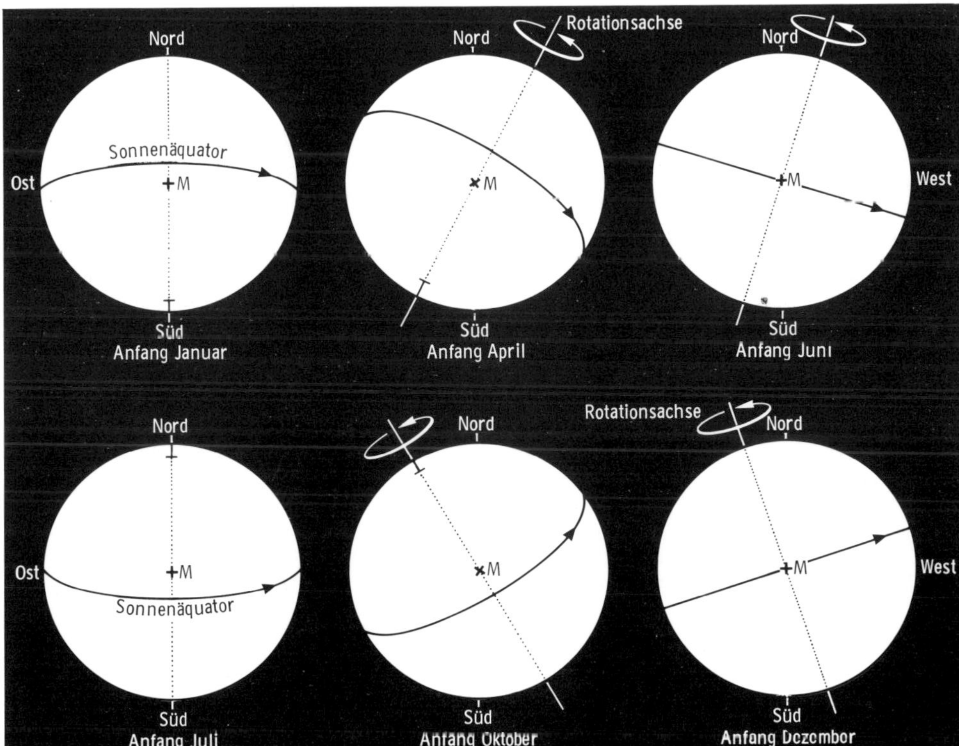

Breite des Scheibenmittelpunktes an. Ist der Positionswinkel P positiv, so ist die Sonnenachse zur Nord-Süd-Richtung entgegen dem Uhrzeigersinn geneigt. Der Positionswinkel schwankt im Laufe eines Jahres um ± 26°23′, da außer der Neigung der Sonnenachse zur Ekliptik noch die Neigung des Erdäquators zur Ekliptik zu berücksichtigen ist. Positives B_0 jedoch bedeutet, daß der Scheibenmittelpunkt nördlich des Sonnenäquators liegt, die Nordhalbkugel der Sonne uns zugekehrt ist.
Die Zentralmeridiane der Sonne, die Lage der Sonnenachse (B_0 und P) sowie der Beginn der synodischen Sonnenrotationen nach CARRINGTON sind im HIMMELSJAHR angegeben.

Schmetterlingsdiagramm und Klassifikation der Sonnenflecken

In höheren heliographischen Breiten kommen so gut wie keine Flecken vor, die Polgebiete der Sonne sind stets fleckenfrei. Nach einem Minimum, also zu Beginn eines neuen Aktivitätszyklus, erscheinen die Flecken in einer Zone von 30° bis 35° Breite, nördlich und südlich des Sonnenäquators. Mit fortschreiten-

Sonnenfleckentypen

A: ein kleiner, einzelner Fleck ohne Hof
B: einige kleine Einzelflecken ohne Höfe
C: Gruppe von Flecken mit einem Hoffleck
D: eine Gruppe mit mindestens zwei Hofflecken – meist in Richtung Ost – West (bipolare Gruppe)
E: eine größere bipolare Gruppe mit mehreren Hofflecken
F: eine große Gruppe mit etlichen Hofflecken, die oft mit einem gemeinsamen Hof verbunden sind
G: eine Gruppe mit einem größeren Hoffleck, dessen Kern (Umbra) in einzelne Gebiete zerfällt
H: rundlicher Hoffleck, meist mit kleineren Einzelflecken zu einer kompakten Gruppe verbunden
J: kleiner Hoffleck, gelegentlich mit wenigen Einzelflecken.

Das Schmetterlingsdiagramm der Sonnenflecken

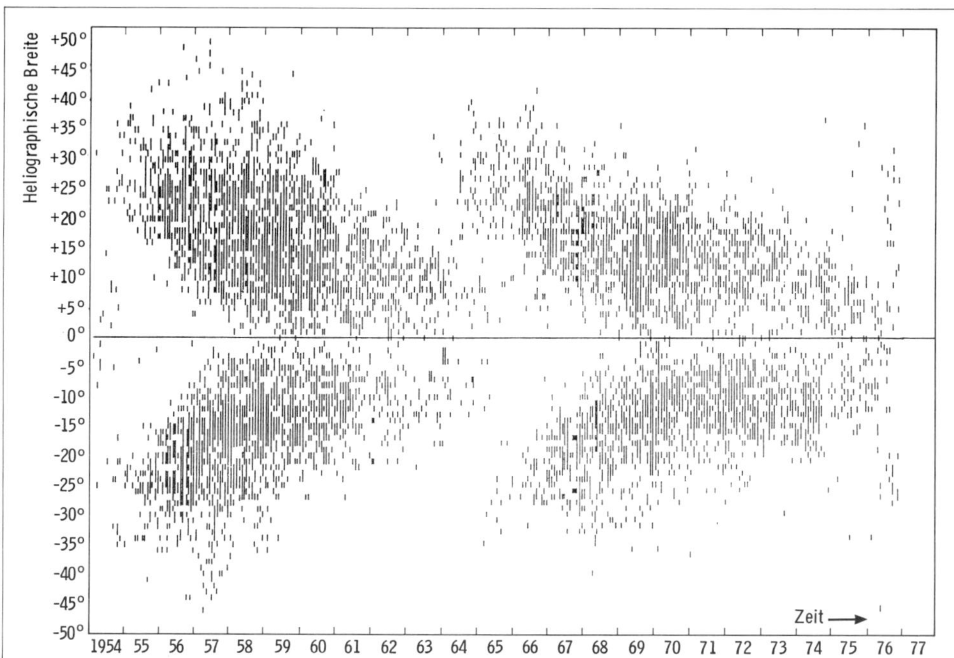

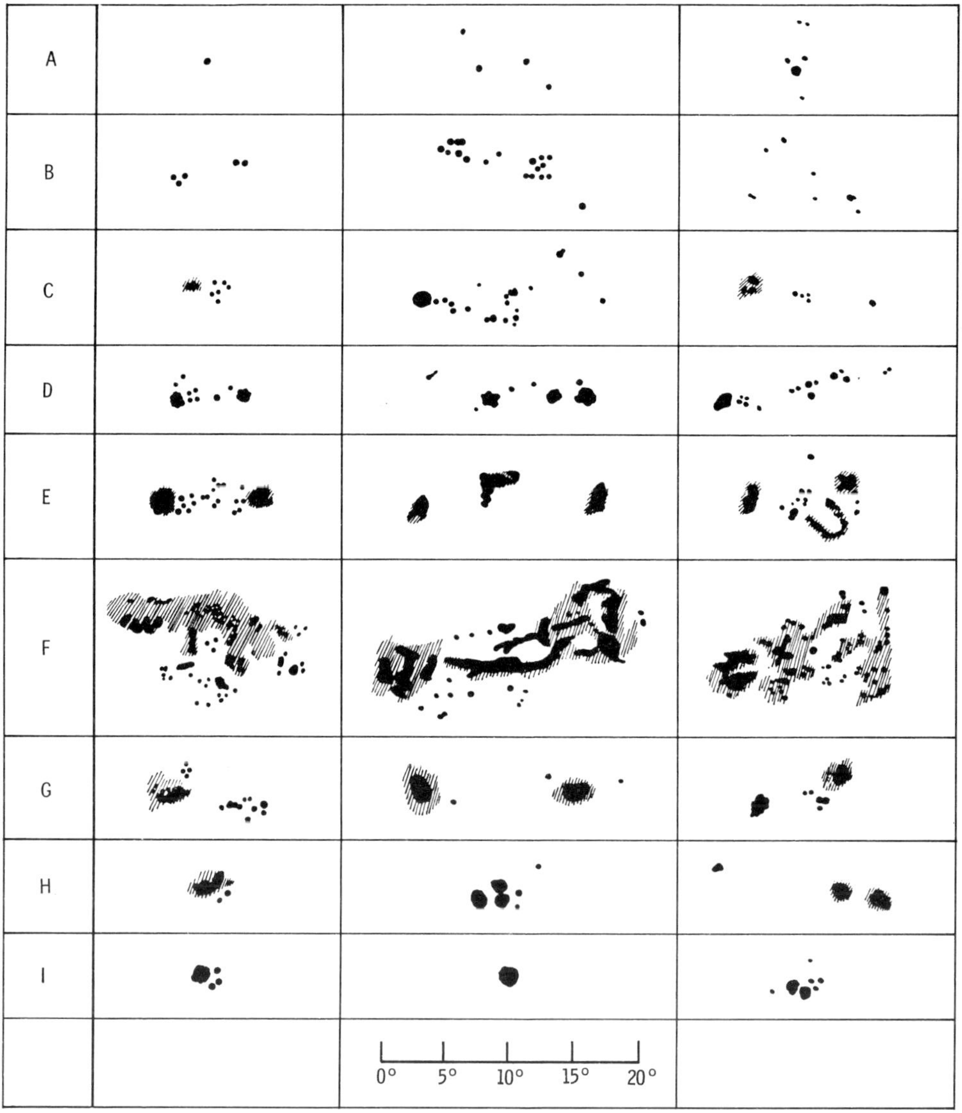

Die Klassifizierung der Sonnenflecken

dem Zyklus tauchen in immer geringeren Breiten neue Flecken auf. Die letzten Flecken eines Zyklus treten in ± 10° Breite auf. Die Äquatorzone selbst bleibt fleckenfrei. Wenn die letzten Flecken eines Zyklus in Äquatornähe zu sehen sind, erscheinen oft in Breiten um ± 35° die ersten Flecken eines neuen Zyklus.

Auf den Umstand, daß sich die Fleckenzonen im Verlauf eines Zyklus immer mehr zum Sonnenäquator hin verlagern, hat im Jahre 1860

der Amateurastronom Gustav SPÖRER hingewiesen. Nach ihm wird die Breitenwanderung der Sonnenflecken als SPÖRERsches Gesetz bezeichnet. Trägt man die Flecken in ein Diagramm ein, in dem die heliographische Breite der Flecken gegenüber der Zeit (Ablauf der Zyklen) eingezeichnet sind, so erhält man Bilder, die entfernt an Schmetterlingsflügel erinnern. Man spricht daher auch vom Schmetterlingsdiagramm der Sonnenflecken (Seite 50).
Sonnenflecken lassen sich nach Größe, Form und Erscheinungsbild klassifizieren. Die gebräuchlichste Klassifikation wurde von der Sternwarte der ETH in Zürich eingeführt. Sie kennt die in der Tabelle auf Seite 50 links oben aufgeführten Sonnenfleckentypen.

Magnetischer Zyklus

Die Sonne besitzt ein globales Magnetfeld von einigen Gauß, dessen Stärke variabel ist. Das globale Magnetfeld der Erde hat rund ein halbes Gauß (10000 Gauß = 1 Tesla, siehe Tabelle S. 60). In den Sonnenflecken treten jedoch kräftige Magnetfelder bis zu 4000 Gauß auf. Die Sonnenflecken, deren lineare Ausdehnungen meist zwischen 2000 km und 40000 km betragen, haben die Tendenz zur Gruppenbildung. Dabei entwickeln sich bipolare Gruppen mit unterschiedlicher magnetischer Polarität. Zeigt beispielsweise ein auf der Nordhalbkugel der Sonne gelegener Fleck magnetisch positive Polarität (ist also ein „Nordpol"), so ist der in Rotationsrichtung nachfolgende Fleck magnetisch negativer Polariät (ein „Südpol"). Auf der Südhalbkugel sind die Verhältnisse gerade umgekehrt: Der in der Rotationsrichtung vorangehende Fleck („proceeding spot") hat dann negative Polarität, der nachfolgende Fleck („following spot") positive Polarität. Dies gilt für einen Fleckenzyklus von rund elf Jahren. Beim darauffolgenden Zyklus ist die Polarität der einzelnen Flecken vertauscht:
Auf der Nordhalbkugel sind dann die voraneilenden Flecken magnetisch negativ, die nachfolgenden jedoch positiv, während auf der Südhalbkugel der vorangehende dann positiv, der folgende Fleck jedoch negativ ist. Auch das globale Magnetfeld der Sonne polt nach jedem Zyklus um. Deshalb ist es sinnvoll, von einem 22jährigen magnetischen Zyklus der Sonnenaktivität zu sprechen. Nach der Theorie des Sonnendynamos werden die Feldlinien des globalen Magnetfeldes der Sonne durch die differentielle Rotation zu magnetischen Flußröhren aufgewickelt. Durch magnetische Kräfte erfahren diese Flußröhren einen Auftrieb. Erreichen sie die Photosphäre, so treten die Feldlinien an der Oberfläche aus, und man sieht gleichsam direkt in die Öffnungen der magnetischen Flußröhre hinein, die sich häufig als Sonnenflecken bemerkbar machen. Durch den magnetischen Druck innerhalb der Flußröhre sinken Dichte und Temperatur des Sonnenplasmas ab, so daß die Flecken im Vergleich zur übrigen („ungestörten") Photosphäre dunkel erscheinen.
Die innere Struktur und die Energieerzeugung der Sonne wird im Kapitel **Aufbau und Entwicklung der Sterne** behandelt.

Die Erde als Planet

Schon in der Antike war bekannt, daß die Erde keine flache Scheibe, sondern eine Kugel ist. THALES von Milet (628–546 v.Chr.) lehrte bereits die Kugelgestalt der Erde. ERATOSTHENES von Alexandria (276–194 v.Chr.) führte die wohl präziseste Messung des Erdumfanges in der Antike durch. Aus der Differenz der Sonnenstände in Alexandria und Syene (dem heutigen Assuan) zur Sommersonnenwende bestimmte er den Erdumfang zu 40000 Kilometer, ein erstaunlich genaues Ergebnis wenn man bedenkt, daß der mittlere Erdumfang 40030 Kilometer mißt. Genauere Messungen in der Neuzeit ließen erkennen, daß die Erde ein abgeplattetes Rotationsellipsoid ist – eine Folge der durch die Erdrotation hervorgerufenen Zentrifugalkräfte. Die Abplattung der Erde kann durch Pendelbeobachtungen bestimmt werden. Die Schwingungsdauer (t) eines Pendels ist von seiner Länge (l) und der Fallbeschleunigung (g) an der Erdoberfläche abhängig:

$$t = 2\pi \cdot \sqrt{l/g}$$

Bei bekannter Pendellänge l ergibt sich die Fallbeschleunigung g aus der Messung der Schwingungsdauer t: $g = 4\pi^2 \cdot l/t^2$.

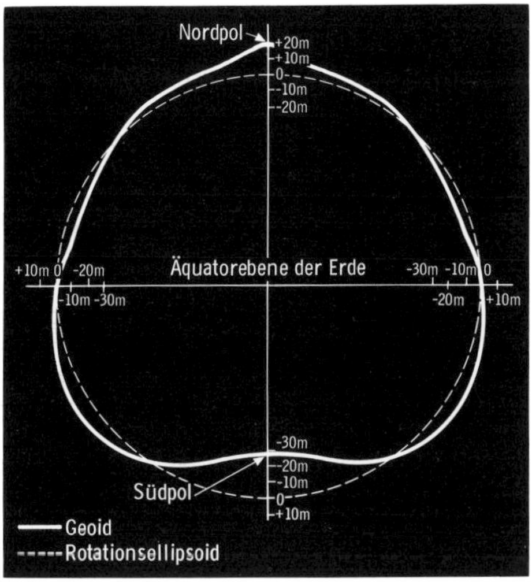

Das Geoid (Erdkörper) zeigt eine kleine Abweichung von der Form eines Rotationsellipsoides mit einer Abplattung von 1:298 (gestrichelte Linie). Der Nordpol ist ein wenig erhaben, der Südpol eingedellt – die Erde hat eine leichte Birnenform.

Auf den Erdpolen schwingt ein Pendel schneller, da es näher dem Erdmittelpunkt ist, am Erdäquator entsprechend langsamer. Moderne Messungen der Erdgestalt werden mittels Erdsatelliten vorgenommen, aus deren Bewegungen (Bahnabweichungen) eine birnenförmige Figur unseres Planeten abzuleiten ist. Allerdings ist die Abweichung vom abgeplatteten Rotationsellipsoid sehr gering: Der Südpol ist um rund dreißig Meter der Äquatorebene näher als der Nordpol (Abb. oben). Die Oberfläche der Erde ist nicht glatt, sondern von Gebirgen und Tiefseebecken geformt, so daß man die Erdfigur schlicht als **Geoid** (griech., Erdkörper) bezeichnet.

Die Erde dreht sich um ihre eigene Achse. Die Dauer einer Erdumdrehung beträgt in mittlerer Sonnenzeit ausgedrückt $23^h56^m04^s\!,1$. Diese Zeitspanne wird **Sterntag** genannt. Ein **mittlerer Sonnentag** ist um den Faktor 1,0027 länger als ein Sterntag. Die Erdrotation erfolgt nicht gleichförmig, sondern unterliegt sowohl kurzfristigen (jahreszeitlichen) Schwankungen als auch einer fortschreitenden (säkularen) Abnahme der Frequenz, die Tage werden länger.

Die Abbremsung der Erdrotation ist eine Folge der **Gezeiten** (Ebbe und Flut). Drehimpuls wird dabei von der Erdrotation abgezogen und auf die Bewegung des Mondes in seiner Bahn übertragen. In 100000 Jahren nimmt die Länge eines Sterntages um rund 1,6 Sekunden zu.

Die lineare Rotationsgeschwindigkeit v beträgt am Äquator (0° geogr. Breite) 465,12 m/sec. In der Breite φ ergibt sich eine Geschwindigkeit $v_\varphi = v \cdot \cos \varphi$. Die Zentrifugalbeschleunigung mißt am Äquator $b = -0{,}0339$ m/sec^2.

Der Nachweis der Erdrotation erfolgt durch Beobachtung physikalischer Phänomene wie scheinbare Drehung der Schwingungsebene eines Pendels, Ostabweichung beim freien Fall, Auftreten von Corioliskräften und der Aberration des Sternlichtes (tägliche Aberration). Am bekanntesten ist der Nachweis der Erddrehung durch den **FOUCAULTschen Pendelversuch.** Er wurde erstmals von Jean Bernard Leon FOUCAULT (1819–1868) im Pantheon zu Paris im März 1851 vorgeführt. FOUCAULT benutzte damals eine mit Blei ausgegossene Messingkugel von 28 kg Masse, die er an einer 67 Meter langen Klaviersaite von der Kuppelspitze herabhängen ließ. Die Schwingungsdauer des Pendels betrug 16,4 Sekunden. Gemäß dem Trägheitsgesetz der Mechanik bleibt die Schwingungsebene des Pendels raumfest. Durch die Erdrotation dreht sich die Schwingungsebene des Pendels relativ zur umgebenden Oberfläche. Die Erdoberfläche dreht sich gewissermaßen unter dem schwingenden Pendel. Auf den Polen erfolgt eine volle Drehung (= 360°) in 86164 Sekunden (= ein Sterntag). In der geographischen Breite φ erfolgt pro Sterntag eine Drehung um den Winkel $360° \cdot \sin \varphi$, für Paris ($\varphi = 48°51''$) also nur 271°. Am Äquator der Erde ($\sin \varphi = 0°$) dreht sich die Schwingungsebene des Pendels relativ zur Erdoberfläche überhaupt nicht, denn sie liegt in der Rotationsebene.

Die Erde wandert in $365\frac{1}{4}$ Tagen um die Sonne, wobei sie dabei die Ekliptikebene aufspannt. Von der Erde aus betrachtet (geozentrisch) bewegt sich die Sonne im gleichen Zeitraum entlang eines Großkreises am irdischen Firmament, der **Ekliptik** genannt wird. Die Ekliptik ist um $23\frac{1}{2}$ Grad zum Himmelsäquator geneigt (Schiefe der Ekliptik). Um den gleichen Winkel weicht die Erdachse von der Senkrechten auf der Bahnebene der Erde ab. Durch diese Schrägstellung der Erdachse kommt es zur Erscheinung der **Jahreszeiten.** In einem Halbjahr ist die Nordhalbkugel, im zweiten Halbjahr die Südhalbkugel der Sonne zugekehrt. Durch den unterschiedlichen Einfallswinkel der Sonne (Variation der Sonnendeklination) kommt es zu verschieden starker Einstrahlung und somit Erwärmung einzelner Gebiete der Erdoberfläche.

Die Jahreszeiten entstehen also *nicht* durch die unterschiedliche Entfernung der Erde von der Sonne infolge ihrer elliptischen Bahn. Anfang Januar durchläuft die Erde ihren sonnennächsten Bahnpunkt **(Periheldistanz:** 147,1 Millionen Kilometer), Anfang Juli ihren sonnenfernsten **(Apheldistanz:** 152,1 Millionen Kilometer).

Die mittlere Geschwindigkeit der Erde in ihrer Bahn beträgt 29,8 km/sec. Diese Geschwindigkeit ist nicht vernachlässigbar klein im Vergleich zur Lichtgeschwindigkeit. Durch den Lauf der Erde um die Sonne erleiden die Sterne kleine Ortsverschiebungen am Firmament. Diese (jährliche) **Aberration** des Sternenlichtes wurde von James BRADLEY (1692–1762) entdeckt. Ähnlich wie ein schneller Fußgänger den Eindruck hat, daß Regentropfen nicht senkrecht sondern von schräg oben einfallen, so bestimmt das Verhältnis Bahngeschwindigkeit zu Lichtgeschwindigkeit den „Vorhaltewinkel" für das Fernrohr: Die Sterne scheinen um einen kleinen Winkel verschoben, also abzuweichen vom Ursprungsort (lat.: aberrare = abirren). Im Laufe eines Jahres beschreiben die Sterne kleine Ellipsen mit einer großen Halbachse von 20,″5 (= **Aberrationskonstante**). Die kleine Halbachse ist von der ekliptikalen Breite β des Sternes abhängig. Steht ein Stern in der Ekliptik, so ist sie gleich Null, der Stern beschreibt keine Ellipse, sondern pendelt hin und her. Außer der jährlichen Aberration zeigen die Sterne infolge der Erdrotation auch eine tägliche Aberration, die aber sehr klein ist und von der geographischen Breite φ abhängt: $k = 0\overset{''}{.}32 \cdot \cos \varphi$.

Durch die Bewegung des Sonnensystems im interstellaren Raum entsteht die säkulare Aberration.

Außer der Aberration des Sternenlichtes macht sich die Bewegung der Erde um die Sonne noch durch die periodische Variation der **DOPPLER**-Verschiebung der Linien in den Sternspektren und der meßbaren trigonometrischen Parallaxen näherer Sterne bemerkbar.

Der Erdglobus wird von einer relativ dichten Atmosphäre umschlossen. Der **Normaldruck** der Erdatmosphäre mißt 1013,25 hPa (Hektopascal). Pro Kubikzentimeter finden sich 2,67 $\times 10^{19}$ Luftmoleküle. Der Luftdruck nimmt mit zunehmender Höhe h gemäß der **barometrischen Höhenformel** ab:

$$p = p_0 \cdot e^{-(h-h_0)/RT}$$

T – absolute Temperatur
R = 29,27 m/grad

Die Schicht vom Erdboden bis in 50 km Höhe enthält 99,9% der Gesamtmasse der Atmosphäre. Die irdische Luft setzt sich zum überwiegenden Teil aus molekularem Stickstoff (N_2: 78 Volumenprozent) und molekularem Sauerstoff (O_2: 21 Volumenprozent) zusammen.

Die Erdatmosphäre hat erhebliche Auswirkungen auf die astronomischen Beobachtungen. Der überwiegende Teil der aus dem Weltall einfallenden elektromagnetischen Strahlung wird von der Luft absorbiert, die als Filter wirkt. Nur im schmalen Frequenzbereich des sichtbaren Lichtes und im Bereich der Radiostrahlung ist die Atmosphäre einigermaßen durchlässig. Man nennt diese beiden Bereiche **„optisches Fenster"** und das **„Radiofenster"**.

Selbst im sichtbaren Bereich erreicht das Licht der Sterne nicht völlig ungestört den Beobachter am Erdboden. Es wird abgeschwächt, gestreut, verfärbt und abgelenkt.

Die Abschwächung des Sternenlichtes wird als **Extinktion** (lat.: extingere = auslöschen) bezeichnet. Sie ist abhängig von der Höhe des Gestirns und von der Wellenlänge. In Horizontnähe beträgt die Extinktion mehr als fünf Größenklassen (siehe Tabelle rechts). Bei klarer, gut durchsichtiger Luft vermindert die Extinktion das Sternenlicht im Zenit (= 90° Höhe) um eine viertel Größenklasse. Man setzt nun die Zenitextinktion gleich Null und hat damit eine Referenzmarke für die Höhenabhängigkeit der Extinktion. In der Regel ist die Extinktion in 0° Höhe wegen der horizontnahen Dunstschichten wesentlich größer als 5^m und nimmt meist sprunghaft mit der Höhe ab.

Refraktion

Höhe des Sterns	Mittlere Refraktion
0°	~35′
5°	10′15″
10°	5′30″
20°	2′44″
30°	1′44″
40°	1′12″
50°	0′50°
60°	0′35″
70°	0′22″
80°	0′11″
90°	0′ 0″

Extinktion

Höhe	Abnahme der Sternhelligkeit gegenüber Zenit
0°	$\approx 5^m$
3°	$2\overset{m}{,}61$
5°	$1\overset{m}{,}77$
10°	$0\overset{m}{,}99$
20°	$0\overset{m}{,}45$
30°	$0\overset{m}{,}23$
40°	$0\overset{m}{,}12$
50°	$0\overset{m}{,}06$
60°	$0\overset{m}{,}03$
70°	$0\overset{m}{,}01$
80°	0
90°	0

Da kurzwelliges Licht stärker als langwelliges gestreut wird, erscheinen horizontnahe Gestirne gerötet, ihnen fehlt etwas vom Blauanteil. Sonne und Mond leuchten in rötlicher Farbe am Horizont. Der gestreute blaue Anteil des Lichtes ist im Himmelsblau wiederzufinden.

Turbulenzen in der Atmosphäre lassen die Sterne flimmern und flackern, im Fernrohr tanzen sie hin und her. Diese kurzfristigen Helligkeits- und Positionsänderungen der Sterne infolge der Luftunruhe faßt man unter dem Begriff **Szintillation** zusammen. Extinktion und Szintillation bestimmen das **Seeing** bei einer Beobachtung. Schlechtes Seeing läßt die Sterne bei stärkerer Vergrößerung aufgeblasen erscheinen und vermindert die Trennfähgkeit des Teleskops.

Unter **Refraktion** versteht man die atmosphärische Strahlenbrechung (lat. refringere = brechen). Einfallendes Gestirnslicht wird an den verschieden dichten Schichten der Atmosphäre vielfach gebrochen. Der Lichtstrahl durchläuft eine gekrümmte Bahn. Dem Beobachter erscheint daher ein Gestirn höher, als es in Wirklichkeit steht. Je horizontnäher sich ein Stern befindet, desto stärker die Bahnkrümmung seines Lichtes (siehe Tabelle links). Die Refraktion wird durch den Brechungsindex der Luft bestimmt. Dieser ist von der Luftdichte abhängig, die eine Funktion von Temperatur, Luftdruck und (in geringem Maße) der Luftfeuchte ist. Mit abnehmender Temperatur und steigendem Druck wird die Luft dichter und damit die Refraktion größer. Es gilt:

$$R = [(p/1013) / (1 + T/273)] \cdot R_0$$

Dabei ist R_0 die mittlere Refraktion (Normalrefraktion) für 0 °C und 760 mm Hg = 1013 hPa Luftdruck; p = Druck in hPa, T = Temperatur in Grad Celsius.

Präzession und Nutation

Da die Erdachse nicht senkrecht auf der Ekliptikebene (Erdbahnebene) steht und der Erdglobus ein abgeplattetes Rotationsellipsoid darstellt, üben die Gravitationskräfte von Sonne und Mond ein Drehmoment auf den Erdkörper aus, das versucht, die Erdachse aufzurichten und damit die Schiefe der Ekliptik zu verkleinern. Die rotierende Erde reagiert gemäß den Kreiselgesetzen: Ihre Rotationsachse richtet sich nicht auf, sondern weicht rechtwinkelig aus, wobei die Neigung (Schiefe der Ekliptik) konstant (im wesentlichen) bleibt. Die Erdachse bleibt nicht raumfest, sondern beschreibt im Laufe von knapp 26000 Jahren einen doppelten Kegelmantel (siehe Abb. nächste Seite). Die Zeitspanne von 26000 Jahren wird **Platonisches Jahr** genannt.

Als Folge dieser **Präzession** wandern die Himmelspole um die Ekliptikpole. Gegenwärtig zeigt die Erdachse zum Stern α UMi, der

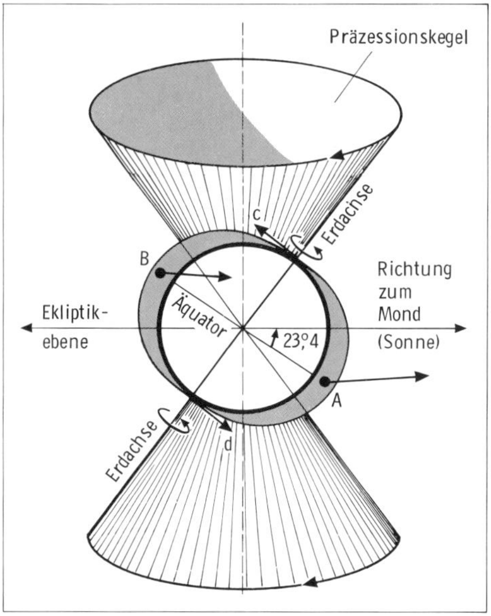

Entstehung der Präzession: Mond (und Sonne) wirken mit ihrer Anziehungskraft auf den Äquatorwulst der Erde (schraffierte Fläche). Die Anziehungskraft ist im Punkt A größer als im Punkt B. Auf die Erdachse wirkt somit ein Drehmoment (Pfeile c, d), das versucht, sie aufzurichten. Gemäß den Kreiselgesetzen weicht die Erdachse rechtwinklig aus und beschreibt einen doppelten Kegelmantel.

darum Polarstern (Nordstern) heißt. Im Jahre 4000 wird Alrai (γ Cephei), im Jahre 7500 Alderamin (α Cephei), im Jahre 10000 Deneb (α Cygni) und im Jahre 14000 Wega (α Lyrae) in der Nähe des Himmelsnordpols stehen. Allerdings werden sie nicht so nahe an den Pol herankommen wie der letzte Deichselstern des Kleinen Wagens (α UMi), der nur knapp ein Grad vom Pol entfernt ist.

Ferner bewirkt die Präzession die rückläufige Wanderung der Äquinoktialpunkte (Frühlings- und Herbstpunkt, Schnittpunkte der Ekliptik mit dem Äquator) in der Ekliptik. Damit verschiebt sich auch die Position der Sonne zu Frühlingsbeginn (Frühlings-Tagundnachtgleiche): Vor 2500 Jahren stand die Sonne zum Frühlingsäquinoktium im Sternbild Widder, heute im Sternbild Fische und ab dem Jahre 2600 im Wassermann. In der Zeit um das Jahr 14000 wird die Sonne dann zu Frühlingsanfang im Sternbild Jungfrau stehen.

Da der Frühlingspunkt der Nullpunkt sowohl

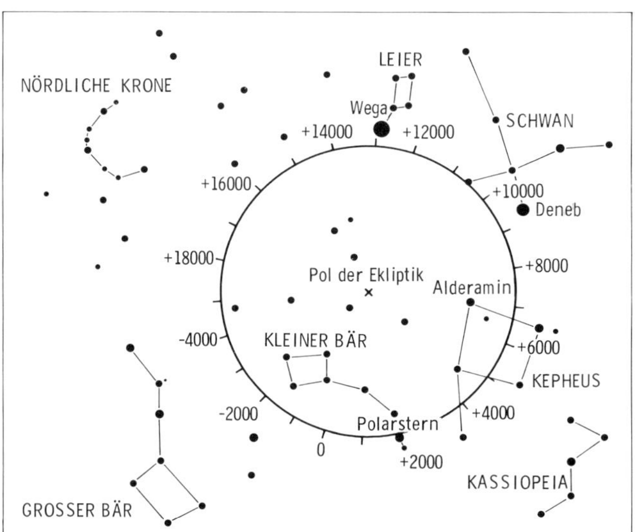

Der Himmelsnordpol wandert infolge der Präzession um den Ekliptiknordpol, die „Polarsterne" wechseln im Laufe der Jahrtausende. Die Zahlen geben die Position des Nordpols im entsprechenden Jahrtausend an.

des rotierenden äquatorialen als auch des ekliptikalen Koordinatensystems ist, ändern sich auch die Koordinaten der Sterne permanent: Die ekliptikalen Längen wachsen, Rektaszension und Deklination variieren, nur die ekliptikale Breite der (Fix-)Sterne bleibt (von nutationsbedingten Schwankungen abgesehen) gleich, denn die Sterne bewegen sich infolge der Präzession parallel zur Ekliptik (besser: Das Koordinatennetz verschiebt sich).

Die Verschiebung pro Jahr ist relativ gering. Sonne und Mond bewirken eine ekliptikale Längenänderung von 50,"37, wobei ein Anteil von 30" allein auf den Mond zurückgeht. Zu dieser sogenannten **Lunisolarpräzession** kommt noch ein kleiner Term von −0,"12, der durch die Anziehung der Planeten zu erklären ist, sowie ein relativistischer Term von 0,"02 **(Geodätische Präzession)**. Die Planetenpräzession wirkt der Lunisolarpräzession entgegen, daher ist ihr Wert negativ. Aus den einzelnen Termen leitet sich die sogenannte Gesamtpräzession in ekliptikaler Länge von 50,"27 pro Jahr ab. Daraus folgt eine Präzessionsperiode von 25780 Jahren. Dies ist freilich nur ein mittlerer Wert für das Platonische Jahr. Denn die präzessionserzeugenden Kräfte, die von Sonne, Mond und Planeten auf den Äquatorwulst der Erde ausgeübt werden, wechseln nach Betrag und Richtung durch die sich ständig ändernden Positionen der Gestirne. Dadurch treten periodische Schwankungen sowohl des Präzessionswertes als auch der Schiefe der Ekliptik auf, die man unter dem Begriff **Nutation** zusammenfaßt.

Die Nutation hat die gleiche physikalische Ursache wie die Präzession. Die Nutation ist der Präzessionsbewegung überlagert. Sie bewirkt eine wellenförmige Bewegung der Himmelspole. Die Erdachse beschreibt keinen glatten Kegelmantel, sondern einen „Wellblechkegel".

In erster Linie wird die Nutation durch die wechselnden Deklinationen des Mondes hervorgerufen. Die Mondbahnknoten wandern rückläufig mit einer Periode von 18,6 Jahren durch die Ekliptik. Dadurch addiert sich einmal die Neigung der Mondbahn von 5,°1 zur Ekliptikschiefe von 23,°5 (wenn Frühlingspunkt und aufsteigender Knoten zusammenfallen), nach 9,3 Jahren ist die Mondbahnneigung abzuziehen (Frühlingspunkt fällt mit absteigendem

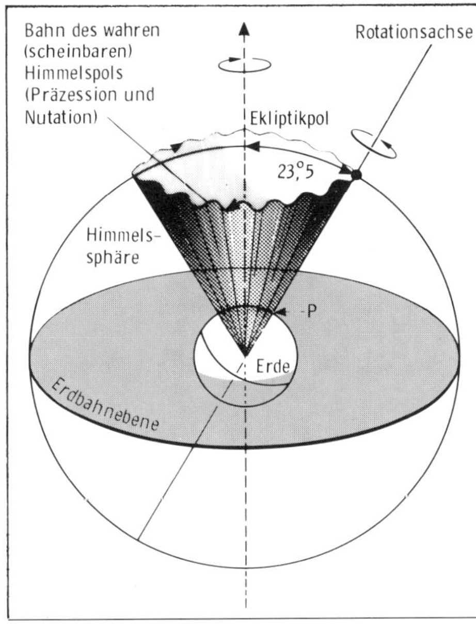

Die Rotationsachse der Erde beschreibt keinen glatten Präzessionskegel, sondern die Nutation bewirkt eine wellenförmige Bewegung, so daß eine Art „Wellblechkegel" entsteht.

Knoten zusammen). Im ersten Fall schwanken die Monddeklinationen zwischen +28,°6 und −28,°6, im anderen Fall zwischen +18,°4 und −18,°4 pro Mondumlauf. Dadurch ändert sich die Größe des Drehmoments, das durch die Mondgravitation auf den Äquatorwulst der Erde ausgeübt wird. Der **wahre Himmelspol** beschreibt eine kleine Ellipse um den **mittleren Himmelspol**. Die ekliptikalen Längenänderungen erfolgen nicht gleichmäßig. Man spricht von **Nutation in Länge**. Andererseits schwankt die Neigung der Erdachse, die Schiefe der Ekliptik, um einen Mittelwert. Die Erde nickt gleichsam. Diese Bewegung wird als **Nutation der Schiefe** bezeichnet (lat.: nutare = nicken, wanken, schwanken). Die Nutationsbewegung ist im Vergleich mit dem Öffnungswinkel des Präzessionskegels von 23,°5 recht bescheiden. Die Ellipse, die der wahre um den mittleren Pol beschreibt, ist winzig klein. Die große Halbachse mißt 9,"2, die klei-

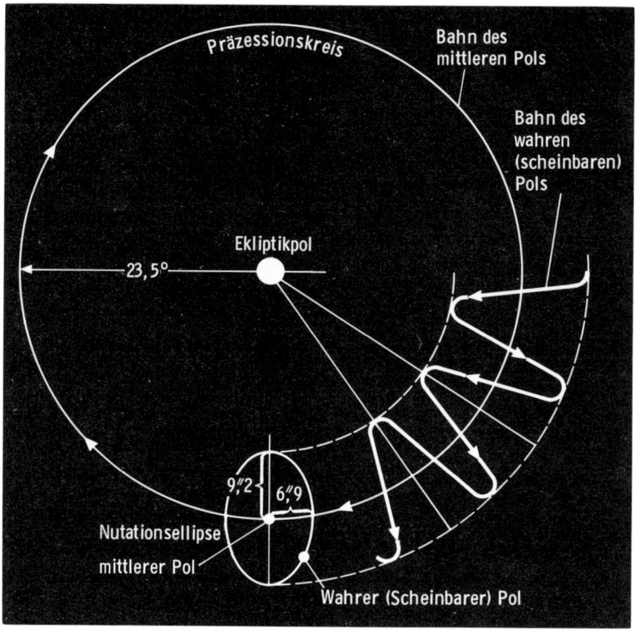

Infolge der Nutation der Erdachse beschreibt der wahre (scheinbare) Himmelspol eine kleine Ellipse („Nutationsellipse") um den mittleren Himmelspol. Da der mittlere Himmelspol den Präzessionskreis um den Ekliptikpol (Pol der Erdbahnebene) durchläuft, wandert der wahre Himmelspol in einer Schlangenlinie um den Ekliptikpol.

nere, in Richtung der Präzessionsbewegung 6″,9 (Präzession in Länge) – siehe Abb. oben. Die Nutation ruft auch ein Pendeln des **wahren Frühlingspunktes** um den **mittleren** hervor. Dadurch verändern sich periodisch die wahren ekliptikalen Längen der Gestirne gegenüber den Mittelwerten. Der wahre Frühlingspunkt eilt bis zu 17″,2 dem mittleren voraus oder bleibt ebenso weit zurück. Bei Positionsmessungen und Zeitbestimmungen muß der Einfluß der Nutation unbedingt berücksichtigt werden. Man unterscheidet zwischen **wahrer (scheinbarer)** und **mittlerer Sternzeit**. Die mittlere Sternzeit entspricht dem Stundenwinkel des mittleren Frühlingspunktes, die wahre dem des wahren Frühlingspunktes. Die Differenz zwischen beiden wird **Äquinoktialgleichung** genannt:

Äquinoktialgleichung = wahre Sternzeit minus mittlere Sternzeit. Die Äquinoktialgleichung kann bis gut 1,1 Sekunden betragen.

Neben dem Mondeinfluß rufen auch die Planeten, vor allem Venus und Jupiter, kleine Schwankungen der Erdachse und der Ekliptikachse hervor **(planetare Nutation)**. Zwar sind die Wirkungen der Planeten gering, aber in langen Zeiträumen werden sie deutlich: Die **Schiefe der Ekliptik** schwankt mit einer mittleren Periode von 40000 Jahren zwischen den Extremwerten von 21°55′und 24°18′. Zur Zeit beträgt die Schiefe der Ekliptik 23°26′25″und nimmt pro Jahr um 0″,47 ab. Solche Schwankungen der Ekliptikschiefe wirken sich auch auf das Klima in bestimmten Erdzonen aus, was die Theorien der Eiszeiten berücksichtigen.

Bereits HIPPARCH von Nikaia (190 – 120 v. Chr.) fiel auf, daß die Längenbestimmungen der Sterne im Tierkreis gegenüber den Beobachtungen von TIMOCHARIS, der um 290 v. Chr. einen Sternkatalog erarbeitete, also rund 150 Jahre vor HIPPARCH, alle größer ausfielen. HIPPARCH schloß daraus, daß alle Sterne in hundert Jahren rund 1° an ekliptikaler Länge zunehmen. Er nannte diese Erscheinung Präzession (lat.: praecedere = voranschreiten). Die Sterne schreiten scheinbar langsam aber stetig vom Frühlingspunkt weg. Tatsächlich bewegt sich der Frühlingspunkt rückläufig durch den Tierkreis. Die physikalische Ursa-

Präzession in Zahlen

Jährliche allgemeine Präzession

in ekliptikaler Länge	$50''{,}27$
davon	
Lunisolarpräzession	$50''{,}37$
Planetare Präzession	$-0''{,}12$
Geodätische (relativistische) Präzession	$0''{,}02$
Mittlere Präzessionsperiode *(Platonisches Jahr)*	25780 Jahre

Schiefe der Ekliptik (J 2000,0: $\varepsilon = 23°26'21''{,}4$
Extremwerte (21°55'/24°18')

Nutationskonstanten:
$\Delta\varepsilon = +9''{,}20$ / $\Delta\lambda = -17''{,}20$
$\Delta\varepsilon$: Differenz zwischen wahrer und mittlerer Ekliptikschiefe
$\Delta\lambda$: Ekliptikale Längendifferenz wahrer minus mittlerer Frühlingspunkt

Geometrische Abplattung der Erde	1 : 298
Dynamische Abplattung der Erde (aus Präzession abgeleitet)	1 : 305

Standardepochen („Äquinoktien"):

J 1900,0 = 1900 Januar 0, 12^h E.T.
= JD 2415020,0
J 2000,0 = 2000 Januar 1, 12^h T.D.
= JD 2451545,0
J 2000,0 – J 1900,0 = 1 Julianisches Jahrhundert = 36 525 Tage
J 1950,0 = 1950 Januar 1, 0^h E.T.
= JD 2433282,5
B 1900,0 = JD 2415020,31
B 1950,0 = JD 2433282,42
B 2000,0 = JD 2451544,53

Anmerkung: Da 1900 kein Schaltjahr war, ist der Julianische Jahresbeginn für J 2000,0 auf den 1. Januar 2000 festgelegt, damit die Zeitdifferenz zwischen beiden Äquinoktien ein volles Julianisches Jahrhundert beträgt.

Präzession von 1950.0 auf 2000.0

Präzession in Rektaszension

Rekt. / Dekl.	6^h 6^h	7^h 5^h	8^h 4^h	9^h 3^h	10^h 2^h	11^h 1^h	12^h 0^h	13^h 23^h	14^h 22^h	15^h 21^h	16^h 20^h	17^h 19^h	18^h 18^h
+ 80°	$8^m{,}9$	$8^m{,}7$	$8^m{,}0$	$7^m{,}0$	$5^m{,}7$	$4^m{,}2$	$2^m{,}6$	$0^m{,}9$	$-0^m{,}6$	$-1^m{,}9$	$-2^m{,}9$	$-3^m{,}5$	$-3^m{,}7$
+ 70°	$5^m{,}6$	$5^m{,}5$	$5^m{,}2$	$4^m{,}7$	$4^m{,}1$	$3^m{,}4$	$2^m{,}6$	$1^m{,}8$	$1^m{,}0$	$0^m{,}4$	$-0^m{,}1$	$-0^m{,}4$	$-0^m{,}5$
+ 60°	$4^m{,}5$	$4^m{,}4$	$4^m{,}2$	$3^m{,}9$	$3^m{,}5$	$3^m{,}1$	$2^m{,}6$	$2^m{,}1$	$1^m{,}6$	$1^m{,}2$	$0^m{,}9$	$0^m{,}7$	$0^m{,}6$
+ 50°	$3^m{,}9$	$3^m{,}8$	$3^m{,}7$	$3^m{,}5$	$3^m{,}2$	$2^m{,}9$	$2^m{,}6$	$2^m{,}2$	$1^m{,}9$	$1^m{,}6$	$1^m{,}4$	$1^m{,}3$	$1^m{,}2$
+ 40°	$3^m{,}5$	$3^m{,}5$	$3^m{,}4$	$3^m{,}2$	$3^m{,}0$	$2^m{,}8$	$2^m{,}6$	$2^m{,}3$	$2^m{,}1$	$1^m{,}9$	$1^m{,}8$	$1^m{,}7$	$1^m{,}6$
+ 30°	$3^m{,}2$	$3^m{,}2$	$3^m{,}1$	$3^m{,}0$	$2^m{,}9$	$2^m{,}7$	$2^m{,}6$	$2^m{,}4$	$2^m{,}2$	$2^m{,}1$	$2^m{,}0$	$1^m{,}9$	$1^m{,}9$
+ 20°	$3^m{,}0$	$3^m{,}0$	$2^m{,}9$	$2^m{,}8$	$2^m{,}8$	$2^m{,}7$	$2^m{,}6$	$2^m{,}5$	$2^m{,}4$	$2^m{,}3$	$2^m{,}2$	$2^m{,}2$	$2^m{,}2$
+ 10°	$2^m{,}8$	$2^m{,}8$	$2^m{,}7$	$2^m{,}7$	$2^m{,}7$	$2^m{,}6$	$2^m{,}6$	$2^m{,}5$	$2^m{,}5$	$2^m{,}4$	$2^m{,}4$	$2^m{,}4$	$2^m{,}4$
0°	$2^m{,}6$	$2^m{,}6$	$2^m{,}6$	$2^m{,}6$	$2^m{,}6$	$2^m{,}6$	$2^m{,}6$	$2^m{,}6$	$2^m{,}6$	$2^m{,}6$	$2^m{,}6$	$2^m{,}6$	$2^m{,}6$
− 10°	$2^m{,}4$	$2^m{,}4$	$2^m{,}4$	$2^m{,}4$	$2^m{,}5$	$2^m{,}5$	$2^m{,}6$	$2^m{,}6$	$2^m{,}7$	$2^m{,}7$	$2^m{,}7$	$2^m{,}8$	$2^m{,}8$
− 20°	$2^m{,}2$	$2^m{,}2$	$2^m{,}2$	$2^m{,}3$	$2^m{,}4$	$2^m{,}5$	$2^m{,}6$	$2^m{,}7$	$2^m{,}8$	$2^m{,}8$	$2^m{,}9$	$3^m{,}0$	$3^m{,}0$
− 30°	$1^m{,}9$	$1^m{,}9$	$2^m{,}0$	$2^m{,}1$	$2^m{,}2$	$2^m{,}4$	$2^m{,}6$	$2^m{,}7$	$2^m{,}9$	$3^m{,}0$	$3^m{,}1$	$3^m{,}2$	$3^m{,}2$

Präzession in Deklination (nur abhängig von der Rektaszension)

0^h 24^h	1^h 23^h	2^h 22^h	3^h 21^h	4^h 20^h	5^h 19^h	6^h 18^h	7^h 17^h	8^h 16^h	9^h 15^h	10^h 14^h	11^h 13^h	12^h 12^h
17'	16'	14'	12'	8'	4'	0'	−4'	−8'	−12'	−14'	−16'	−17'
$0^\circ{,}28$	$0^\circ{,}27$	$0^\circ{,}24$	$0^\circ{,}20$	$0^\circ{,}14$	$0^\circ{,}07$	0°	$-0^\circ{,}07$	$-0^\circ{,}14$	$-0^\circ{,}20$	$-0^\circ{,}24$	$-0^\circ{,}27$	$-0^\circ{,}28$

Beispiel für Regulus: Die Koordinaten im Äquinoktium 1950.0 lauten $10^h05^m{,}7$ und $+\ 12^\circ{,}21$. Aus obiger Tabelle lesen wir unter 10^h (Zeile + 10°) ab: $+2^m{,}7$ und $-0^\circ{,}24$. Also lauten die Koordinaten: 2000.0 : $10^h08^m{,}4$ und $+\ 11^\circ{,}97$.

59

che der Präzession fand erst Isaac NEWTON.
Die Nutation wurde von James BRADLEY im Jahre 1747 entdeckt. Die physikalisch richtige Erklärung für die Ursache der Nutation gab erstmals Jean-Baptiste D'ALEMBERT (1717–1783). Aus der D'ALEMBERTschen Theorie der Nutation leitete Simon NEWCOMB (1835–1909) das Massenverhältnis Erde : Mond zu 80,6 : 1 ab. Daraus ergibt sich auch eine Abplattung der Erde von 1/305 (dynamische Abplattung), während aus einer Vermessung der Form der Erdkugel eine Abplattung von 1/298 (geometrische Abplattung) folgt.
Durch die Variation des Frühlingspunktes infolge Präzession und Nutation muß bei allen Koordinaten vermerkt werden, für welches Äquinoktium sie gelten.
Unter **„Äquinoktium“** versteht man die Lage des Frühlingspunktes zu einem bestimmten Zeitpunkt. **Aktuelles Äquinoktium** versteht sich immer auf das laufende Datum. Werden beispielsweise Planetenkoordinaten für den Tag X angegeben, so gilt bei aktuellem Äquinoktium die Lage des Frühlingspunktes für den gleichen Tag X. Da man aber nicht Sternkarten für jeden Tag oder jedes Jahr mit einem neuen Koordinatennetz ausstatten kann, bezieht man sich auf bestimmte **Standardäquinoktien.** 1950.0 bedeutet Lage des Frühlingspunktes („Äquinoktium“) am 1. Januar 1950. Um die Position von lichtschwachen Planeten oder Planetoiden richtig in Sternkarten eintragen zu können, muß man ihre Koordinaten auf das jeweils gültige Äquinoktium (also das der Sternkarte) umrechnen. Moderne Sternkarten beziehen ihr Koordinatennetz meist auf 2000.0 als Äquinoktium.
Seit 1984 unterscheidet man noch zwischen J- und B-Äquinoktium (z. B. J2000.0 und B2000.0). Die J-Äquinoktien beziehen sich jeweils auf den Julianischen Jahresbeginn (1. Januar 2000, 12^h T. D.), die B-Äquinoktien auf den BESSELschen Jahresbeginn (Sonnenlänge = 280°, also 18^h40^m Rektaszension). Zwischen beiden Äquinoktien liegt die Zeitdifferenz des **Dies Reductus.** Die Differenz zwischen beiden Äquinoktientypen ist für das gleiche Jahr stets kleiner als $0\overset{''}{.}1$ und kann somit meist vernachlässigt werden.

CHANDLERsche Polschwankung

Die Lage der Erdachse innerhalb des Erdkörpers unterliegt kleinen Schwankungen: Die Pole der Erde bewegen sich innerhalb eines Gebietes von etwa zehn Meter Radius in etwa

Magnetfeldstärke

1 TESLA (T) = 1 N/Am = 1 Vs/m^2

Ein TESLA (T) hat ein Magnetfeld, das auf einen Leiter von 1 Meter (m) Länge, der von einem Strom von 1 Ampère (A) Stärke durchflossen wird, die Kraft von 1 Newton (N) ausübt.

TESLA ist die SI-Einheit für die Magnetfeldstärke.
GAUSS (G) ist die CGS-Einheit für die Magnetfeldstärke.

$1\ T = 10^4\ G$
$1\ G = 10^{-4}\ T$

Geophysik: 1 Gamma (γ) $\begin{cases} = 10^{-9}\ T \\ = 10^{-5}\ G \end{cases}$

Nikola TESLA (1856–1943)
Carl Friedrich GAUSS (1777–1855)

Magnetfelder

Erde: 20×10^{-6} T ≙ 0,2 G
Gr. Hufeisenmagnet: 1 mT ≙ 10 G
Sonnenfleck: bis 0,4 T ≙ 4000 G
Neutronenstern: 100 MT
Interstellarer Raum: 100 pT – 10 μT

kreisförmigen Bahnen mit einer mittleren Periode von 430 Tagen. Dadurch verändert sich die geographische Breite ständig um einen Betrag bis 0,"3 **(Polhöhenschwankung)**. Nach Seth Carlo CHANDLER (1846–1913) handelt es sich um Resonanzeffekte des nicht starren (elastischen) Erdkörpers. Bei genauen Orts- und Zeitbestimmungen muß diese CHANDLERsche Bewegung berücksichtigt werden, die vom Internationalen Breitendienst genau verfolgt wird.

Magnetfeld der Erde

Die Erde verfügt über ein globales, allerdings recht schwaches Magnetfeld mit einer maximalen Feldstärke von etwa einem halben Gauß (= 0,5 $\times 10^{-4}$ Tesla). In erster Näherung kann das Erdmagnetfeld als **Dipolfeld** angesehen werden. Die geographischen Orte der Magnetpole sind:

	Länge	Breite
Geomagnetischer **Süd**pol:	70° West	79° **Nord**
Geomagentischer **Nord**pol:	110° West	79° **Süd**

Stärke und Lage des Magnetfeldes sind ständigen Änderungen unterworfen. Aufgebaut wird das globale magnetische Feld durch elektrische Ströme im Erdinneren. Das Dipolfeld der Erde bewirkt auch die Erscheinung der Polarlichter (Bremsstrahlung der elektrisch geladenen Partikel des Sonnenwindes).

Der Erdkörper (Geoid)

Äquatorradius (a)	6378,137 km
Polradius (b)	6356,752 km
Mittlerer Radius (r = [a + a + b]/3)	6371,009 km
Abplattung (a − b)/a	1:298,25
Äquatorumfang	40075 km
Mittlerer Erdumfang	40030 km
Polumfang (Meridianellipse)	40008 km
Länge eines Äquatorgrades	111,319 km
Mittlere Länge eines Meridiangrades	111,133 km

Oberfläche	510,1 Millionen km^2
Landfläche	148,9 Millionen km^2 (= 29,2%)
Meere	361,2 Millionen km^2 (= 70,8%)
Volumen	1083 Milliarden km^3 = $1{,}083 \times 10^{12}$ km^3
Masse	5973 Trillionen Tonnen = $5{,}973 \times 10^{24}$ kg
Mittlere Dichte	5,515 g/cm^3
Gravitative Fallbeschleunigung	
am Äquator	9,780 m/s^2
in 45° geographischer Breite	9,806 m/s^2
am Pol	9,832 m/s^2
Mittlere Magnetfeldstärke (horizontale Komponente)	
am geomagnetischen Äquator	$0{,}31 \times 10^{-4}$ Tesla (= 0,31 Gauß)
Mittlere Oberflächentemperatur	14,3 °C
Alter der Erde	4,6 Milliarden Jahre

Der Mond der Erde

Die Erde besitzt einen einzigen natürlichen Satelliten, den man schlicht als Mond bezeichnet. Außer Merkur und Venus werden auch die anderen Planeten von Satelliten umrundet, die man ebenfalls als Monde bezeichnet. Die Erde wird bei ihrem Lauf um die Sonne vom Mond begleitet. Genaugenommen beschreibt nicht der Erdmittelpunkt, das Geozentrum, sondern der Schwerpunkt des Systems Erde – Mond, das **Baryzentrum**, eine KEPLERsche Ellipse um die Sonne. Wegen der geringen Mondmasse, die nur $\frac{1}{81}$ der Erdmasse beträgt, liegt das Baryzentrum dabei stets innerhalb der Erdkugel, im Mittel rund 1700 km unter dem sublunaren Punkt auf der Erdoberfläche. Im sublunaren Punkt steht der Mond im Zenit des Beobachters.

Der Mond wandert in einer elliptischen Bahn gemäß dem 1. KEPLERschen Gesetz um die Erde. Die mittlere Entfernung des Mondes von der Erde beträgt 384401 km, die größte 406700 km (**Apogäum** oder Erdferne), die kleinste 356500 km (**Perigäum** oder Erdnähe).

Der Mond beschreibt bei seinem Lauf um die Sonne keine Schlangenlinie; durch das kleine Abstandsverhältnis Mond – Erde zu Erde – Sonne von etwa $\frac{1}{400}$ ist die Mondbahn um die Sonne eine permanent konkave Kurve. Ihre hohle Seite ist stets zur Sonne gerichtet, nur die Bahnkrümmung variiert ein wenig. In Neumondposition ist sie am geringsten, bei Vollmond am größten (siehe Abb. unten).

Die Mondbahn ist rund 5° zur Ekliptik geneigt. Die beiden Schnittpunkte der Mondbahn mit der Ekliptik heißen aufsteigender und absteigender **Knoten.** Sie werden auch Drachenpunkte genannt. Die alten Chinesen glaubten einst, bei Sonnen- oder Mondfinsternissen würde ein schrecklicher Drache die große oder die kleine Himmelsleuchte zu verschlingen versuchen. Sie wußten bereits, daß es nur zu Finsternissen kommen kann, wenn der Neu- bzw. der Vollmond in oder nahe einem seiner Knoten steht.

Der Zeitraum zwischen zwei Passagen des Mondes an einem ekliptiknahen Stern heißt **siderischer Monat.** Er dauert knapp 27 Tage und 8 Stunden (genaue Zahlenwerte siehe Tabelle Mondlauf, Seite 71). Unser Kalender richtet sich jedoch nach dem synodischen Monat, der zwei Tage und fünf Stunden länger ist als ein siderischer. Ein **synodischer Monat** ist die Zeitspanne zwischen zwei aufeinanderfolgenden gleichen Mondphasen, also von Neumond zu Neumond oder Vollmond zu Vollmond. Wenn der Mond einmal die Erde umrundet hat, von uns aus betrachtet wieder beim gleichen Stern steht wie vor einem siderischen Monat, dann ist die Sonne um rund 27° in der Ekliptik nach Osten weitergewandert. Um dieses Stück muß der Mond noch weiterlaufen, um wieder in Neumond- (oder Vollmond-)stellung zu kommen. Da er im Mittel

Erde und Mond laufen gemeinsam um die Sonne – die Mondbahn ist stets „von der Sonne weg“ gewölbt.

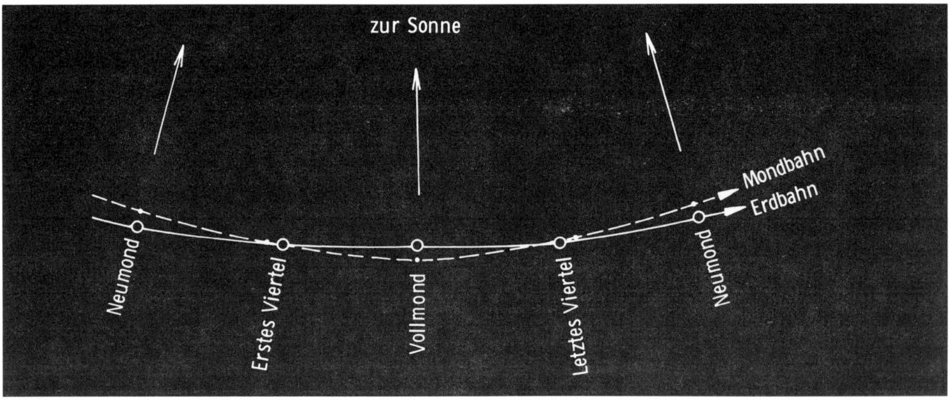

Ein siderischer Monat ist um zwei Tage und fünf Stunden kürzer als ein synodischer, da der Mond ein längeres Wegstück zurücklegen muß, um wieder von der Erde aus in Richtung Sonne zu stehen (Neumondposition).

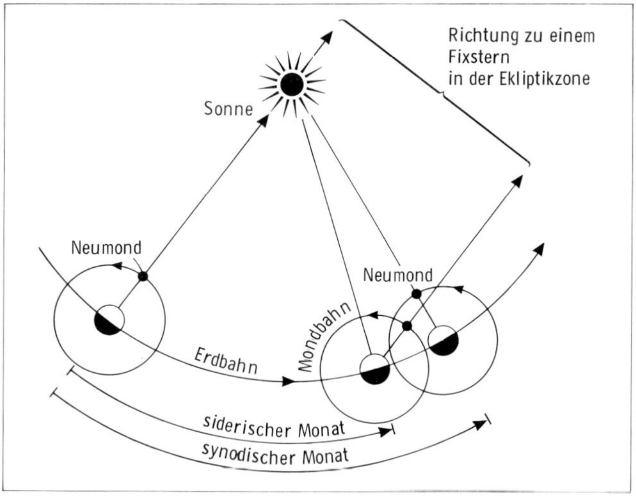

pro Tag knapp 13° unter den Sternen nach Osten vorrückt, so dauert ein synodischer Monat mehr als zwei Tage länger als ein siderischer (siehe Abb. oben).

Zwischen zwei Durchgängen des Mondes durch den Frühlingspunkt vergeht ein **tropischer Monat.** Er ist knapp sieben Sekunden kürzer als ein siderischer, da der Frühlingspunkt infolge der Präzession dem Mond in einem Monat um vier Bogensekunden entgegenkommt.

Die Mondknoten (Drachenpunkte) bewegen sich ebenfalls rückläufig durch den Tierkreis und zwar pro Jahr um 19⅓°. Die Zeit zwischen zwei aufeinanderfolgenden Passagen des Mondes durch den aufsteigenden Knoten wird **drakonitischer Monat** genannt und dauert gut 27 Tage und 5 Stunden. Ein drakonitischer Monat ist somit gut 2½ Stunden kürzer als ein tropischer. Der drakonitische Monat ist der kürzeste, der synodische der längste Monat. Der volle Knotenrücklauf durch die Ekliptik dauert 18,6 Jahre. Nach dieser Zeit fällt der aufsteigende Knoten wieder mit dem Frühlingspunkt zusammen, was extreme Monddeklinationen bedingt ($+28\overset{\circ}{,}6$ und $-28\overset{\circ}{,}6$), da sich die Schiefe der Ekliptik zur Mondbahnneigung addiert. Nach 9,3 Jahren liegt dann der absteigende Knoten im Frühlingspunkt, die Mondbahnneigung ist von der Schiefe der Ekliptik zu subtrahieren, die Monddeklinationen schwanken dann bei einem (siderischen) Umlauf zwischen $+18\overset{\circ}{,}2$ und $-18\overset{\circ}{,}2$.

Auch die **Apsiden** (Perigäum und Apogäum, also Erdnähe und Erdferne) bewegen sich in der Ekliptik. Eine volle Rotation der Apsidenlinie (Verbindungslinie Perigäum – Apogäum) dauert etwa 8 Jahre und 10 Monate. Zwischen zwei aufeinanderfolgenden Perigäums-Passagen des Mondes vergehen 27 Tage und 13¼ Stunden. Dieser Zeitraum wird **anomalistischer Monat** genannt. Er ist 5½ Stunden länger als ein tropischer Monat.

Die Angaben über die Länge der einzelnen Monate sind Mittelwerte. Die tatsächlichen („wahren") Monatslängen weichen oft erheblich davon ab. Die genaue Kalkulation der Mondbewegung ist aufwendig. Denn das Zwei-Körper-System Erde – Mond wird erheblich durch einen dritten Körper, nämlich die Sonne beeinflußt. Aber auch die Planeten rufen Störungen der Mondbahn hervor. Diese Störungen führen zu Ungleichförmigkeiten in der Mondbewegung.

Sie werden bei genauer Kalkulation des Mondlaufes durch Störterme (bzw. Störglieder) berücksichtigt. Die Zahl der Störterme geht in die Hunderte. Dabei ist zwischen periodischen Termen und säkularen zu unterscheiden. Bei den periodischen Termen wird beispielsweise die Mondbahnneigung um einen mittleren Wert schwanken. Die säkularen

Terme summieren sich im Laufe der Jahrhunderte zu beträchtlichen Abweichungen auf.
Die größten Abweichungen der echten Mondbewegung von einer fiktiven, gleichförmig ablaufenden Mondbewegung werden „Gleichungen“ oder auch „Ungleichheiten“ genannt. Schon Claudios PTOLEMAIOS (75–160 n. Chr.) erwähnt die Große Ungleichheit, auch als **Mittelpunktsgleichung** bekannt. Sie bewirkt ein Schwanken der ekliptikalen Mondlänge um 6°17′gegenüber einem gleichförmig laufenden Mond. Die Große Ungleichheit ist keine eigentliche Störung im Sinne der Himmelsmechanik. Sie tritt auf, weil der Mond nicht in einer Kreis- sondern Ellipsenbahn die Erde umrundet und dabei im Perigäum die größte Geschwindigkeit erreicht. Die Große Ungleichheit wird somit nicht durch Sonnen- oder Planetenstörung hervorgerufen.
Die fünf Hauptstörungen der Mondbewegung sind die **Evektion**, die **Variation**, die **Jährliche** und die **Parallaktische Gleichung** sowie die **Säkulare Akzeleration**. Ihre Amplituden sind in der Tabelle Daten zum Mondlauf vermerkt.
Schon die ältesten Kulturvölker schenkten den Mondphasen (Lichtgestalten) große Aufmerksamkeit und nutzten sie zur Zeiteinteilung. Die Entstehung der Mondphasen sollte im High-Tech-Zeitalter eigentlich jedem geläufig sein. Dennoch gibt es immer noch Zeitgenossen, die meinen, bei Halbmond fiele der Erdschatten auf den Mond und verfinstere die eine Hälfte. Erde und Mond werden von den parallel einfallenden Sonnenstrahlen beleuchtet. Jeweils eine Halbkugel glänzt in reflektiertem Sonnenlicht, die andere bleibt im Eigenschatten dunkel. Der Mondglobus ist also stets zur Hälfte beleuchtet.
Die von der Erde aus sichtbaren Lichtgestalten entstehen durch Änderung des Phasenwinkels. Der Phasenwinkel gibt die Distanz von Sonne und Mond in Winkelgraden am irdischen Firmament an. Bei Neumond stehen Sonne und Mond beieinander, der Phasenwinkel ist 0°, der Mond kehrt die unbeleuchtete Seite uns zu – man sieht ihn nicht (außer in den seltenen Fällen einer Sonnenfinsternis, wenn er die Sonne teilweise oder völlig abdeckt). Hat der Mond ein Viertel seiner Bahn zurückgelegt, so bilden Sonne – Erde – Mond einen rechten Winkel, wir sehen den zunehmenden Halbmond (Erstes Viertel) am Abendhimmel (Phasenwinkel = 90°). Nachdem der Mond die Hälfte seiner Bahn zurückgelegt hat, steht er der Sonne genau gegenüber (Phasenwinkel = 180°), und man sieht die voll beleuchtete Scheibe. Der Vollmond ist die ganze Nacht über sichtbar.
Nachdem der Mond dreiviertel seiner Bahn durchlaufen hat, steht er im „Letzten Viertel“, der Phasenwinkel mißt 270°, man sieht den abnehmenden Halbmond am Morgenhimmel. Nach Beendigung des letzten Bahnviertels steht er wieder in Neumondposition und kehrt uns die unbeleuchtete Seite zu (Phasenwinkel: 360° = 0°).
Bereits mit bloßen Augen sind helle und dunkle Gebiete auf dem Erdtrabanten auszumachen, man erkennt das berühmte „Mondgesicht“. Dabei fällt auf, daß der Mond stets die gleiche Seite der Erde zukehrt. Dies kommt daher, weil ein Umlauf des Mondes um die Erde in der gleichen Zeit erfolgt wie eine Umdrehung des Mondglobus um die eigene Achse, kurz: Mondrevolution und Mondrotation sind gleich lang **(gebundene Rotation)**. Durch die Erscheinung der **Libration** sind jedoch von der Erde aus mehr als fünfzig Prozent, nämlich 59 % der Mondoberfläche zu sehen, nur 41 % bleiben permanent auf seiner Rückseite für uns verborgen.
Die Rotation des Mondes erfolgt mit gleichförmiger Winkelgeschwindigkeit, während die Geschwindigkeit in seiner Ellipsenbahn gemäß dem 2. KEPLERschen Gesetz variiert. In der Nähe des Apogäums ist die Rotationsrate (Winkelgeschwindigkeit) größer als die der Umlaufbewegung. So sieht man ein wenig über den Ostrand hinaus. Nahe dem Perigäum ist die Winkelgeschwindigkeit der Rotation kleiner als die der Umlaufsbewegung, man sieht etwas mehr von der westlichen Hemisphäre des Mondes. Dieses Phänomen wird **Libration in Länge** genannt; nahezu 8° beträgt der Bereich, über den man am West- oder Ostrand des Mondes hinaussehen kann.
Da die Rotationsachse des Mondes rund 6°,5 zur Senkrechten auf seiner Bahnebene geneigt ist, kehrt er uns einmal die Nord-, dann wieder seine Südhalbkugel ein wenig zu, so daß man einmal über die Nordkalotte, dann wieder über die Südkalotte sieht. Diese Erscheinung wird **Libration in Breite** genannt. Hinzu kommt noch die **parallaktische Libra-**

tion, die die Tatsache berücksichtigt, daß man nicht vom Erdmittelpunkt aus, sondern von verschiedenen Orten auf der Oberfläche den Mond betrachtet und daher unterschiedliche Blickwinkel hat.

Schon in einem guten Fernglas oder kleinen Teleskop mit geringer Vergrößerung erscheint die Mondkugel plastisch als dreidimensionaler Körper. Zahlreiche Details werden sichtbar: Dunkle Flächen („Mondmeere“, lat.: maria, Einzahl: mare) und helle Gebiete, die Gebirgszonen und kraterbedeckten Areale (lat.: terrae, also „Kontinente“). Auf dem Mond gibt es freilich kein Wasser, die Mondmeere sind lavagefüllte Tiefebenen. Besonders auffällig sind die zahlreichen Rundformen, die Krater und Ringwälle, allesamt Spuren kosmischer Kollisionen. Am besten sind die Mondformationen in der Nähe des Terminators (Lichtgrenze) zu sehen, da durch das flach einfallende Sonnenlicht selbst kleine Erhebungen lange, tiefschwarze Schlagschatten werfen. Wegen der fehlenden Atmosphäre auf dem Mond erscheinen alle Schatten scharf begrenzt.

Bei der Orientierung gilt es zwischen astronomischer (klassischer) und astronautischer (moderner) Bezeichnungsweise zu unterscheiden. Bei der alten, klassischen Bezeichnungsweise ist der bei der täglichen Himmelsdrehung vorangehende Mondrand der Westrand, der folgende der Ostrand. Das Mare Crisium liegt nach dieser Betrachtungsweise im Westen, der Oceanus Procellarum im Osten. Nach der neueren, modernen Bezeichnung ist Osten dort, wo für einen Astronauten auf dem Mond die Sonne aufgeht. Danach liegt das Mare Crisium im Osten, der Oceanus Procellarum im Westen. Nach Empfehlung der IAU (International Astronomical Union) soll nur noch die neuere Version benutzt werden. Viele Mondkarten sind noch klassisch beschriftet.

Nord und Süd sind eindeutig wie auf der Erde festgelegt. Von der Nordhalbkugel der Erde betrachtet ist in Meridiannähe der obere Mondrand der Nordrand, der Südpol ist am unteren Mondrand zu finden.

Für die Festlegung von Oberflächendetails werden zwei Koordinatensysteme benützt: **Selenozentrische Koordinaten** mit selenographischer Länge (λ) und selenographischer Breite (β). Sie entsprechen analog geographischer

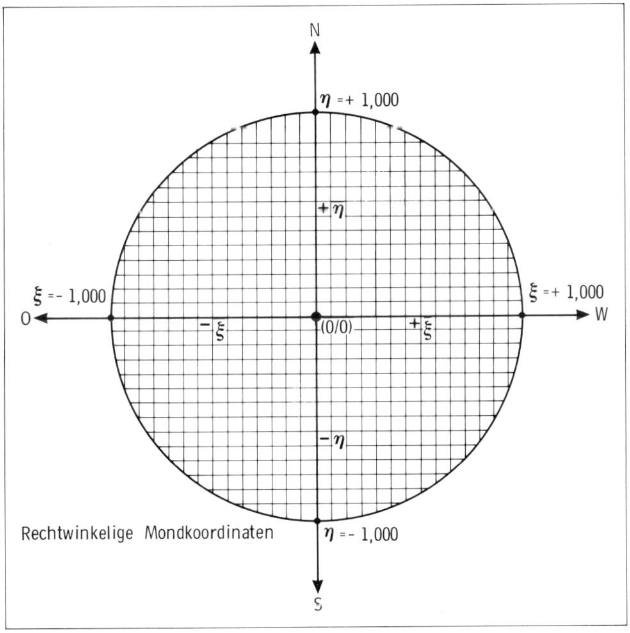

Das System der rechtwinkligen, orthographischen Mondkoordinaten

Das System Erde – Mond

	Erde	Mond	Mond/Erde
Äquatorradius	6378 km	1738 km	0,272
Abplattung	1/297	1/1700	0,17
Volumen	$1{,}086 \times 10^{12}$ km^3	$2{,}199 \times 10^{10}$ km^3	0,020
Masse	$5{,}977 \times 10^{27}$ g	$7{,}350 \times 10^{25}$ g	1/81,3 (0,012)
Mittlere Dichte	5,52 g/cm^3	3,3 g/cm^3	0,6
Oberflächenbeschleunigung	9,81 m/s^2	1,63 m/s^2	0,166
Entweichgeschwindigkeit	11,18 km/s	2,38 km/s	0,213
Kreisbahngeschwindigkeit in 200 km Höhe	7784 m/s	1591 m/s	0,204
Umlaufzeit in 200 km Höhe	88,4 min	127,2 min	–
Sterntag	$23^h56^s\!.09$	$27^d7^h43^m$	–
Sonnentag	24^h00^m	$29^d12^h44^m$	–
Neigung der Rotationsachse zur Ekliptik	23°26′	1°31′	–
Atmosphärendruck an der Oberfläche	1013 Hektopascal	10^{-8} Hektopascal	10^{-11}
Mittlere Albedo (Rückstrahlfähigkeit)	$0{,}5 \pm 0{,}1$	0,07	–
Temperaturen (max./min.)	$+60/-60$ °C (Luft)	$+120/-130$ °C (Boden)	
Magnetfeld (Äquator)	31×10^{-6} Tesla	$\sim 10^{-9}$ Tesla	
Wärmefluß aus dem Inneren	8,4 Mikrowatt/cm^2	2,7 Mikrowatt/cm^2	0,32

Länge und Breite auf der Erde und beziehen sich auf den Mondmittelpunkt.
Für die Mondbeobachtung sind jedoch die **orthographischen, rechtwinkeligen Mondkoordinaten** nützlicher (siehe Abb. S. 65). Sie haben ihren Ursprung ($\xi = 0$, $\eta = 0$) im Scheibenmittelpunkt und nicht im Mondzentrum.
Sie sind ferner auf 1 normiert. Der westliche Randpunkt der Mondscheibe hat die Werte $\xi = -1{,}0000$ / $\eta = 0{,}000$, der nördliche $\xi = 0{,}000$ / η $+1{,}000$, der östliche $\xi = -1{,}000$ / $\eta = 0{,}000$ und der südliche $\xi = 0{,}000$ / $\eta = -1{,}000$.
Setzt man den Mondradius gleich 1, dann gilt:

$$\xi = \sin\lambda \cdot \cos\beta \quad \text{und} \quad \eta = \sin\beta$$

Der selenozentrische Winkel von 1° entspricht auf der Mondoberfläche einer linearen Distanz von 30 Kilometer (auf der Erde etwa 111 Kilometer). Eine Bogensekunde entspricht bei mittlerer Mondentfernung in der Scheibenmitte einer Strecke von 1,9 Kilometern. Zum Rand hin dehnt sich die lineare Distanz der Radialkomponente pro Bogensekunde. Eine Bogensekunde entspricht dann einer Entfernung von 1,9 Kilometer dividiert durch cos z, wenn z der selenozentrische Winkel zwischen Scheibenmittelpunkt und anvisiertem Objekt ist. Auf diese Weise läßt sich auch relativ einfach die Höhe einer Mondformation aus ihrer gemessenen Schattenlänge bestimmen, da der Sonneneinfallswinkel (Sonnenhöhe am Ort der Formation) aus Datum und Uhrzeit der Beobachtung errechnet werden kann.

Gezeiten

Die Schwerkraftwirkung des Mondes auf die Erde ist hauptverantwortlich für das Auftreten von Ebbe und Flut, den sogenannten Gezeiten oder Tiden. Der Mond erzeugt dabei zwei Flutberge, einen auf der dem Mond zugekehrten Erdhälfte und einen auf der mondabgewandten Seite. Die Verhältnisse werden aus der Abb. rechts oben deutlich. Erde und Mond laufen um den gemeinsamen Schwerpunkt S, der

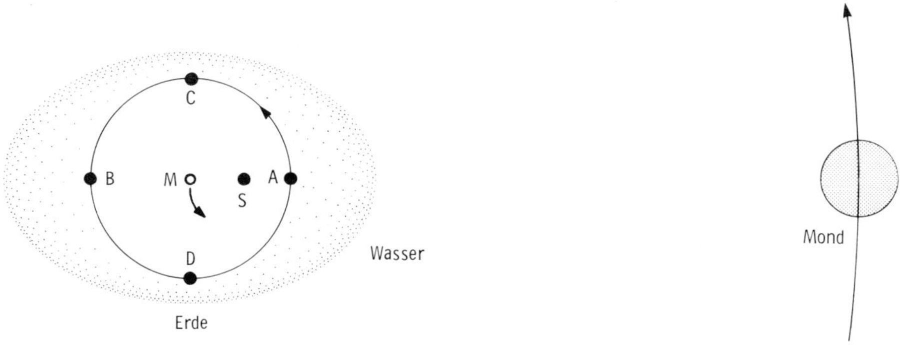

Die Entstehung von Ebbe und Flut. Erläuterungen siehe Text.

nicht mit dem Erdmittelpunkt M identisch ist, sondern die Strecke Erdmittelpunkt – Mond im Verhältnis 1 : 81 teilt. Der Schwerpunkt liegt dabei noch innerhalb des Erdkörpers und zwar rund 1700 Kilometer unter der Oberfläche. Die **Gezeitenbeschleunigung** b ist von der dritten Potenz der Mondentfernung r abhängig:

$$b = 2 \cdot G \cdot R \cdot m/r^3$$

(G – Gravitationskonstante, R – Erdradius, m – Mondmasse).

Im Punkt A auf der mondzugekehrten Erdhälfte ist somit die Anziehungskraft größer als im Erdmittelpunkt M. Im Punkt B auf der dem Mond gegenüberliegenden Seite wieder ist die Mondanziehung geringer als im Erdmittelpunkt; B ist schließlich am weitesten vom Mond entfernt. Durch die Massenträgheit bleibt dort das Wasser gewissermaßen zurück und bildet den zweiten Flutberg. Zwei Kräfte wirken auf die Wassermassen: Mondanziehung und Fliehkraft aus der Umlaufbewegung um den gemeinsamen Schwerpunkt. Die Resultierende beider Kräfte erzeugt im Punkt B einen vom Mond weggerichteten Flutberg. Genaugenommen hebt der Mond nicht die Wassermassen an, sondern bewegt sie tangential zur Erdoberfläche: Er zieht das Wasser von den Punkten C und D weg, wobei es sich in A auftürmt; in B hingegen bleibt es wegen der geringeren Mondanziehung zurück.

Die Rotation der Erde bewirkt die Wanderung der Flutberge um die Erde. Die Erde dreht sich gleichsam in 24 Stunden unter den beiden Flutbergen hindurch. Da der Mond in der gleichen Richtung wie die Erdrotation wandert und dabei die Flutberge mitzieht, ist der Rhythmus etwas länger als ein Tag, nämlich im Mittel $24^h50^m28^s$. Da zwei Flutberge die Erde umrunden, so ist alle 12^h25^m mit dem Eintreffen von Hochwasser zu rechnen. Die Zeit von 12^h25^m wird eine **Tide** genannt.

In der Realität werden die Flutberge durch Kontinente abgelenkt und gebremst, so daß sich komplizierte Gezeitenströmungen ergeben. Bei der Kalkulation von Ebbe und Flut für einen bestimmten Küstenort sind einige hundert Faktoren zu berücksichtigen. Dabei kommt es zu Verspätungen: Der Flutberg trifft nicht mit der Mondkulmination ein, sondern verzögert. Die Zeitdifferenz zwischen Mondkulmination und Hochwasser wird **Hafenzeit** oder Mondflutintervall genannt. Sie ist lokal verschieden.

Auf dem freien Ozean beträgt der Tidenhub (Höhe des Flutberges, Differenz zwischen Ebbe und Flut) im Mittel nur 35 cm. Im Mittel deshalb, weil die Höhe der Flutberge von der Mondphase abhängt. Denn auch die Sonne hat ihren Anteil an den Gezeiten. Allerdings ist ihr gravitativer Einfluß nur etwas mehr als 40 % der Mondwirkung. In Neu- oder Vollmondposition addieren sich die Gezeitenbeschleunigungen von Sonne und Mond, es kommt zu **Springfluten**. In den Halbmondstellungen heben sich die Gezeitenwirkungen von Sonne und Mond teilweise auf, eine **Nippflut** ist die Folge.

Die Flutberge wirken wie Bremsbacken auf die rotierende Erde. Die **Gezeitenreibung** ver-

langsamt tatsächlich die Umdrehungsgeschwindigkeit der Erde. Die Tageslänge nimmt in 100000 Jahren um 1,6 Sekunden zu. Wie paläontologische Untersuchungen ergaben, betrug die Tageslänge vor 400 Millionen Jahren nur rund 22 Stunden, ein Jahr hatte damals somit 400 Tage.
Bei der Abbremsung der Erdrotation wird Drehimpuls auf den Mond übertragen, was zu einer Entfernungszunahme führt: Pro Jahr vergrößert sich die mittlere Monddistanz um vier Zentimeter.
Mond und Sonne haben auch einen Gezeiteneinfluß auf die irdische Lufthülle und auf den festen Erdboden. Die Wirkung auf die Atmosphäre ist allerdings verschwindend gering und führt nur zu einer Luftdruckschwankung von 0,1 Hektopascal (≙ Millibar). Damit wird praktisch kein Einfluß auf das Wettergeschehen ausgeübt, das von ganz anderen Faktoren gesteuert wird. Die Kontinente, die auf dem Magma des plastisch verformbaren Erdinnern schwimmen, werden durch die Gezeiten angehoben und abgesenkt. Der durch den Mond hervorgerufene Tidenhub beträgt dabei 30 Zentimeter, der Sonnenanteil etwa 15 Zentimeter. Die Addition bei Neu- oder Vollmond ergibt somit, daß sich der Boden unter unseren Füßen täglich zweimal dann um etwa 45 bis 50 Zentimeter hebt. Freilich merken wir davon nichts, da ja die gesamte Umgebung mit angehoben wird und sich uns kein Bezugspunkt bietet.

Entstehung einer Mondfinsternis. Erreicht der Mond seine Vollmondstellung und steht er gleichzeitig in der Erdbahnebene (Ekliptik), so wandert er durch den Schatten der Erde und wird verfinstert.

Sonnen- und Mondfinsternisse

Rein zufällig haben Sonne und Mond am Himmel den gleichen scheinbaren Durchmesser von einem halben Grad. Da der Mond fast in der Erdbahnebene läuft, kommt es gelegentlich zu Bedeckungen der Sonne, der Schatten des Mondes fällt auf die Erde, man spricht von einer Sonnenfinsternis. Trifft der Schatten der Erde den Mond, so ereignet sich eine Mondfinsternis.
Eine **Sonnenfinsternis** kann nur bei Neumond eintreten, eine **Mondfinsternis** nur bei Vollmond. Da die Mondbahn rund 5° zur Ekliptik geneigt ist, steht der Neumond für gewöhnlich nördlich oder südlich der Sonne und bedeckt sie nicht. Ebenso läuft der Vollmond meist nördlich oder südlich des Erdschattens vorbei und wird von ihm nicht getroffen.
Eine Sonnen- oder Mondfinsternis findet nur dann statt, wenn sich der Mond in Neu- oder Vollmondposition befindet und gleichzeitig in oder nahe einem seiner Knoten (Drachenpunkte der Mondbahn) steht.
Da 223 synodische Monate (= 6585,32 mittlere Sonnentage) fast genau gleich 242 drakonitischen Monaten (= 6585,35 mittlere Sonnentage) sind, so wiederholen sich in diesem Zeitraum die relativen Positionen der Syzygien (Neu- und Vollmondphasen) zu den Mondbahnknoten. Deshalb wiederholen sich die Finsternisabläufe im Zeitraum von 18 Jahren und $10\frac{1}{3}$ beziehungsweise $11\frac{1}{3}$ Tagen (je nachdem, ob fünf oder nur vier Schaltjahre dazwischen liegen). Dieser Zeitraum wird **Saros-Zyklus** oder Saros-Periode genannt und war schon den Chaldäern bekannt. Nicht berücksichtigt ist im Saros-Zyklus die Erdrotation. So kann sich eine Mondfinsternis wiederholen, ist

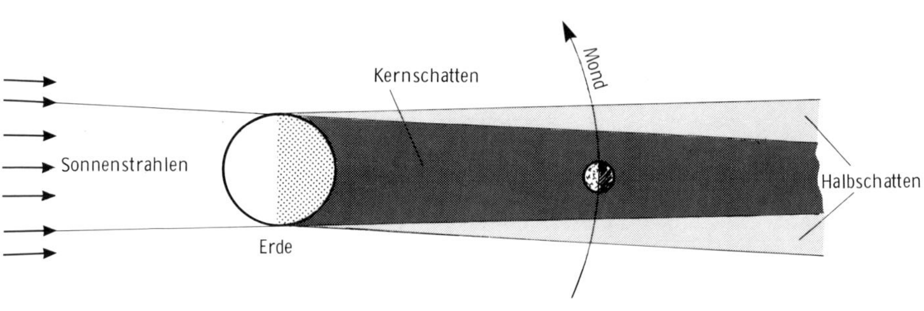

Sonnenfinsternisse: 1990–2010

Datum	Art	von Deutschland aus	Höhepunkt (MEZ)	Dauer	Maximale Phase
1990 Jan. 26.	ringförmig	unbeobachtbar	20^h30^m	2^m03^s	–
1990 Juli 22.	total	unbeobachtbar	4 02	2 36	–
1991 Jan. 15./16.	ringförmig	unbeobachtbar	0 53	7 53	–
1991 Juli 11.	total	unbeobachtbar	20 06	6 54	–
1992 Jan. 4./5.	ringförmig	unbeobachtbar	0 05	11 41	–
1992 Juni 30.	total	unbeobachtbar	13 10	5 21	–
1992 Dez. 24.	partiell	unbeobachtbar	1 31	–	84%
1993 Mai 21.	partiell	**partiell**	15 19	–	74%
1993 Nov. 13.	partiell	unbeobachtbar	22 45	–	93%
1994 Mai 10.	ringförmig	**partiell**	18 11	6 14	–
1994 Nov. 3.	total	unbeobachtbar	14 39	4 23	–
1995 April 29.	ringförmig	unbeobachtbar	18 32	6 37	–
1995 Okt. 24.	total	unbeobachtbar	5 32	2 09	–
1996 April 17.	partiell	unbeobachtbar	23 37	–	88%
1996 Okt. 12.	partiell	**partiell**	15 02	–	76%
1997 März 9.	total	unbeobachtbar	2 24	2 50	–
1997 Sept. 2.	partiell	unbeobachtbar	1 04	–	90%
1998 Feb. 26.	total	unbeobachtbar	18 28	4 09	–
1998 Aug. 22.	ringförmig	unbeobachtbar	3 06	3 14	–
1999 Feb. 16.	ringförmig	unbeobachtbar	7 34	0 40	–
1999 Aug. 11.	total	**total**	12 03	2 23	–
2000 Feb. 5.	partiell	unbeobachtbar	13 49	–	58%
2000 Juli 1.	partiell	unbeobachtbar	20 33	–	48%
2000 Juli 31.	partiell	unbeobachtbar	3 13	–	60%
2000 Dez. 25.	partiell	unbeobachtbar	18 35	–	72%
2001 Juni 21.	total	unbeobachtbar	13 04	4 57	–
2001 Dez. 14.	ringförmig	unbeobachtbar	21 52	3 53	–
2002 Juni 10./11.	ringförmig	unbeobachtbar	0 44	0 23	–
2002 Dez. 4.	total	unbeobachtbar	8 31	2 04	–
2003 Mai 31.	ringförmig	**partiell**	5 08	3 37	–
2003 Nov. 23.	total	unbeobachtbar	23 49	1 59	–
2004 April 19.	partiell	unbeobachtbar	14 34	–	74%
2004 Okt. 14.	partiell	unbeobachtbar	3 59	–	93%
2005 April 8.	ringf./total	unbeobachtbar	21 36	0 42	–
2005 Okt. 3.	ringförmig	**partiell**	11 32	4 32	–
2006 März 29.	total	**partiell**	11 11	4 07	–
2006 Sept. 22.	ringförmig	unbeobachtbar	12 40	7 09	–
2007 März 19.	partiell	unbeobachtbar	3 32	–	87%
2007 Sept. 11.	partiell	unbeobachtbar	13 31	–	75%
2008 Feb. 7.	ringförmig	unbeobachtbar	4 55	2 12	–
2008 Aug. 1.	total	**partiell**	11 21	2 28	–
2009 Jan. 26.	ringförmig	unbeobachtbar	8 59	7 54	–
2009 Juli 22.	total	unbeobachtbar	3 35	6 39	–
2010 Jan. 15.	ringförmig	unbeobachtbar	8 07	11 08	–
2010 Juli 11.	total	unbeobachtbar	20 34	5 20	–

Totale und ringförmige Sonnenfinsternisse vom deutschen Sprachraum aus sichtbar in den Jahren 1800–2400

Datum	Art	Höhepunkt (MEZ)	Maximale Dauer der Totalität bzw. ringförmigen Phase
1816 Nov. 19.	total	11^h18^m	1^m59^s
1842 Juli 8.	total	8 07	4 06
1858 März 15.	ringförmig	13 06	0 02
1887 Aug. 19.	total	6 32	3 50
1912 April 17.	ringförmig	12 34	0 02[1)]
1999 Aug. 11.	total	12 03	2 23
2081 Sept. 3.	total	10 06	5 33[2)]
2093 Juli 23.	ringförmig	13 31	5 12
2135 Okt. 7.	total	9 59	4 50
2142 Mai 25.	total	9 32	3 18
2151 Juni 14.	total	18 12	3 49
2200 April 14.	total	15 48	1 23
2350 Okt. 2.	ringförmig	12 11	4 21
2381 Juli 22.	total	12 22	5 33
2393 Juni 10.	ringförmig	15 05	5 34

1) ringförmig-totale Sonnenfinsternis, im deutschsprachigen Raum nur ringförmig.
2) Totalitätszone streift die Schweiz; in Deutschland nur partiell.

Mondfinsternisse von 1990–2010 (von Mitteleuropa aus sichtbar)

Datum			Art	Mitte (MEZ)	Größe
1990	Februar	9	total	20^h11^m	1,08
1992	Dezember	10	total	0 44	1,28
1993	November	29	total	7 26	1,09
1994	Mai	25	partiell	4 30	0,25
1996	April	4	total	1 10	1,38
1996	September	27	total	3 55	1,25
1997	März	24	partiell	5 39	0,92
1997	September	16	total	19 47	1,20
2000	Januar	21	total	5 44	1,33
2001	Januar	9	total	21 21	1,19
2003	Mai	16	total	4 40	1,13
2003	November	9	total	2 19	1,02
2004	Mai	4	total	21 30	1,31
2004	Oktober	28	total	4 04	1,31
2006	September	7	partiell	19 51	0,19
2007	März	4	total	0 21	1,24
2008	Februar	21	total	4 26	1,11
2008	August	16	partiell	22 10	0,81
2009	Dezember	31	partiell	20 23	0,08
2010	Dezember	21	total	9 16	1,26

Daten zum Mondlauf

Entfernungen

Mittlere Entfernung		384401 km
Apogäum	Maximale Erdferne	406700 km
	Mittlere Erdferne	405504 km
	Minimale Erdferne	404000 km
Perigäum	Minimale Erdnähe	370300 km
	Mittlere Erdnähe	363296 km
	Maximale Erdnähe	356400 km

Umlaufzeiten

	Tage und Tagesbruchteile	Tage/Stunden/Minuten/Sekunden
Synodischer Monat (Vollmond – Vollmond)	29,530589	≙ $29^d12^h44^m02\overset{s}{,}9$
Siderischer Monat (Stern – Stern)	27,321662	≙ $27^d07^h43^m11\overset{s}{,}6$
Tropischer Monat (Frühlingsp. – Frühlingsp.)	27,321582	≙ $27^d07^h43^m04\overset{s}{,}7$
Drakonitischer Monat (Knoten – Knoten)	27,212221	≙ $27^d05^h05^m35\overset{s}{,}9$
Anomalistischer Monat (Perigäum – Perigäum)	27,554550	≙ $27^d13^h18^m33\overset{s}{,}1$

Mittlere numerische **Exzentrizität:** $e = 0{,}0549$
Schwankung von 0,044 bis 0,067 in ½ Jahr

Mittlere **Bahnneigung** zur Ekliptik: $i = 5°08'43'' \pm 9'$ in 173,31 Tagen
Extremwerte: 4°59′/5°19′

„Finsternisjahr" (Sonnendurchgang Knoten – Knoten): 346,62 Tage
Knotenrücklauf in 18,6134 Jahren / Rücklauf: 19°21′ pro Jahr
SAROS-Periode (Finsterniszyklus):
18 Jahre und 10⅓ (bzw. 11⅓) Tage (fünf bzw. vier Schaltjahre)
223 synodische Monate 6585,32 Tage
entsprechen 242 drakonitischen Monaten 6585,35 Tage

Drehung der Apsidenlinie in 8,8479 Jahren
Vorrücken des Perigäums: 40°41′ pro Jahr

Mittelpunktsgleichung („Große Ungleichheit") = ±6°17′32″

Störungen

		Periode
1. Evektion	$= \pm 1°16\overset{'}{,}45$	31,8 Tage
2. Variation	$= \pm 39'30''$	½ synod. Monat
3. Jährliche Gleichung	$= \pm 11'11''$	1 anomal. Jahr
4. Parallaktische Gleichung	$= \pm 2'08''$	1 synod. Monat
5. Säkulare Akzeleration	$= +8''$	pro Jahrhundert

Jahre = tropische Jahre / Tage = Mittlere Sonnentage

aber nicht vom gleichen Beobachtungsort sichtbar, da der Mond gerade untergegangen ist. Ebenso überstreicht nach einer Saros-Periode die Kernschattenspitze des Mondes andere Gebiete auf der Erdoberfläche, die Sonne verfinstert sich für andere Orte.
Man unterscheidet zwischen **partiellen, totalen** und **ringförmigen Sonnenfinsternissen** so-

wie gelegentlichen Kombinationen wie ringförmig-totale Sonnenfinsternisse. Trifft der Kernschattenkegel des Mondes die Erde überhaupt nicht, sondern streicht knapp an unserem Globus vorbei, so kommt es zu einer **partiellen** Sonnenfinsternis. Zu einer **zentralen Finsternis** kommt es, wenn die Achse des Mondschattens die Erdoberfläche kreuzt. Je nach relativer Größe der scheinbaren Durchmesser von Sonne und Mond (die entsprechend ihrer Entfernung von der Erde um kleine Beträge schwanken) tritt bei einer zentralen Finsternis eine totale oder ringförmige Sonnenfinsternis ein. **Ringförmig** ist sie dann, wenn die Kernschattenspitze die feste Erdoberfläche nicht erreicht. Im günstigsten Fall überstreicht der Kernschatten der Erde eine Zone von 273 km Breite, in der die Finsternis **total** erlebt wird. Die maximale Dauer einer Sonnenfinsternis kann nur etwas mehr als sieben Minuten betragen. Zwar ereignen sich jährlich zwei bis fünf Sonnenfinsternisse, wegen der schmalen Zone, die der Kernschatten des Mondes überstreicht, sind totale Sonnenfinsternisse für einen bestimmten Ort der Erde aber außerordentlich seltene Ereignisse.

Bei Mondfinsternissen sind drei Arten zu unterscheiden: **Halbschatten-, partielle** und **totale Mondfinsternisse.** Bei ersterer steht der Mond nicht nahe genug der Erdbahnebene (Ekliptik), er taucht nur in den Halbschatten und wird vom Kernschatten gar nicht berührt. Eine **Halbschattenfinsternis** ist wenig auffällig und wird von Laien meist gar nicht wahrgenommen. Lediglich eine etwas dunklere Färbung der Mondscheibe ist auszumachen. Bei einer **partiellen** Mondfinsterns wird ein Teil der Mondscheibe vom Kernschatten getroffen, bei einer **totalen** tritt der Mond vollständig in den Kernschatten.

Die Eindringtiefe in den Kernschatten wird als **Größe der Finsternis** bezeichnet und in Einheiten des Monddurchmessers angegeben. Ist die Größe kleiner als 1, so dringt der Mond nicht vollständig in den Kernschatten, die Finsternis bleibt partiell.

Geht der Mond zentral durch den Kernschatten (Größe: 1,8), so dauert die Totalität $1\frac{3}{4}$ Stunden, die Finsternis mit den partiellen Phasen $3\frac{1}{2}$ Stunden und der Gesamtverlauf einschließlich Halbschattenphase sechs Stunden.

Wegen der irdischen Lufthülle erscheint der Kernschattenrand auf dem Mond unscharf. Außerdem bricht und filtert sie das Sonnenlicht, so daß auch im Kernschattenbereich der Mond von etwas Sonnenlicht aufgehellt wird und nicht absolut dunkel erscheint. Durch die stärkere Streuung des kurzwelligen (blauen) Lichtes an den Luftmolekülen gerät mehr rotes Sonnenlicht auf den Mond, weshalb der verfinsterte Mond oft kupferrot leuchtet. Wie stark der Mond im Kernschatten aufgehellt ist, hängt vom Zustand (Verschmutzungsgrad) der Erdatmosphäre ab. Man klassifiziert die Helligkeit und Färbung nach der fünfstufigen Skala von A. DANJON.

Global gesehen finden Mondfinsternisse (ohne reine Halbschattenfinsternisse) seltener statt als Sonnenfinsternisse. In unserem Jahrhundert ereignen sich 228 Sonnenfinsternisse, aber nur 147 Mondfinsternisse. Für einen bestimmten Ort auf der Erde jedoch sind Mondfinsternisse häufiger zu beobachten. Denn das kosmische Schattenspiel einer Mondfinsternis kann von der gesamten, dem Mond zugekehrten Erdhälfte gleichzeitig gesehen werden, während Sonnenfinsternisse nur in dem begrenzten Gebiet, das vom Mondschatten gerade getroffen wird, zu erleben sind.

Planeten

Neun große Planeten laufen auf Ellipsen (KEPLER-Bahnen) um die Sonne. Ihre Bahnebenen sind dabei zur Erdbahnebene (Ekliptikebene) nur wenig geneigt. Alle Planeten laufen vom Nordpol der Ekliptik betrachtet in mathematisch positivem Drehsinn um die Sonne. Ihrem Abstand von der Sonne nach geordnet heißen die Planeten **Merkur, Venus, Erde, Mars, Jupiter, Saturn, Uranus, Neptun** und **Pluto.** Die Bahnen von Merkur und Pluto weisen dabei die größten Exzentrizitäten und Bahnneigungen zur Ekliptik auf (Merkur: $e = 0{,}21$ / $i = 7°$; Pluto: $e = 0{,}25$ / $i = 17°$). Durch die große Exzentrizität der Plutobahn ist dieser vom Jahr 1979 bis 2000 der Sonne näher als Neptun.

Die Planeten lassen sich in zwei Gruppen ein-

Terrestrische Planeten		Wasserstoffplaneten
Entfernung von der Sonne	*gering* (0,4–1,5 AE)	*groß* (5,2–30 AE)
Durchmesser (bzw. Volumina)	*klein* Merkur 0,4 Venus 0,9 **Erde 1,00** Mars 0,5	*groß* („Riesenplaneten") Jupiter 11 Saturn 9 Uranus 4,1 Neptun 3,8
Massen	*gering* Merkur 0,06 Venus 0,82 **Erde 1,00** Mars 0,11	*groß* Jupiter 318 Saturn 95 Uranus 14,6 Neptun 17,2
Mittlere Dichten:	*groß* 3,9 bis 5,5 g · cm^{-3} FeNi-Kerne!	*gering* um 1 g · cm^{3} Jupiter 1,3 g · cm^{-3} Saturn 0,7 Uranus 1,3 Neptun 1,7
Rotation	*langsam* $23^{h}{,}9$ bis 243^{d} (!)	*schnell* $9^{h}{,}8$ bis 17^{h}
Abplattungen	*gering* 0 bis 1/300	*erheblich* 1/50 bis 1/10
Atmosphären	*dünne Hüllen* Merkur: ohne Venus, Mars: CO_2, N_2 Erde: N_2, O_2, H_2O	*ausgedehnte Hüllen* („Wasserstoffplaneten") H, He, NH_3, CH_4 „Urmaterial" des Sonnensystems / keine thermische Diffusion ins Weltall von H und He / keine Dissoziation durch solare UV-Strahlung von C–H- und N–H-Verbindungen
Oberflächentemperatur	*hoch* 250–750 Kelvin	*gering* 50–150 Kelvin
Monde	*wenige* Merkur 0 Venus 0 Erde 1 Mars 2	*zahlreiche* Jupiter 16 Saturn 18 Uranus 15 Neptun 8
Ringe	*keine*	alle Riesenplaneten besitzen Ringe, größtes Ringsystem hat Saturn

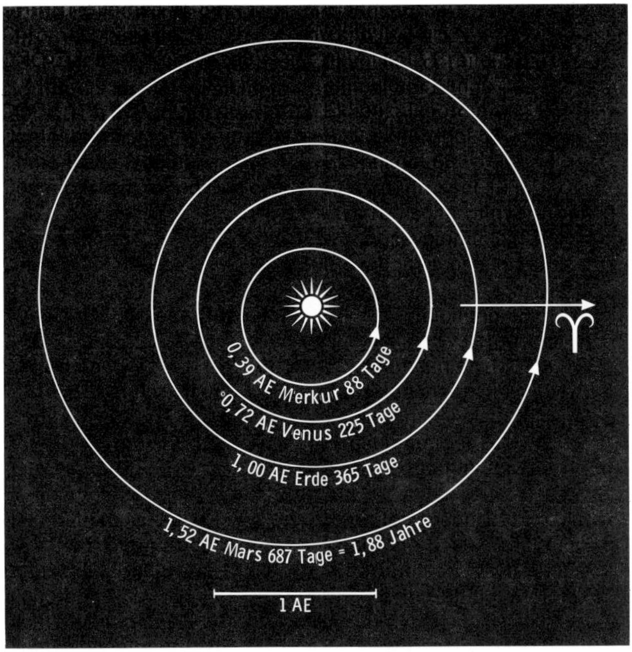

Die Bahnen der inneren Planeten um die Sonne; 1 AE = 1 Astronomische Einheit = 149,59 Millionen Kilometer. Der Pfeil deutet die Richtung zum Frühlingspunkt an (Symbol: ♈).

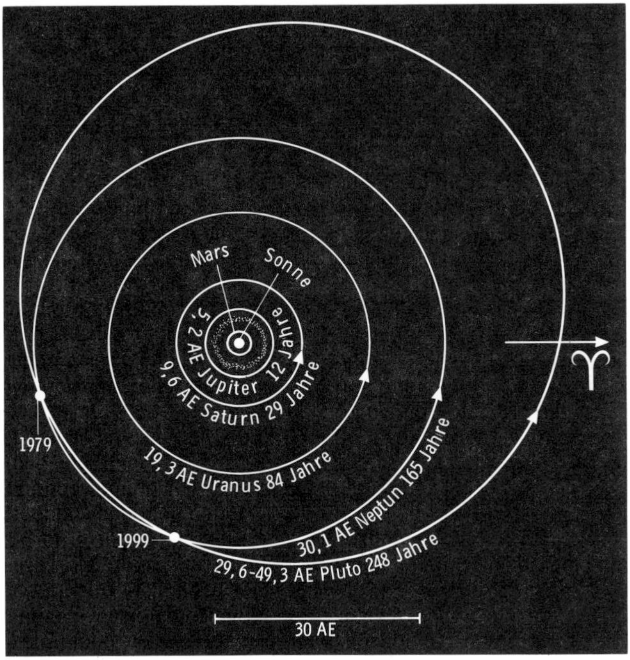

Die Bahnen der äußeren Planeten. Zwischen der Marsbahn und der Jupiterbahn laufen Abertausende Kleinplaneten (Planetoiden) um die Sonne. Wegen seiner stark exzentrischen Bahn ist Pluto von 1979 bis 1999 der Sonne näher als Neptun.

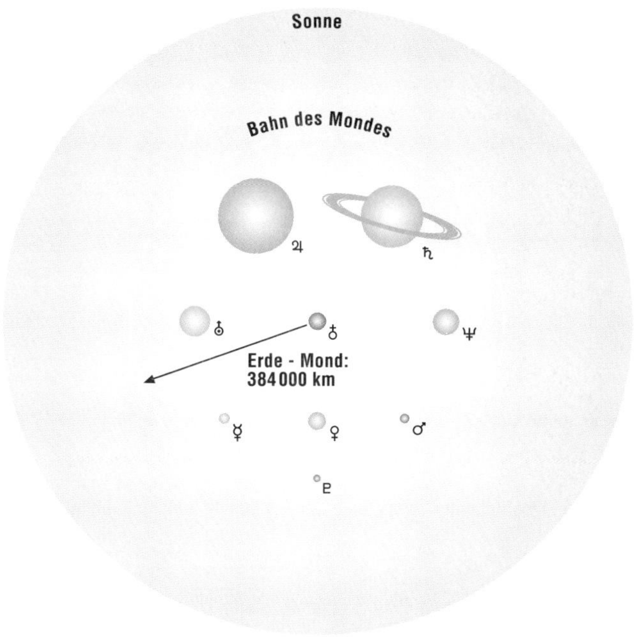

Größenverhältnisse der Planeten und der Mondbahn im Vergleich zur Sonne

☉ Sonne ∅ 1392000 km	☿ Merkur ∅ 4878 km	♀ Venus ∅ 12104 km	♁ Erde ∅ 12756 km	♂ Mars ∅ 6794 km
♃ Jupiter ∅ 142796 km	♄ Saturn ∅ 120000km	⛢ Uranus ∅ 51118 km	♆ Neptun ∅ 49424 km	♇ Pluto ∅ 2300 km

teilen, die sich durch ihre physikalischen Parameter erheblich voneinander unterscheiden. Zur ersten Gruppe gehören die inneren Planeten Merkur, Venus, Erde und Mars. Man nennt sie die **terrestrischen** (erdähnlichen) **Planeten**. Die zweite Gruppe beinhaltet die äußeren Planeten Jupiter, Saturn, Uranus und Neptun. Sie sind die **Riesenplaneten,** auch Gasplaneten oder **Wasserstoffplaneten** genannt. Pluto spielt eine Sonderrolle, er gehört zu den terrestrischen Planeten, ist aber eher den Planetoiden zuzuordnen.

Merkur

Der sonnennächste Planet trägt den Namen des geflügelten Götterboten Merkur, in der griechischen Mythologie mit 'Ερμῆς (Hermes) bekannt. Sein astronomisches Zeichen ☿ bestand bei den Alchimisten des Mittelalters für Quecksilber (lat.: mercurius, engl: mercury). Wegen seiner Sonnennähe ist Merkur nur schwer beobachtbar. Die Merkurkugel, die rund ein Drittel des Erddurchmessers groß ist, rast in nur 88 Tagen mit einer mittleren Bahngeschwindigkeit von 48 Kilometer pro Sekunde um die Sonne. Nach der Plutobahn hat die Merkurbahn die größte numerische Exzentrizität (e = 0,21) und mit 7° die größte Bahnneigung zur Ekliptik.

Die größten Elongationen von der Sonne liegen somit zwischen 18° und 28°. In günstigen Fällen kann Merkur bis zu $-1{,}^{m}9$ hell werden. Merkur zeigt Lichtgestalten (Phasen) wie Mond und Venus. In Halbphase **(Dichotomie)** mißt Merkur gut 7"(scheinbarer Scheibchendurchmesser). Auf dem winzigen Merkurscheibchen ist von der Erde aus selbst in Riesenfernrohren kaum etwas zu erkennen. So konnte auch seine Rotationszeit von $58\frac{2}{3}$ Ta-

gen nicht im Visuellen, sondern nur radioastronomisch mit dem 300-Meter-Reflektor von Arecibo bestimmt werden. Erst nach der Passage von MARINER 10 im März 1974 erfuhr man, wie es auf Merkur wirklich aussieht: Eine kraterübersäte, pockennarbige Landschaft bedeckt seine Oberfläche. Bei flüchtigem Betrachten sieht Merkur dem Mond ähnlich.
Allerdings fehlen die zahlreichen großen, von erstarrter Lava ausgefüllten Becken (wie die „Meere, maria“ auf dem Mond). Nur ein solches „Merkurmeer“ wurde gefunden: Das Caloris-Becken mit 1300 km Durchmesser. Die Merkuroberfläche besteht aus dunklem, mondähnlichem Gestein, das sich am Merkurtag wegen der fehlenden Atmosphäre auf 400 °C erhitzt und in der Merkurnacht auf −170 °C abkühlt. Die mittlere Dichte entspricht der der Erde. Damit dürfte der innere Aufbau der Merkurkugel eher der Erde als dem Mond gleichen. Vermutlich hat Merkur einen feurig-flüssigen Eisen-Nickel-Kern, über dem eine rund 600 km dicke Silikatschicht liegt. Die Annahme eines NiFe-Kerns wird durch ein schwaches Magnetfeld bestärkt (Dipolfeld, Achse 12° gegen Rotationsachse geneigt, $\approx 0{,}5 \times 10^{-7}$ T, entspricht etwa $^1/_{100}$ der Flußdichte des irdischen Magnetfeldes). Die „Restatmosphäre“ besteht fast ausschließlich aus Helium (Partialdruck $\approx 10^{-9}$ hPa!).

Merkur in Zahlen

Bahndaten

	Millionen Kilometer	AE	Lichtlaufzeit in Minuten
Mittlere Entfernung von der Sonne	57,9	0,387	3,22
Kleinste Entfernung von der Sonne	46	0,31	2,56
Größte Entfernung von der Sonne	70	0,47	3,89
Kleinste Entfernung von der Erde	80	0,53	4,44
Größte Entfernung von der Erde	220	1,47	12,22

Mittlere Umlaufzeit um die Sonne (siderische Periode) 87,969 Tage
Synodische Periode (Zeit zwischen zwei unteren Konjunktionen) 115,88 Tage
Bahnneigung: $i = 7°0'$ Numerische Exzentrizität: $e = 0{,}206$
Bahngeschwindigkeit: $\bar{v} = 47{,}9$ km/s; im Perihel: 59 km/s; im Aphel: 39 km/s

Physische Daten

		Merkur/Erde
Durchmesser	4878 km	0,383
Abplattung	0	
Masse	$0{,}33 \times 10^{24}$ kg	0,055
Mittlere Dichte	5,43 g/cm^3	0,985
Entweichgeschwindigkeit	4,25 km/s	0,379
Siderische Rotation („Sterntag“)	58,646 Tage	
Synodische Rotation („Sonnentag“)	176 Tage	

Achsenneigung zur Senkrechten auf die Bahnebene: 2°
Scheinbare Helligkeit: $-1\overset{m}{,}9/+3\overset{m}{,}$ Albedo (Rückstrahlungsvermögen): 0,096
Scheinbarer Durchmesser des Merkurscheibchens: 4″,7 bis 12″

Raumsondenvorbeiflüge

MARINER 10 (USA)		kürzeste Distanz
Start:	3. 11. 1973	
1. Vorbeiflug	29. 03. 1974	700 km
2. Vorbeiflug	21. 09. 1974	48000 km
3. Vorbeiflug	16. 03. 1975	327 km

Die Venus in Zahlen

Bahndaten

	Millionen Kilometer	AE	Lichtlaufzeit in Minuten
Mittlere Entfernung von der Sonne	108,2	0,723	6,01
Kleinste Entfernung von der Sonne	107,5	0,72	5,97
Größte Entfernung von der Sonne	108,9	0,73	6,05
Kleinste Entfernung von der Erde	38,8	0,26	2,13
Größte Entfernung von der Erde	260,9	1,74	14,49
Mittlere Umlaufzeit um die Sonne (siderische Periode)			224,70 Tage
Synodische Periode (Zeit zwischen zwei unteren Konjunktionen)			583,92 Tage

Bahnneigung: $i = 3°23'40''$ Numerische Exzentrizität: $e = 0{,}0068$
Bahngeschwindigkeit: $\bar{v} = 35{,}0$ km/s

Physische Daten

		Venus/Erde
Durchmesser	12104 km	0,950
Abplattung	0	–
Masse	$4{,}87 \times 10^{24}$ kg	0,815
Mittlere Dichte	5,25 g/cm^3	0,96
Oberflächenbeschleunigung	8,87 m/s^2	0,91
Entweichgeschwindigkeit	10,36 km/s	0,93
Siderische Rotation („Sterntag“)	243,01 Tage (retrograd!)	
Synodische Rotation („Sonnentag“)	117 Tage	

Achsenneigung zur Senkrechten auf die Bahnebene: 177°
Scheinbare Helligkeit: $-3{,}^m9$ bis $-4{,}^m7$ Albedo (Rückstrahlungsvermögen): 0,76
Scheinbarer Durchmesser des Planetenscheibchens: 10″ bis 63″

Atmosphäre

Oberflächentemperatur: 470 °C

(Volumenprozent)		Druck an der Oberfläche: 90 atm
96,4%	CO_2	(Kohlendioxid)
3,4%	N_2	(Stickstoff)
0,14%	H_2O	(Wasserdampf)
0,02%	SO_2	(Schwefeldioxid)

Ferner Spuren von O_2 (molekularem Sauerstoff), Ar (Argon), Ne (Neon), HCl (Salzsäure), HF (Flußsäure), H_2S (Schwefelwasserstoff), CO (Kohlenmonoxid), He (Helium), O (atomarem Sauerstoff). *Keine* Spuren von H_2 (molekularem Wasserstoff) und CH_4 (Methan).

Venus

Nach Sonne und Mond ist die Venus das hellste Gestirn am irdischen Firmament. Sie übertrifft an Glanz bei weitem andere Planeten wie Jupiter oder Mars und auch die hellsten Fixsterne. Wegen ihrer Helligkeit hat die Venus auch die poetischen Namen Phosphoros (griech.: Φωσφορός) und Lucifer erhalten, was nichts anderes als „Lichtträger“ heißt. Diese Namen werden der Venus als Morgenstern gerecht, während sie als Hesperos angesprochen wird, wenn sie am Abendhimmel nach Sonnenuntergang im Westen erstrahlt. Galileo GALILEI entdeckte schon im Jahre

Bisherige Venussonden

MARINER 2	USA	1962	Passage in 34000 km Distanz
MARINER 5	USA	1964	Passage in 3950 km Distanz
VENERA 7	UdSSR	1970	1. sanfte Landung auf Venus, 23 Min. lang Funksignale von Oberfläche
VENERA 8	UdSSR	1972	2. sanfte Landung, 50 Min. lang Datenübertragung
MARINER 10	USA	1974	Passage in 5870 km Distanz
VENERA 9	UdSSR	1975	sanfte Landung, 53 Min. lang Funkkontakt
VENERA 10	UdSSR	1975	Funkkontakt 65 Min.
PIONEER-VENUS 1	USA	1978	Venus-Satellit („Orbiter")
PIONEER-VENUS 2	USA	1978	vier Meßsonden in Venusatmosphäre eingetaucht, harter Aufschlag
VENERA 11	UdSSR	1978	sanfte Landung, 110 Min. lang Datenübertragung
VENERA 12	UdSSR	1978	sanfte Landung, 95 Min. lang Datenübertragung
VENERA 13	UdSSR	1982	sanfte Landung, 127 Min. farbige Panoramaaufnahmen
VENERA 14	UdSSR	1982	sanfte Landung, 57 Min. farbige Panoramaaufnahmen
VENUS 15	UdSSR	Okt. 1983	Radarabtastung der Planetenoberfläche
VENUS 16	UdSSR	Okt. 1983	
VEGA 1	UdSSR	Juni 1985	Sonden zum HALLEYschen Kometen (März 86
VEGA 2	UdSSR	Juni 1985	Passage), Ballonsonden in Venusatmosphäre abgesetzt
MAGELLAN	USA	Aug. 1990	Venus-Radar-Mapper: vollständige Kartierung der Venusoberfläche mit 120 m Auflösung

1610, daß die Venus Phasen wie der Mond zeigt. Auch in großen Teleskopen sind auf dem Venusscheibchen keine Einzelheiten auszumachen. Eine dichte Wolkenhülle läßt die Venus in einem grellweißen Licht erscheinen. Nach Einführung der Spektroskopie in der Astronomie ermittelte man als Hauptbestandteil der Venusatmosphäre Kohlendioxid (CO_2). Aus visuellen Beobachtungen gelang es nicht, die Rotationszeit der Venus zu bestimmen, denn die gleißend helle Wolkendecke läßt im sichtbaren Licht (anders als im UV-Bereich) keinerlei Strukturen erkennen. Erst 1962 gelang es radioastronomisch, eine Rotationszeit von 243 Tagen zu ermitteln. Damit ist die Rotationszeit länger als ein Venusumlauf um die Sonne (225 Tage). Außerdem erfolgt die Drehung retrograd, also entgegengesetzt dem allgemeinen Umlaufsinn im Sonnensystem.

Der Venusglobus ist ein wenig kleiner als die Erdkugel. Mit 5,3 g/cm^3 hat sie fast die gleiche mittlere Dichte wie die Erde und dürfte somit auch ähnlich aufgebaut sein (NiFe-Kern). Wegen der langsamen Rotation scheint das Venusmagnetfeld unmeßbar klein zu sein. Die Erforschung der Venusoberfläche erfolgte vor allem mittels zahlreicher Raumsonden, von denen die im August 1990 in einen Venusorbit eingeschwenkte Sonde MAGELLAN wohl die erfolgreichste ist. MAGELLAN entschleierte durch Radarabtastungen die Venusoberfläche fast vollständig.

Gewaltige Gebirgszüge erheben sich über „Normalnull", die Referenzkugeloberfläche der Venus. Ferner wurden riesige Becken und Tiefebenen gefunden. Langgezogene Bergrücken erinnern an irdische Faltengebirge. Zahlreiche Spuren vulkanischen Ursprungs, wie Calderen, Schildvulkane und erstarrte Lavaflüsse zeigen sich ebenso wie gewaltige, kuppelförmige Aufwölbungen, sogenannte Dome. Außer Formationen, die durch Vulkanismus und tektonische Vorgänge entstanden

sind, registrierte Magellan zahlreiche Krater und Ringwälle, die von Impaktereignissen stammen. Die Dichte der Einschlagkrater (ihre Zahl pro Flächeneinheit) ist aber deutlich geringer als auf Mond oder Merkur. Selbst Mars zeigt eine höhere Kraterdichte. Krater unter drei Kilometer scheinen völlig auf der Venus zu fehlen. Dies hat seine Ursache in der dichten Atmosphäre: Kleinere Brocken verdampfen vollständig beim Eindringen in die Venusatmosphäre, nur größere Impaktkörper treffen die feste Oberfläche.
Die atmosphärischen Bedingungen sind wahrhaft höllisch: Die Temperaturen erreichen wegen des Treibhauseffektes Werte von 470 °C bis 500 °C, der Druck ist in Bodennähe neunzigmal höher als auf der Erde (Meeresniveau). Knapp über der festen Oberfläche ist es nahezu windstill, während in 60 km Höhe ein Jetstream mit 470 km/h um den Venusglobus jagt, der die Wolken in vier Tagen einmal um die Venus herumfegt. Wasser kommt auf der Venus weder in flüssiger Form noch in der Gasphase vor, die Atmosphäre ist staubtrokken. Es regnet höchstens Schwefelsäuretröpfchen.

Mars

Der rote Planet wandert als äußerer Nachbarplanet der Erde in knapp zwei Jahren um die Sonne. Durch seine stark elliptische Bahn kommt es zu unterschiedlichen Oppositionsentfernungen von 56 Millionen bis über 100 Millionen Kilometer. Entsprechend variieren auch seine Oppositionshelligkeiten von

Mars in Zahlen

Bahndaten

	Millionen Kilometer	AE	Lichtlaufzeit in Minuten
Mittlere Entfernung von der Sonne	227,9	1,524	12,7
Kleinste Entfernung von der Sonne	206,7	1,38	11,5
Größte Entfernung von der Sonne	249,2	1,67	13,5
Oppositionsentfernung von der Erde			
Minimum	55,65	0,372	3,1
Maximum	101,51	0,679	5,6
Größte Entfernung von der Erde	400	2,67	22,2
Mittlere Umlaufzeit um die Sonne (siderische Periode)			686,98 Tage
Synodische Periode (Zeit zwischen zwei Oppositionen)			779,94 Tage

Bahnneigung: i = 1°51′ Numerische Exzentrizität: e = 0,093
Bahngeschwindigkeit: $\bar{v}$ = 24,1 km/s

Physische Daten

		Mars/Erde
Äquatordurchmesser	6794,1 km	0,533
Poldurchmesser	6754,6 km	
Abplattung	0,006	
Masse	$6{,}42 \times 10^{23}$ kg	0,107
Mittlere Dichte	3,93 g/cm^3	0,71
Entweichgeschwindigkeit	5,02 km/s	0,448
Siderische Rotation („Sterntag“)	$24^h37^m23^s$	

Achsenneigung zur Senkrechten auf die Bahnebene: 23°59′
Mittlere Oppositionshelligkeit: $-2\overset{m}{,}01$ Albedo (Rückstrahlungsvermögen): 0,15
Scheinbarer Durchmesser des Planetenscheibchens: 4″ bis 25″

Marsoppositionen 1990 bis 2050

Jahr	Opposition	Erdnähe	Entfernung in Mio km	Helligkeit	Durchmesser	Deklination
1990	27. November	20. November	77,3	$-2^{m}_{,}1$	$18''_{,}1$	$+22^{\circ}_{,}6$
1993	7. Januar	3. Januar	93,6	−1,4	14,9	+26,3
1995	12. Februar	11. Februar	101,1	−1,2	13,9	+18,2
1997	17. März	20. März	98,6	−1,3	14,2	+ 4,7
1999	24. April	1. Mai	86,5	−1,7	16,2	−11,6
2001	13. Juni	21. Juni	67,3	−2,3	20,8	−26,5
2003	28. August	27. August	55,8	−2,9	25,1	−15,8
2005	7. November	30. Oktober	69,4	−2,3	20,2	+15,9
2007	24. Dezember	18. Dezember	88,2	−1,7	15,9	+26,8
2010	29. Januar	27. Januar	99,3	−1,3	14,1	+22,2
2012	3. März	5. März	100,8	−1,2	13,9	+10,3
2014	8. April	14. April	92,4	−1,5	15,2	− 5,1
2016	22. Mai	30. Mai	75,3	−2,1	18,6	−21,6
2018	27. Juli	31. Juli	57,6	−2,8	24,3	−25,5
2020	13. Oktober	6. Oktober	62,1	−2,6	22,6	− 5,4
2022	8. Dezember	1. Dezember	81,5	−1,8	17,2	+25,0
2025	16. Januar	12. Januar	96,1	−1,4	14,6	+25,1
2027	19. Februar	20. Februar	101,4	−1,2	13,8	+15,4
2029	25. März	29. März	96,8	−1,3	14,5	+ 1,1
2031	4. Mai	12. Mai	82,8	−1,8	16,9	−15,5
2033	28. Juni	5. Juli	63,6	−2,5	22,1	−27,8
2035	15. September	11. September	56,9	−2,8	24,6	− 8,0
2037	19. November	11. November	73,8	−2,2	19,0	+20,3
2039	–	28. Dezember	91,4	−1,5	15,3	+26,4
2040	2. Januar	–	–	−1,5	15,3	+26,7
2042	6. Februar	5. Februar	100,5	−1,2	13,9	+19,8
2044	11. März	14. März	99,8	−1,3	14,0	+ 6,9
2046	17. April	24. April	89,3	−1,6	15,7	− 9,0
2048	3. Juni	12. Juni	70,9	−2,2	19,8	−24,7
2050	14. August	15. August	56,0	−2,8	25,0	−20,7

$-1^{m}_{,}2$ bis $-2^{m}_{,}9$, womit er dann heller als Jupiter ist (siehe Tabelle oben).
Im Gegensatz zur Venus zeigt das Marsscheibchen, das bis 25″anwachsen kann, im Fernrohr eine Reihe von Einzelheiten. Die auffälligsten Details sind die Polkappen, sowie helle und dunkle Flecken, aus denen die Rotationszeit recht genau abgeleitet werden konnte. Ein Marstag dauert nur etwa eine halbe Stunde länger als ein irdischer. Die Rotationsachse ist um 25° zur Senkrechten auf der Bahnebene geneigt, was dem Mars Jahreszeiten beschert. Wegen der längeren Umlaufszeit sind sie aber doppelt solange.

Da Mars rötlich schimmert und starke Helligkeitsunterschiede zeigt, was an das Aufflammen von Feuer erinnert, wurde er nach dem griechischen Kriegsgott Ἄρης (Ares) benannt, der bei den Römern Mars heißt. Die rötliche Farbe stammt von Eisenoxiden an der Oberfläche und den Staubwolken, kurz: Mars ist ein rostiger Planet. Seine dünne Atmosphäre setzt sich zu über 95% aus Kohlendioxid (CO_2) und zu 2,5% aus molekularem Stickstoff (N_2) zusammen. Der Wasserdampfanteil beträgt nur 0,05%. Der Atmosphärendruck mißt nur ein Hundertstel des irdischen Wertes. Im subsolaren Punkt (Sonne im Zenit) erreichen die bodennahen Schichten der Atmosphäre Temperaturen bis 20 °C. Bereits zu Sonnenuntergang sinken sie weit unter den Gefrierpunkt des Wassers und erreichen gegen Morgen Werte um −80 °C bis −100 °C. In nur einem halben Meter Bodentiefe herrscht eine ziemlich konstante Temperatur von −60 °C. In diesem Permafrost vermutet man auch gefrorenes Wasser, das vor langer Zeit einmal in flüssiger Form auf der Marsoberfläche vorhanden war.

Als erste funktionierende Raumsonde pas-

Bisherige Marsmissionen

Bezeichnung	Land	Start	Ankunft	Bemerkungen
MARS 1	UdSSR	1. Nov. 62	–	Funkabbruch am 21. März 63 in 106 Mio. km Entfernung, heliozentrische Bahn, Mars nicht erreicht
MARINER 3	USA	5. Nov. 64	–	Vorbeiflug in 13800 km
MARINER 4	USA	28. Nov. 64	15. Juli 65	Vorbeiflug in 9846 km Distanz, erste Nahaufnahmen, 22 Bilder zeigen Krater
ZOND 2	UdSSR	30. Nov. 64	6. Aug. 65	Marspassage in 1600 km Entfernung, keine Funkverbindung, keine Daten, keine Bilder
MARINER 6	USA	24. Feb. 69	31. Juli 69	Passage in 3400 km, 75 Fernsehbilder übermittelt sowie Meßdaten
MARINER 7	USA	27. März 69	5. Aug. 69	Passage in 3500 km, 126 Fernsehbilder, Daten
MARINER 8	USA	8. Mai 71	–	Fehlstart
MARS 2	UdSSR	19. Mai 71	27. Nov. 71	Daten aus Marsumlaufbahn; Lander stürzt ab (27. Nov. 71)
MARS 3	UdSSR	28. Mai 71	2. Dez. 71	Marsorbiter + Lander, weiche Landung, nach zwanzig Sekunden Totalausfall
MARINER 9	USA	30. Mai 71	14. Nov. 71	Marsorbiter; große Datenmenge sowie 7300 Nahaufnahmen übermittelt
MARS 4	UdSSR	21. Juli 73	10. Feb. 74	Marsorbiter + Lander; Einschuß mißlungen, Passage in 2200 km Distanz; einige Bilder und Daten
MARS 5	UdSSR	25. Juli 73	12. Feb. 74	Einige Tage Bilder aus Marsumlaufbahn; keine Landung
MARS 6	UdSSR	5. Aug. 73	12. März 74	Keine Daten; Eindringen in Marsatmosphäre, Absturz bei Landungsversuch
MARS 7	UdSSR	9. Aug.73	9. März 74	Passage in 1300 km Abstand; keine Landung, keine Daten, keine Bilder
VIKING 1	USA	20. Aug. 75	19. Juni 76	Orbiter + Lander; weiche Landung: 20. Juli 76; tausende Bilder und große Datenmenge
VIKING 2	USA	9. Sept. 75	7. Aug. 76	Orbiter + Lander; weiche Landung: 3. Sept. 76; tausende Bilder und gewaltige Datenflut
PHOBOS 1	UdSSR	7. Juli 88	2. Feb. 89	Orbiter + nahe Passage am Marsmond Phobos; Funkabbruch
PHOBOS 2	UdSSR	12. Juli 88	Feb. 89	Passage am Marsmond, Phobos + Phobos-Lander („Hüpfer"); Funkabbruch
MARS OBSERVER	USA	14. Sept. 92	Aug. 93	Funkabbruch vor Erreichen des Marsorbits

sierte MARINER 4 im Juli 1965 den Mars und lieferte Bilder, auf denen erstmals Krater und Ringwälle zu erkennen waren. Weitere Marsmissionen ließen neben Einschlagkratern gewaltige Grabenbrüche und Cañyons erkennen, wie die Valles Marineris, sowie riesige Schildvulkane, deren höchster Mons Olympus mit 25 Kilometer wohl der größte Vulkan im Sonnensystem ist. Die Marslandschaften sind der Erosion durch Wind und Sandstürme ausgesetzt, die auch mit irdischen Teleskopen zu beobachten sind. Bisherige Höhepunkte der Marsforschung waren die beiden weichen Landungen von VIKING I und VIKING II im Sommer 1976. Trotz intensiver Suche konnten keine Spuren von Leben entdeckt werden. Dafür wurden Tausende von Bildern und Unmengen von Daten zur Erde gefunkt.

Im Jahre 1877 entdeckte Asaph HALL am Marine-Observatorium in Washington, D.C., die beiden winzigen Monde des Mars, die passend zum Kriegsgott Phobos (griech., Furcht) und Deimos (griech., Schrecken) getauft wurden.

Jupiter

Als größter und massereichster Planet umrundet in fünffachem Erdabstand Jupiter in knapp zwölf Jahren die Sonne. Die Sonne ausgenommen, vereinigt Jupiter 70% der gesamten Masse des Sonnensystems in seinem gewaltigen Gasleib, der rund elffachen Erddurchmesser aufweist. Zu Recht nennt man ihn daher den Riesenplaneten. Am irdischen Himmel ist er nach Venus der hellste Planet und wird nur in seltenen Fällen von Mars an scheinbarer Helligkeit übertroffen. Die Jupiterbahn ist nur $1\overset{\circ}{,}3$ zur Ekliptik geneigt. Damit hat sie nach der Uranusbahn die geringste Neigung zur Ekliptik. Bereits in einem kleinen Fernglas sind die vier hellen und großen Jupitermonde zu sehen, die nach ihrem Entdecker GALILEIsche Monde genannt werden. Im Teleskop erkennt man schnell die große Abplattung (1/16) der Jupiterkugel und die streifige Struktur des Jupiterscheibchens. Durch die schnelle Rotation ist der Jupiterglobus zu einem Rotationsellipsoid verformt. In knapp zehn Stunden dreht sich der Riesenplanet einmal um seine Achse, die mit nur 3° Neigung fast senkrecht auf seiner Bahnebene steht.

Jupiter wird von einer dichten Atmosphäre eingehüllt, deren Wolkenbänder man als Streifen im Teleskop sieht. Auf der Südhalbkugel zeigt sich in etwa $-20°$ jovigraphischer Breite ein auffälliges, ovales Gebilde, der berühmte Große Rote Fleck (GRF), dessen linearer Längsdurchmesser immerhin 40000 km beträgt. Es handelt sich dabei um den gewaltigsten zahlreicher weiterer Wolkenwirbel, wie Aufnahmen der bisher vier Jupiterraumsonden erkennen lassen.

Die Jupiteratmosphäre ist im wesentlichen ähnlich wie die Sonne zusammengesetzt: Der überwiegende Teil besteht aus Wasserstoff (H_2) und Helium (He). Daneben wurden spektroskopisch Ammoniak (NH_3), Methan (CH_4), Wasserdampf (H_2O), Äthan (C_2H_6), Acetylen (C_2H_2) Ammoniumhydrosulfid (NH_4SH), Germaniumwasserstoff (GeH_4) und Phosphin (PH_3) nachgewiesen. Phosphin verleiht der Jupiterluft den berühmten Knoblauchduft. Die obere Wolkenschicht der über 1000 km dicken Atmosphäre weist eine Temperatur von -150 °C auf. Jupiter strahlt das 1,7fache der einfallenden Sonnenwärme ab, was auf eine innere Energiequelle hinweist. Zwischen den äquatornahen und den polnahen Gebieten gibt es nur bescheidene Temperaturdifferenzen von maximal 4 °C.

Die zahlreichen Muster und Strukturen in der Jupiteratmosphäre wie dunkle Bänder und helle Zonen parallel zum Äquator werden durch ein System von westwärts – ostwärts blasenden Winden hervorgerufen, wobei Geschwindigkeiten von 400 bis 500 Kilometer pro Stunde die Regel sind. Gewitterstürme begleiten das Wettergeschehen. Elektrische Entladungen (Blitze) sind im Radiofrequenzbereich zu registrieren. Jupiter zeigt eine differentielle Rotation, die Äquatorzone rotiert am schnellsten, mit zunehmender iovigraphischer Breite nimmt die Rotationsfrequenz geringfügig ab.

Der innerste Kern des Jupiters dürfte eine Gesteinskugel von 20000 km Durchmesser sein. Durch langsame Kontraktion heizte sich der Riesenplanet auf und kühlt nun langsam ab. Die Zentraltemperatur wird auf 19000 °C, der Zentraldruck auf dreißig bis vierzig Millionen Atmosphären geschätzt.

Jupiter in Zahlen

Bahndaten

	Millionen Kilometer	AE	Lichtlaufzeit in Minuten
Mittlere Entfernung von der Sonne	779	5,20	43,28
Kleinste Entfernung von der Sonne	740	4,95	41,11
Größte Entfernung von der Sonne	815	5,45	45,3
Kleinste Entfernung von der Erde	588	3,93	32,7
Größte Entfernung von der Erde	967	6,46	53,7
Mittlere Umlaufzeit um die Sonne (siderische Periode)			11,869 Jahre
Synodische Periode (Zeit zwischen zwei Oppositionen)			398,9 Tage

Bahnneigung: $i = 1°18'18''$ Numerische Exzentrizität: $e = 0{,}048$
Bahngeschwindigkeit: $\bar{v} = 13{,}1$ km/s

Physische Daten

		Jupiter/Erde
Äquatordurchmesser	142796 km	11,19
Poldurchmesser	133800 km	
Abplattung	0,063	
Masse	$1{,}899 \times 10^{27}$ kg	317,83
Mittlere Dichte	1,33 g/cm^3	0,24
Entweichgeschwindigkeit	57,6 km/s	5,14
Siderische Rotationsperiode		
System I	$9^h50^m30^s{,}0$	
System II	$9^h55^m40^s{,}6$	
System III	$9^h55^m29^s{,}7$	

Achsenneigung zur Senkrechten auf die Bahnebene: 3°04′
Mittlere Oppositionshelligkeit $-2^m{,}55$ Albedo (Rückstrahlungsvermögen): 0,51
Scheinbarer Durchmesser in Opposition: 30″ bis 50″

Ringsystem

Außendurchmesser (Hauptring)	129200 km
Grenze Hauptring–innerer Ring	122800 km
Innendurchmesser (innerer Ring)	71400 km

Raumsondenvorbeiflüge

	Start	Vorbeiflug	kürzeste Distanz
PIONEER 10	3. 3. 1972	4. 12. 1973	131400 km
PIONEER 11	5. 4. 1973	3. 12. 1974	42000 km
VOYAGER 1	5. 9. 1977	5. 3. 1979	278000 km
VOYAGER 2	20. 8. 1977	9. 7. 1979	650000 km

Saturn

Saturn ist der fernste noch mit freien Augen sichtbare Planet. Bis zur Entdeckung des Planeten Uranus im Jahre 1781 galt die Saturnbahn als Grenze des Sonnensystems. Saturn wandert in knapp dreißig Jahren in zehnfachem Erdabstand um die Sonne. Schon in einem kleineren Teleskop ist der von Christiaan HUYGENS im Jahre 1656 entdeckte Saturnring zu sehen. Saturn gilt mit seinem gewaltigen System aus Hunderten von Einzelringen als der „Ringplanet“ schlechthin. Zwar

Saturn in Zahlen

Bahndaten

	Millionen Kilometer	AE	Lichtlaufzeit in Minuten
Mittlere Entfernung von der Sonne	1432	9,576	79,6
Kleinste Entfernung von der Sonne	1343	8,98	74,6
Größte Entfernung von der Sonne	1509	10,09	83,8
Kleinste Entfernung von der Erde	1191	7,96	66,2
Größte Entfernung von der Erde	1665	11,1	92,1
Mittlere Umlaufszeit um die Sonne (siderische Periode)			29,46 Jahre
Synodische Periode (von Opposition zu Opposition)			378,09 Tage

Bahnneigung: i = 2°29′16″ Numerische Exzentrizität: e = 0,055
Bahngeschwindigkeit: $\bar{v}$ = 9,65 km/s

Physische Daten

		Saturn/Erde
Äquatordurchmesser	120000 km	9,41
Polardurchmesser	106900 km	
Abplattung	0,109	
Masse	$5{,}684 \times 10^{26}$ kg	95,145
Mittlere Dichte	0,69 g/cm^3	0,127
Entweichgeschwindigeit	33,4 km/s	2,98
Siderische Rotationsperiode		
System I	10^h14^m	
System II	10^h40^m	

Achsenneigung zur Senkrechten auf die Bahnebene: 26°44′
Mittlere Oppositionshelligkeit (ohne Ring): $+0\overset{m}{,}67$
Albedo (Rückstrahlvermögen): 0,42
Scheinbarer Durchmesser des Planetenscheibchens: 14″ bis 20″

Ringsystem

Außendurchmesser (A-Ring)	272400 km
Innendurchmesser (C-Ring)	145200 km
Cassini-Teilung (A-Ring innen)	243000 km
Breite der Cassini-Teilung	4800 km
Äußerste Ringteilchen (G-Ringe)	330000 km
Innerste Ringteilchen (D-Ringe)	134000 km

Raumsondenvorbeiflüge

	Start	Vorbeiflug	kürzeste Distanz
PIONEER 11	05. 04. 1973	01. 09. 1979	20930 km
VOYAGER 1	05. 09. 1977	12. 11. 1980	142200 km
VOYAGER 2	20. 08. 1977	25. 08. 1981	101390 km

wurden inzwischen auch um die anderen Riesenplaneten Jupiter, Uranus und Neptun Ringe entdeckt. Diese sind aber so unscheinbar, daß sie selbst in Riesenteleskopen nicht direkt zu sehen sind. Der mittlere Durchmesser des Saturnglobus beträgt 115630 km, dies entspricht dem Neunfachen des Erddurchmessers. Saturn ist damit der zweitgrößte Planet

in unserem Sonnensystem und wird nur noch von Jupiter an Größe übertroffen. Wegen seiner raschen Rotation von nur 10½ Stunden ist die Saturnkugel stark abgeplattet: Der Poldurchmesser ist um ein Neuntel kürzer als der Äquatordurchmesser von 120000 km. Saturn ist am stärksten von allen Planeten abgeplattet. Mit 0,69 g/cm³ mittlerer Dichte hat Saturn die geringste Dichte aller Planeten.
Ähnlich wie Jupiter besitzt der Ringplanet eine ausgedehnte Atmosphäre mit den Hauptbestandteilen molekularer Wasserstoff (93%) und Helium (6%) sowie Ammoniak und Methan. Im Teleskop sind Wolkenbänder parallel zum Äquator zu sehen, allerdings nicht so deutlich wie auf Jupiter. Windgeschwindigkeiten bis 1600 km/h wurden von den Raumsonden registriert. Die Temperatur an der Wolkenobergrenze wurde zu −190 °C, an der Wolkenuntergrenze zu −120 °C gemessen. Saturn sendet etwa 1,2mal soviel Strahlungsenergie (Maximum im Infraroten) aus, wie er von der Sonne erhält. Er besitzt eine innere Wärmequelle. Es ist thermische Energie, die im rund 20000 Grad (Zentraltemperatur) heißen Kern aus Silikaten gespeichert ist.
Wie der Saturnäquator ist das Ringsystem um 27° zur Saturnbahnebene geneigt. Im Vergleich zum gigantischen Durchmesser von rund 272000 km, was etwa zwei Drittel der Strecke Erde – Mond entspricht, ist der Saturnring mit weniger als einem Kilometer Dicke außerordentlich dünn. Bereits 1848 hat Edouard A. ROCHE nachgewiesen, daß aus himmelsmechanischen Gründen der Saturnring kein festes Gebilde sein kann. Den spektroskopischen Nachweis der differentiellen Rotation des Saturnringes führte 1895 James KEELER (Neigung der Spektrallinien infolge des DOPPLER-Effekts): Die äußeren Ringpartien rotieren langsamer als die inneren. Das Ringsystem setzt sich aus einer riesigen Zahl von einzelnen meteoritischen Partikeln zusammen, die in dichtem Reigen die Saturnkugel auf erzwungenen Kreisbahnen umrunden. Die drei Raumsonden, die bisher Saturn passierten (siehe Tabelle Saturn in Zahlen), funkten Aufnahmen, aus denen zu erkennen ist, daß das Ringsystem aus Hunderten von Einzelringen besteht. Die zahlreichen Ringe setzen sich ihrerseits wieder aus Dutzenden von Einzelringkomponenten zusammen, so daß man Saturn inzwischen als „Herr der tausend Ringe“ tituliert.
Mit irdischen Teleskopen wurden zehn Monde des Saturn entdeckt, die Raumsonden fanden 13 weitere, von denen aber nur 8 zweifelsfrei bestätigt werden konnten (siehe Tabelle Saturnmonde Seite 91). Saturn ist somit der mondreichste Planet im Sonnensystem. Sein mit 5120 km größter Mond Titan – nach dem Jupitermond Ganymed zweitgrößter Trabant – wird von einer dichten, methanhaltigen Atmosphäre eingehüllt. Zehn Saturnmonde haben Durchmesser von 200 km und größer, die übrigen sind Zwergmonde. Dabei laufen einige in koorbitalen Bahnen (nahezu gleichen Saturnentfernungen) und fokussieren dabei bestimmte Einzelringe (Schäferhund- oder Hirtenmonde). Die beiden prominentesten heißen Pandora und Prometheus.

Uranus

Obwohl Uranus mit $5^m\!.5$ Oppositionshelligkeit theoretisch mit freien Augen gesehen werden kann, war er im Altertum und Mittelalter unbekannt. Er wurde erst am 13. März 1781 von Friedrich Wilhelm HERSCHEL (1738–1822) im Sternbild Zwillinge entdeckt. Uranus zeigt im Fernrohr ein winziges, grünliches Scheibchen. In einem Abstand von 19 AE umrundet er die Sonne in 84 Jahren. Mit $0^\circ\!.77$ ist seine Bahnneigung zur Ekliptik die geringste aller Planeten. Die Rotationsachse des 51000 Kilometer großen Uranusglobus ist in seine Bahnebene hineingekippt (98° Neigung zur Senkrechten auf der Bahnebene, daher retrograde Rotation). Uranus wälzt beziehungsweise schraubt sich entlang seiner Bahn.
In den 80er Jahren unseres Jahrhunderts zeigte der Uranussüdpol in Richtung Sonne und Erde, zu Beginn des nächsten Jahrtausends sieht man auf den Uranusäquator, im dritten Jahrzehnt des nächsten Jahrtausends wird uns dann der Uranusnordpol zugekehrt sein.
Die dichte Uranusatmosphäre setzt sich zu 83% (Volumprozent) aus Wasserstoff, zu 15% aus Helium und zu 2% aus Methan zusammen. Die Temperatur an der Wolkenober-

Uranus in Zahlen

Bahndaten

	Millionen Kilometer	AE	Lichtlaufzeit in Minuten
Mittlere Entfernung von der Sonne	2884	19,28	160,2
Kleinste Entfernung von der Sonne	2735	18,28	151,9
Größte Entfernung von der Sonne	3005	20,09	164,9
Kleinste Entfernung von der Erde	2582	17,26	143,3
Größte Entfernung von der Erde	3158	21,11	175,2
Mittlere Umlaufzeit um die Sonne (siderische Periode)			84,67
Synodische Periode (Zeit zwischen zwei Oppositionen)			369,6 Tage

Bahnneigung: $i = 0°46'12''$ Numerische Exzentrizität: $e = 0{,}047$
Bahngeschwindigkeit: $\bar{v} = 6{,}80$ km/s

Physische Daten

		Uranus/Erde
Durchmesser	51118 km	4,00
Abplattung	0,03	
Masse	$8{,}685 \times 10^{25}$ kg	14,54
Mittlere Dichte	1,27 g/cm^3	0,23
Entweichgeschwindigkeit	21,3 km/s	1,90

Siderische Rotationsperiode: 17^h14^m
Achsenneigung zur Senkrechten auf die Bahnebene: 98° (retrograd!)
Mittlere Oppositionshelligkeit: $+5^m\!,5$ Albedo (Rückstrahlungsvermögen): 0,66
Scheinbarer Durchmesser in Opposition: 3″ bis 4″

Ringsystem

ε-Ring, 22–93 km breit	51160 km
1986 U1R, <2 km breit	50040 km
δ-Ring, <9 km breit	48310 km
γ-Ring, <4 km breit	47630 km
η-Ring, <2 km breit	47180 km
β-Ring, 7–12 km breit	45670 km
α-Ring, 7–12 km breit	44730 km

Raumsondenvorbeiflüge

	Start	Vorbeiflug	kürzeste Distanz
VOYAGER 2	20. 8. 1977	24. 8. 1986	80000 km

grenze mißt −215° Celsius. Der Methananteil bewirkt durch breite Absorptionsbanden im roten Bereich die grünliche Farbe des Uranus.
Im März 1977 wurden bei einer Sternbedekkung indirekt neun schmale und dunkle Ringe um Uranus entdeckt. Bilder vom Ringsystem lieferte erst VOYAGER 2 im Januar 1986, die bisher einzige Raumsonde, die Uranus passierte. Unter anderem lieferte VOYAGER 2 Aufnahmen der zerklüfteten und kraterübersäten

Oberflächen der fünf großen Uranusmonde, entdeckte noch zehn weitere, kleine Möndchen und fand einen zehnten Uranusring. Mit Hilfe der VOYAGER 2-Daten war es möglich, die Rotationszeit des Uranusglobus zu 17,2 Stunden zu bestimmen. In mittleren Breiten rotiert die Wolkenschicht in 16,2 Stunden, was auf einen heftigen Westwind schließen läßt.
Die Bahnen der Uranusmonde liegen fast in der Ebene des Uranusäquators und stehen somit fast senkrecht auf der Bahnebene.

Neptun

Während Uranus durch Zufall im Teleskop gefunden wurde, erfolgte die Entdeckung des achten Planeten am Schreibtisch. Aus Abweichungen der Uranusbewegung schloß man auf eine störende Masse. Unabhängig voneinander kalkulierten John Couch ADAMS (1819–1892) und Urbain Jean Joseph LEVERRIER (1811–1877) die Position eines hypotheti-

Neptun in Zahlen

Bahndaten

	Millionen Kilometer	AE	Lichtlaufzeit in Minuten
Mittlere Entfernung von der Sonne	4509	30,14	250,5
Kleinste Entfernung von der Sonne	4456	29,79	247,6
Größte Entfernung von der Sonne	4537	30,33	252,1
Kleinste Entfernung von der Erde	4308	28,8	239,0
Größte Entfernung von der Erde	4683	31,3	259,8
Mittlere Umlaufzeit um die Sonne (siderische Periode)			165,49 Jahre
Synodische Periode (Zeit zwischen zwei Oppositionen)			367,5 Tage

Bahnneigung: $i = 1°46'17''$ Numerische Exzentrizität: $e = 0{,}010$
Bahngeschwindigkeit: $\bar{v} = 5{,}43$ km/s

Physische Daten

		Neptun/Erde
Durchmesser	49424 km	3,87
Abplattung	0,026	
Masse	$1{,}028 \times 10^{26}$ kg	17,2
Mittlere Dichte:	1,77 g/cm^3	0,32
Entweichgeschwindigkeit	23,7 km/s	2,12
Siderische Rotation:	$16^h03^m \pm 4^m$	

Achsenneigung zur Senkrechten auf die Bahnebene: $29{,}^\circ6$
Mittlere Oppositionshelligkeit: $+7{,}^m8$ Albedo (Rückstrahlvermögen): 0,62
Scheinbarer Durchmesser des Planetenscheibchens: $2{,}''3$

Ringsystem

1989 N1R, ≈20 km breit	62930 km
1989 N4R, 5800 km breit (Außenrand)	59000 km
1989 N2R, <15 km breit	53200 km
1989 N3R, ≈1700 km breit (Innenrand)	40200 km

Raumsondenvorbeiflug

	Start	Vorbeiflug	kürzeste Distanz
VOYAGER 2	20. 8. 1977	25. 8. 1989	4900 km

schen Planeten. Johann Gottfried GALLE (1812–1910) und sein Assistent Heinrich D'ARREST (1822–1875) fanden den vermuteten Planeten am 23. September 1846 in Berlin nahe der angegebenen Stelle im Sternbild Wassermann. Nach längerem Streit wurde er schließlich Neptun getauft.
Neptun läuft in dreißigfachem Erdabstand in 165 Jahren einmal um die Sonne, wobei seine Bahn fast kreisförmig ($e = 0{,}01$) ist. Mit 49424 km Durchmesser ist Neptun fast so groß wie Uranus und knapp viermal größer als die Erdkugel. Im gleichen Jahr seiner Entdeckung, nämlich 1846, wurde Triton, der größte Neptunmond gefunden. Der zweite Neptunmond wurde erst 1949 entdeckt. VOYAGER 2 entdeckte bei seiner Passage an Neptun im August 1989 sechs weitere Monde. Außerdem fotografierte die Raumsonde fünf Neptunringe, die sich aus Partikeln sehr unterschiedlicher Größe zusammensetzen.
Neptun besitzt ebenfalls eine dichte und ausgedehnte Atmosphäre aus Wasserstoff und Helium sowie Anteilen von Methan und Ammoniak. VOYAGER 2 lieferte Bilder, die eine blaue Neptunatmosphäre mit hellen, weißen zirrenartigen Wolken sowie dunklen Strukturen zeigen. Besonders auffallend ist ein großer, dunkler Fleck (GDF – Großer Dunkler Fleck), der einen zyklonenartigen Wirbelsturm andeutet und in seiner Form dem GRF auf Jupiter sehr ähnlich ist. Die Rotation der Planetenkugel erfolgt in 16^h03^m, der GDF wandert in 18 Stunden einmal um die Neptunkugel. Daraus folgt, daß gewaltige Strömungen in der Atmosphäre vorhanden sein müssen. Windgeschwindigkeiten bis zu 1100 Kilometer pro Stunde wurden registriert, wobei die Winde entgegen der Rotationsrichtung des Neptun wehen, also anders als bei Uranus. In der Neptuntroposphäre liegen die Temperaturen bei −190 °C. In der kühleren Stratosphäre kristallisiert Methan zu Eisflocken und bildet zirrenartige Wolken.
Insgesamt strahlt Neptun etwa zweieinhalbmal mehr Wärme ab, als er von der Sonne empfängt. Ähnlich wie Jupiter und Saturn verfügt er im Gegensatz zu Uranus über gespeicherte thermische Energie.

Pluto

Der sonnenfernste und kleinste der neun großen Planeten unseres Sonnensystems wurde im März 1930 als winziges Pünktchen auf einer photographischen Aufnahme mit dem 24 Zoll-Refraktor des Lowell-Observatoriums (Flagstaff, Arizona) von Clyde W. TOMBAUGH entdeckt. Im Mittel ist Pluto knapp 40 AE von der Sonne entfernt. Die numerische Exzentrizität der Plutobahn hat mit 0,246 den größten Wert von allen Planetenbahnen, ebenso seine Bahnneigung von 17°. Im Perihel kommt Pluto auf 29,6 AE an die Sonne heran. Sein Perihel durchlief Pluto im September 1989. Von Januar 1979 bis März 1999 ist Pluto der Sonne näher als Neptun. Im Aphel, das er im Jahre 2107 passieren wird, trennen ihn 49 AE von der Sonne. Seine Umlaufszeit um die Sonne beträgt 248 Jahre.
Im Jahre 1978 fand James W. CHRISTY einen Mond des Pluto, der Charon getauft wurde. Die Charonbahn ist 118° zur Plutobahnebene geneigt, sie steht also fast senkrecht. Von 1985 bis 1990 war die Kante der Charonbahn auf die Sonne und die Erde gerichtet, wobei es zu gegenseitigen Bedeckungen kam. Aus diesen Bedeckungen konnten die Bahnparameter abgeleitet werden. Der Durchmesser der Plutokugel wurde zu 2300 km, der von Charon zu 1200 km bestimmt.
Man nennt das Plutosystem einen Doppelplaneten, denn relativ zu seinem Mutterplaneten ist Charon der weitaus größte Mond im Sonnensystem: Das Verhältnis Mond zu Planet beträgt hier fast 1 : 2, beim Erde-Mondsystem 1 : 4, beim Jupitermond Ganymed, dem absolut größten Mond, etwa 1 : 30.
Der Radius der kreisförmigen Charonbahn mißt 19700 km. Das Plutosystem rotiert doppelt gebunden. Plutoeigendrehung, Charonrotation und Umlauf von Charon um Pluto zeigen die gleiche Periode von 6,39 Tagen. Pluto und Charon kehren einander stets die gleichen Seiten ihrer Oberfläche zu. Aus Helligkeitsvariationen und Infrarotbeobachtungen schließt man, daß Pluto auf seiner Oberfläche einen hellen Fleck aufweist, daß stellenweise Methandunst auftritt und daß die −220 °C kalte Oberfläche außer von gefrorenem Methan zu einem Teil auch von Wassereis bedeckt wird.

Pluto und sein Mond Charon in Zahlen

Bahndaten für Pluto

	Millionen Kilometer	AE	Lichtlaufzeit in Minuten
Mittlere Entfernung von der Sonne	5966	39,88	331,4
Kleinste Entfernung von der Sonne	4425	29,58	245,8
Größte Entfernung von der Sonne	7375	49,30	409,7
Kleinste Entfernung von der Erde	4273	28,56	237,4
Größte Entfernung von der Erde	7529	31,3	419,2
Mittlere Umlaufzeit um die Sonne (siderische Periode)			247,7 Jahre
Synodische Periode (Zeit zwischen zwei Oppositionen)			366,72 Tage

Bahnneigung: $i = 17°09'$ Numerische Exzentrizität: $e = 0{,}246$
Bahngeschwindigkeit: $\bar{v} = 4{,}7$ km/s; im Perihel 6,1 km/s; im Aphel 3,6 km/s

Bahndaten für Charon

Mittlere Entfernung von Pluto: 19700 km Umlaufzeit: 6,3872 Tage

Physische Daten:

	Pluto	Charon
Durchmesser (km)	2300:	1180:
Masse (kg)	$1{,}5 \times 10^{22}$	$1{,}9 \times 10^{21}$:
in Erdmassen	0,0025	0,00032:
Mittlere Dichte (g/cm^3)	2,15:	1,4:
Siderische Rotation	$6^d 9^h 18^m$	$6^d 9^h 18^m$

Ein": " hinter dem Zahlenwert bedeutet, daß die Angabe noch unsicher ist.

Die Planetoiden

Schon früh war aufgefallen, daß zwischen der Mars- und der Jupiterbahn eine recht große Lücke klafft. Johann TITIUS (1729–1796) und Johann Elert BODE (1747–1826) haben eine Relation aufgestellt, nach der bei 2,8 AE Sonnenabstand ein Planet laufen sollte. Die **TITIUS-BODE-Relation** lautet:

$$E = a + b \times 2^n$$

E bedeutet die Entfernung, a = 0,4 und b = 0,3; für n ist die Zahlenfolge $-\infty$, 0, 1, 2, 3... für die Planeten, beginnend mit Merkur, Venus usw., einzusetzen. Damit ergibt sich die TITIUS-BODE-Reihe der Planetenabstände von der Sonne:

Planet	Abstand nach TITIUS-BODE AE	Wahrer Wert AE
Merkur	0,4	0,39
Venus	0,7	0,72
Erde	1,0	1,00
Mars	1,6	1,52
–	2,8	–
Jupiter	5,2	5,21
Saturn	10,0	9,56
Uranus	19,6	19,3
Neptun	–	30,1
Pluto	38,8	39,9

Nach TITIUS-BODE ergeben sich die Planetenabstände in Einheiten der Grundentfernung Erde – Sonne (AE) recht gut. Lediglich Neptun fällt heraus, und zwischen Mars und Jupiter fehlt offenbar ein Planet. In der Neujahrsnacht von 1800 auf 1801 entdeckte G. PIAZZI in Palermo einen Himmelskörper, für den C.F. GAUSS eine kreisähnliche Bahn mit einer mittleren Sonnenentfernung von 2,78 AE bestimmte. Der neue Himmelskörper erhielt den Namen **Ceres.** Damit war die Lücke in der TITIUS-BODE-Reihe geschlossen. In der Folgezeit wurden Dutzende weiterer planetarer Kleinkörper (Planetoiden, Asteroiden) gefunden, die in Bahnen zwischen Mars und Jupiter die Sonne umrunden. Man spricht deshalb vom **Planetoidengürtel.** Heute sind von über 5000 Planetoiden die Bahnelemente bekannt. Ceres als größter Planetoid hat etwa 930 km Durchmesser. Man schätzt, daß rund 50000 Planetoiden mit Durchmessern größer als 1 km existieren.

Einige Planetoiden laufen auf stark exzentrischen Bahnen und kreuzen dabei auch andere Planetenbahnen, unter anderem die Erdbahn (Apollo-Gruppe). Planetoid Ikarus (1566) bewegt sich auf einer langgestreckten Ellipse ($e = 0{,}827$). Sein Perihel liegt innerhalb der Merkurbahn. Planetoiden, die der Erde sehr nahe kommen, wurden früher zur Bestimmung der Sonnenparallaxe ($\pi_{\odot}$) benutzt. In der Jupiterbahn laufen ebenfalls zwei Gruppen **(Trojaner)** von Planetoiden um die Sonne (in den LAGRANGE-Punkten L_4 und L_5).

1977 wurde ein Planetoid (Chiron 2060) gefunden, der zwischen der Saturn- und Uranusbahn in einem mittleren Abstand von 13,7 AE in 66 Jahren um die Sonne wandert. Möglicherweise gibt es einen zweiten Planetoidengürtel.

Die durchschnittliche Dichte der Planetoiden liegt bei $\bar{\varrho} = 3\ \mathrm{g\ cm^{-3}}$. Die Gesamtmasse aller Planetoiden ist kleiner als 0,1 Erdmassen. Der Wert ist aber nur grob geschätzt. Die kleineren Planetoiden weichen stark von der sphärischen Form ab, sie sind unregelmäßig geformte Körper (Rotationslichtwechsel!).

Die Monde der Planeten

Bis auf Merkur und Venus werden die Planeten von Satelliten (Monde, Trabanten) umkreist. Außerdem besitzen Saturn, Uranus, Jupiter und Neptun Ringe aus kosmischen Kleinkörpern („Minimonde", eisgepanzerte Gesteinsbrocken).

Erde: 1 Mond (Erdmond) $^1/_4$ Erddurchmesser, $^1/_{81}$ Erdmasse

Mars: 2 winzige unregelmläßig geformte Monde

Phobos: 27 × 21 × 19 km

Deimos: 15 × 12 × 11 km

Jupiter: 16 Monde, davon vier große, helle (GALILEIsche Monde), schon im Fernglas zu beobachten.

	Durchmesser	Umlaufzeit in Tagen
Io	3630 km	1,769
Europa	3138 km	3,551
Ganymed	5262 km	7,155
Kallisto	4800 km	16,689

Ganymed ist der größte Mond im Sonnensystem; er übertrifft noch Merkur und kommt an Größe an Mars heran. Io zeigt aktiven Vulkanismus (Energiezufuhr durch Gezeitenwirkungen!).

Saturn: 18 Monde, davon wurden 10 von der Erde aus entdeckt, die übrigen von den VOYAGER-Missionen. Größter Mond ist Titan (5120 km Durchmesser), zweitgrößter Mond im Sonnensystem, von einer dichten Stickstoffatmosphäre umschlossen.

Uranus: 15 Monde; fünf große Monde wurden von der Erde aus entdeckt, zehn Kleinmonde fand die VOYAGER 2-Sonde im Januar 1986.

Neptun: 8 Monde, zwei Monde wurden von der Erde aus entdeckt, sechs Monde von VOYAGER 2 im August 1989.

Pluto: 1 Mond, Charon mit Namen, erst im Jahre 1978 von der Erde aus entdeckt, im Verhältnis zum Mutterplanet größter Mond im Sonnensystem (Plutodurchmesser: 2300 km, Charondurchmesser: 1200 km). Pluto ist damit eher ein Doppelplanet als ein Planet mit Satellit. Beide Körper umrunden einander in gebundener Rotation in 6,39 Tagen (gebundene Rotation: Revolutionszeit = Rotationsdauer).

Die Monde des Jupiter

Name	Abstand (km)	Umlaufzeit (Tage)	Exzentrizität	Bahnneigung(°)	Durchmesser (km)	Entdecker/Jahr
Metis	127 960	0,295	0,0	0,0	40	SYNNOTT (1980)
Adrastea	128 980	0,295	0,0	0,0	24 × 16	JEWITT (1979)
Amalthea	181 300	0,489	0,003	0,4	270 × 150	BARNARD (1892)
Thebe	221 900	0,675	0,0	0,0	100	SYNNOTT (1980)
Io	421 600	1,769	0,004	0,0	3630	GALILEI (1610)
Europa	670 900	3,551	0,000	0,5	3138	GALILEI (1610)
Ganymed	1 070 000	7,155	0,001	0,2	5262	GALILEI (1610)
Kallisto	1 883 000	16,69	0,010	0,2	4800	GALILEI (1610)
Leda	11 094 000	240	0,146	26,7	16	KOWAL (1974)
Himalia	11 480 000	251	0,158	27,6	180	PERRINE (1904)
Lysithea	11 720 000	260	0,130	29,0	40	NICHOLSON (1938)
Elara	11 737 000	260	0,207	24,8	80	PERRINE (1905)
Ananke	21 200 000	617	0,17	147	30	NICHOLSON (1951)
Pasiphae	22 600 000	692	0,21	164	44	MELOTTE (1908)
Carme	23 500 000	753	0,38	145	70	NICHOLSON (1938)
Sinope	23 700 000	758	0,28	153	40	NICHOLSON (1914)

Die Monde des Saturn

Name	Abstand (km)	Umlaufzeit (Tage)	Exzentrizität	Bahnneigung(°)	Durchmesser (km)	Entdecker/Jahr
Pan	133 570	0,575			20	SHOWALTER (1981)
Atlas	137 640	0,602	0,002	0,3	40 × 30	TERRILE (1980)
Prometheus	139 350	0,613	0,004	0,0	140 × 80	COLLINS (1980)
Pandora	141 700	0,629	0,004	0,1	110 × 70	COLLINS (1980)
Janus	151 422	0,694	0,009	0,3	220 × 160	DOLLFUSS (1966)
Epimetheus	151 472	0,695	0,007	0,1	150 × 100	WALKER (1980)
Mimas	185 200	0,942	0,020	1,5	390	HERSCHEL (1789)
Enceladus	238 020	1,370	0,004	0,0	500	HERSCHEL (1789)
Tethys	294 600	1,888	0,000	1,1	1050	CASSINI (1684)
Telesto	294 600	1,888			24	SMITH (1980)
Calypso	294 600	1,888			20 × 20	SMITH (1980)
Dione	377 400	2,737	0,002	0,0	1120	CASSINI (1684)
Helene	377 400	2,737	0,005	0,2	36 × 30	LACQUES (1980)
Rhea	527 040	4,518	0,001	0,4	1530	CASSINI (1672)
Titan	1 221 850	15,95	0,029	0,3	5120	HUYGENS (1655)
Hyperion	1 481 000	21,28	0,104	0,04	350 × 200	BOND (1848)
Japetus	3 561 300	79,33	0,028	14,7	1420	CASSINI (1671)
Phoebe	12 952 000	550	0,163	150	220	PICKERING (1898)

Die Monde des Uranus

Name	Abstand (km)	Umlaufzeit (Tage)	Exzentrizität	Bahnneigung(°)	Durchmesser (km)	Entdecker/Jahr
Cordelia	49750	0,333			30	VOYAGER 2 (1986)
Ophelia	53760	0,375			30	VOYAGER 2 (1986)
Bianca	59160	0,433			40	VOYAGER 2 (1986)
Cressida	61770	0,463			70	VOYAGER 2 (1986)
Desdemona	62660	0,475			60	VOYAGER 2 (1986)
Juliet	64360	0,492			80	VOYAGER 2 (1986)
Portia	66100	0,513			110	VOYAGER 2 (1986)
Rosalind	69930	0,558			60	VOYAGER 2 (1986)
Belinda	75260	0,621			70	VOYAGER 2 (1986)
Puck	86010	0,763			150	VOYAGER 2 (1986)
Miranda	129780	1,413	0,017	4,2	470	KUIPER (1948)
Ariel	191240	2,521	0,0028	0,3	1160	LASSELL (1851)
Umbriel	265970	4,146	0,0035	0,4	1170	LASSELL (1851)
Titania	435840	8,704	0,0024	0,1	1580	HERSCHEL (1787)
Oberon	582600	13,463	0,007	0,1	1520	HERSCHEL (1787)

Die Monde des Neptun

Name	Abstand (km)	Umlaufzeit (Tage)	Exzentrizität	Bahnneigung(°)	Durchmesser (km)	Entdecker/Jahr
Naiad	48000	0,30	0,0	4,5	50	VOYAGER 2 (1989)
Thalassa	50000	0,31	0	0	80	VOYAGER 2 (1989)
Despina	52500	0,34	0	0	180	VOYAGER 2 (1989)
Galatea	62000	0,43	0	0	150	VOYAGER 2 (1989)
Larissa	73600	0,56	0	0	210 × 190	VOYAGER 2 (1989)
Proteus	117600	1,12	0	0	400	VOYAGER 2 (1989)
Triton	354800	5,88	0	160	2705	LASSELL(1846)
Nereide	1,39–9,64 Mio	360	0,75	27	340	KUIPER (1949)

Die Kometen

Die Bezeichnung Kometen geht auf ihre Erscheinungsform zurück (lat.: coma = Haar, also Haarsterne). Die Haar- oder Schweifsterne sind Mitglieder unseres Sonnensystems, die sich meist auf parabelnahen (e $\approx$ 1), also langgestreckten Ellipsen um die Sonne bewegen. Nur in Sonnennähe entwickeln sie einen Schweif, der einige Millionen Kilometer lang werden kann. Kometen mit Umlaufszeiten unter 200 Jahren werden kurzperiodisch genannt, die übrigen langperiodisch. Kometen**kerne** sind sehr klein (einige Kilometer Durchmesser). Um den Kern bildet sich eine Gashülle, die Koma (Durchmesser etwa 10^5 km) , wenn sich der Kern der Sonne nähert. Kern plus **Koma** bilden den Kopf des Kometen. Der Strahlungsdruck, vor allem aber der Sonnenwind (Partikelstrahlung: Protonen, Elektronen, α-Teilchen), treibt die Gas-

Schematischer Aufbau eines Kometen

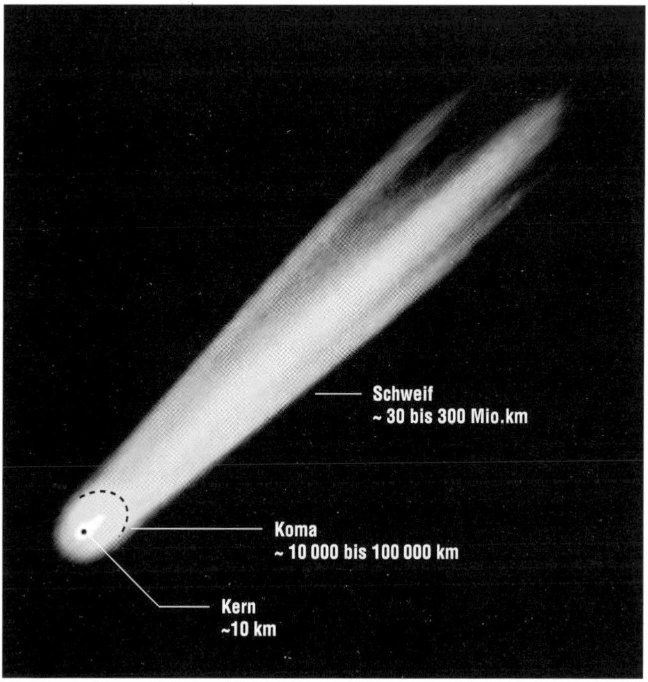

moleküle und Staubpartikel vom Kopf fort, ein **Schweif** bildet sich, der stets von der Sonne weggerichtet ist. Neben der Gaskomponente (H, He, Kohlenwasserstoffe und deren Radikale, Kohlenstoff-Stickstoff-Verbindungen) beobachtet man auch einen Staubschweif, der meist gekrümmt ist (Stichwort: Massenspektrometer-Auffächerung des Schweifes). Man schätzt, daß etwa 10^{11} Kometen in der OORTschen Wolke die Sonne in rund 5×10^5 AE Distanz umrunden.

Berühmtester Komet ist der **HALLEYsche Komet** (U = 76 Jahre), an dessen Kern die europäische Raumsonde GIOTTO im März 1986 in nur 500 km Distanz vorbeiflog. Dabei wurde das „Schmutzige-Schneeball"-Modell von F. WHIPPLE glänzend bestätigt. Danach bestehen Kometenkerne aus einem Konglomerat aus Silikaten und Kohlenstoffverbindungen, die von gefrorenen Gasen (H_2O, NH_3, CH_4) zusammengehalten werden. In Sonnennähe verdampft ein Teil des Gases, Koma und Schweif entstehen. Durch mehrmalige Perihelpassagen lösen sich Kometen auf und verstreuen Staubpartikel entlang ihrer Bahn. Das Zerbrechen von Kometenkernen in Sonnennähe wurde schon mehrmals beobachtet.

Meteoroide und interplanetare Materie

Außer Planeten, Monden, Planetoiden und Kometen beherbergt der interplanetare Raum zahlreiche kosmische Kleinkörper, von Staubkörnern über submikroskopische Teilchen bis zu Molekülen, Atomen und Elementarteilchen. Die drei Komponenten Staub, Gas und Plasma bilden die **interplanetare Materie**, wobei die Staubkomponente zur Hauptebene des Sonnensystems konzentriert ist (Staubscheibe).

Kosmische Kleinkörper von 10^{-3} bis etwa 10^2 cm Durchmesser werden **Meteoroide** genannt, solange sie sich im interplanetaren Raum aufhalten. Stoßen sie mit der Erde zusammen bzw. verglühen sie in der irdischen Atmosphäre, so spricht man von **Meteoriten**.

Meteorströme (Sternschnuppenschwärme)

Name	Radiant	Auftreten Erstes	Maximum	Letztes	Frequenz	Mittlere Geschw. km/s	Ursprung
Quadrantiden (Bootiden)	Boo	1. Jan.	3. Jan.	6. Jan.	100–200	40	planetarisch
Alpha-Aurigiden	Aur	6. Feb.		9. Feb.	gering	langsam	
Delta-Leoniden	Leo	5. Feb.	26. Feb.	19. März	schwach	23	ekliptikal
Virginiden	Vir	28. Feb.	3. April	10. Mai	schwach		ekliptikal
Hydraïden	Hya	15. März	–	5. April	gering	langsam	
Sigma-Leoniden	Leo	21. März	17. April	13. Mai	schwach	20	ekliptikal
Lyriden	Lyr	12. April	22. April	24. April	10–20	48	kometarisch THATCHER
Eta-Aquariden (Mai-Aquariden)	Aqr	1. Mai	**4. Mai**	8. Mai	35–60	65	kometarisch HALLEY
Tau-Herkuliden	Her	19. Mai	3. Juni	14. Juni	schwach	15	
Scorpius-Sagittarius-Strom	Sco-Sgr	30. Mai	14. Juni	30. Juni		26	ekliptikal
Libriden	Lib	8. Juni	–	9. Juni			
Juni-Lyriden	Lyr	10. Juni	–	20. Juni			
Corviden	Crv	25. Juni	27. Juni	2. Juli			
Juni-Draconiden	Dra		28. Juni				kometarisch PONS-WINNECKE
Delta-Aquariden (Juli-Aquariden)	Aqr	20. Juli	**29. Juli**	10. Aug.	30	41	ekliptikal
Alpha-Capricorniden	Cap	15. Juli	30. Juli	10. Aug.	12	23	kometarisch HONDA-MRKOŠ-PAJDUSAKOVA
Perseïden	Per	20. Juli	**12. Aug.**	20. Aug.	70	65	kometarisch SWIFT-TUTTLE
Kappa-Cygniden	Cyg	9. Aug.	18. Aug.	6. Okt.	5–10	25	kometarisch
Cepheïden	Cep	–	18. Aug.	–	10		
Pisciden	Psc	31. Aug.	20. Sept.	31. Okt.	15	30	ekliptikal
Tauriden	Tau	19. Sept.	13. Nov.	1. Dez.	10–20	29	kometarisch ENCKE
Delta-Draconiden (Oktober-Draconiden, Giacobiniden)	Dra	7. Okt.		11. Okt.			kometarisch GIACOBINI-ZINNER
Andromediden (Biëliden)	And	25. Sept.	3. Okt.	12. Nov.		21	kometarisch BIËLA
Orioniden	Ori	14. Okt.	**21. Okt.**	28. Okt.	30–40	60	kometarisch HALLEY
Leoniden	Leo	15. Nov.	**17. Nov.**	19. Nov.	15	70	kometarisch TEMPEL-TUTTLE
Geminiden	Gem	6. Dez.	13. Dez.	17. Dez.	60	40	ekliptikal
Ursiden	UMi	17. Dez.	22. Dez.	24. Dez.	20	35	kometarisch TUTTLE
Coma Bereniciden	Com	12. Dez.		23. Jan.		65	

Die Leuchterscheinungen infolge des Verglühens heißen **Meteore** (= Sternschnuppen). Man unterscheidet zwischen sporadischen Meteoren und Meteorströmen.
Die Masse des **interplanetaren Staubes** innerhalb der Erdbahn beträgt rund 10^{-8} Erdmassen. Am Staub reflektiertes Sonnenlicht wird als **Zodiakallicht** (= Tierkreislicht) und als **Gegenschein** (Leuchterscheinung in 180° ekliptikaler Längendifferenz zur Sonne) beobachtet. Die Staubteilchen spiralisieren in die Sonne hinein (POYNTING-ROBERTSON-Effekt). Ein Teilchen von 1 cm Durchmesser benötigt dabei 2×10^7 Jahre, um aus der Erdbahn in die Sonne zu stürzen, ein 10^{-7} cm großer Meteoroid nur 10^4 Jahre. Nachlieferung des interplanetaren Staubes geschieht durch sich auflösende Kometen.
Das **interplanetare Gas** setzt sich hauptsächlich aus Protonen, Elektronen und Heliumkernen (Alpha-Teilchen) zusammen, die der Sonnenwind ($v \approx$ 400 bis 500 km/s) liefert. Bei starken Eruptionen auf der Sonne erreichen Teilchen Geschwindigkeiten bis 1000 km/s. Die Dichte beträgt in Erdbahnnähe 10^{-23} g · cm^{-3}. Die äußere Sonnenkorona geht kontinuierlich in das interplanetare Plasma über.

Stellarastronomie

Die vielen Lichtpünktchen, die man am klaren Nachthimmel sehen kann, sind mit Ausnahme der fünf, mit freiem Auge erkennbaren Planeten alle selbstleuchtende, glühend-heiße Gasbälle, kurz Sterne. Auch unsere Sonne ist ein Stern. Sterne sind somit Geschwister der Sonne. Sterne sind jedoch erheblich weiter als unsere Sonne von der Erde entfernt. Während das Licht von der Sonne nur $8\frac{1}{3}$ Minuten zur Erde unterwegs ist, erreicht das Sternenlicht erst Jahre, Jahrhunderte oder gar Jahrmillionen nach der Abstrahlung von den glühenden Sternoberflächen die Erde.

In der Welt der Sterne ist unsere Sonne gewissermaßen die „Normalkerze" bzw. „Normalleuchte". Man vergleicht die Eigenschaften wie Leuchtkräfte, Massen oder Durchmesser der fremden Sonnen gerne mit denen unserer eigenen Sonne und gibt sie entsprechend in Sonneneinheiten an. So gibt es Sterne mit hundertfacher Sonnenleuchtkraft oder mit zehnfacher Sonnenmasse. Andere Sterne wieder haben hundert- oder gar tausendfachen Sonnendurchmesser.

Die Sterne prägen dem Nachthimmel ein scheinbar unveränderliches Muster auf. Jahrein, jahraus sieht man die gleichen Konstellationen. Man spricht daher von Fixsternen, da die Sterne fest (fix) an der Himmelskugel angeheftet zu sein scheinen. Mit genauen Meßmethoden lassen sich aber dennoch Verschiebungen (Eigenbewegungen) der Sterne messen. In sehr langen Zeiträumen (etliche zehntausend Jahre) verändert sich der Anblick des Fixsternenhimmels auch für das bloße Auge merklich.

Die Sternbilder sind dann nicht mehr ohne weiteres zu identifizieren. Unter einem Sternbild versteht man eine Gruppe von Sternen, die wegen ihrer einprägsamen oder auffälligen geometrischen Zuordnung dem Betrachter als Einheit erscheint. Die menschliche Phantasie hat diesen Gruppen irdische Gegenstände, Tiere, Menschen oder Gestalten aus der Mythologie zugeordnet. Wohl am bekanntesten ist in unseren Gegenden die Figur des „Großen Wagen", die von sieben helleren Sternen dargestellt wird. Die einzelnen Völker und Kulturkreise sahen in den Konstellationen durchaus verschiedene Gestalten und Objekte. So ist der Große Wagen von den Römern als „Septemtriones" (die sieben Dreschochsen) bezeichnet worden; die Amerikaner wieder meinen, hier einen Großen Schöpflöffel („Big Dipper") zu erkennen.

Die meisten der heute benutzten Sternbilder stammen aus der griechisch-römischen Mythologie. Viele haben ihre Wurzel im babylonischen Kulturkreis, einige kamen im Mittelalter hinzu. Die Sternbilder des Südhimmels wurden erst in der Neuzeit von den Entdeckern benannt.

Im Jahre 1925 hat die IAU für die gesamte Himmelskugel 88 Sternbilder verbindlich festgelegt. Sie haben lateinische Namen und jeweils eine dreibuchstabige Abkürzung (siehe Tabelle Seiten 98/99). Waren früher die Grenzen zwischen den einzelnen Sternbildern unklar oder fließend, so sind die durch IAU-Beschluß festgelegten Sternbilder durch die rechtwinkeligen, äquatorialen Himmelskoordinaten (Rektaszension und Deklination, siehe auch Seite 22f.) eindeutig abgegrenzt.

Alte Sternkarten und Himmelsatlanten zeigen oft recht phantasiereich ausgeschmückte Darstellungen der einzelnen Himmelsfiguren, die einander zum Teil widersprachen. Moderne Sternkarten enthalten nur noch Namen und Koordinatengrenzen eines Sternbildes, aber keine figürliche Darstellung mehr (Abb. rechts oben).

Auf Seite 20 findet man ein Verzeichnis der gebräuchlichsten und wichtigsten Sternkarten und Himmelsatlanten.

Ausschnitt aus dem Atlas für Himmelsbeobachter von Erich KARKOSCHKA. *Die Übersichtskarten enthalten alle Sterne bis zur Grenzgröße 6^m, die Aufsuchkarten für Sternhaufen und Nebel bis zur Grenzgröße 9^m (Franckh-Kosmos-Verlag, Stuttgart, 1988).*

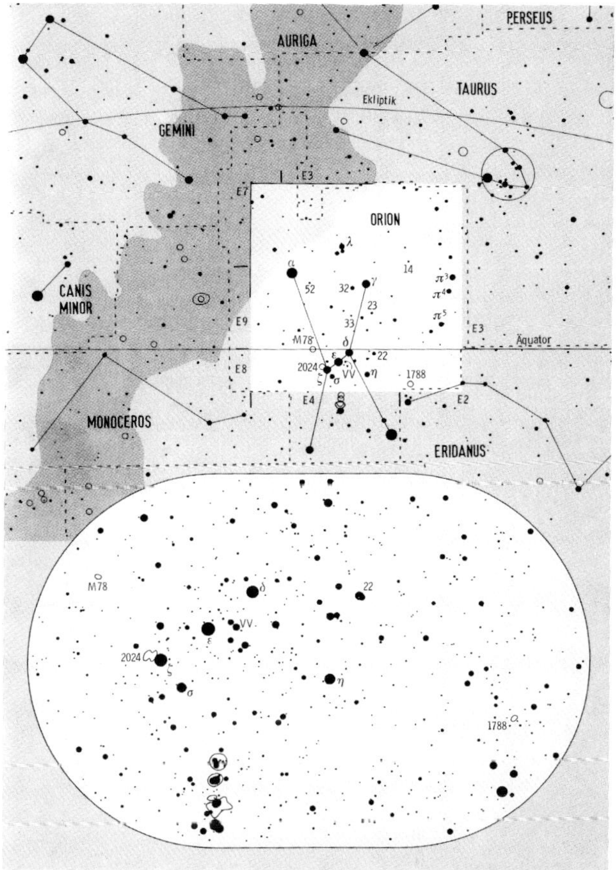

Bezeichnungen der Sterne

Nur die hellsten oder auffälligen Sterne, deren Helligkeit sich beispielsweise periodisch ändert, haben Eigennamen erhalten. Viele Sternnamen stammen von den Arabern. So heißen die beiden hellsten Sterne im Wintersternbild Orion Beteigeuze (Schulter) und Rigel (Fuß) oder der berühmte veränderliche Stern im Perseus Algol (Teufel).

Im Jahre 1603 hat Johannes BAYER in seinem Sternatlas *Uranometria* die helleren Sterne mit griechischen Buchstaben und dem Genitiv des lateinischen Sternbildnamens versehen. So bekommt der hellste Stern in der Leier die Bezeichnung α Lyrae (oder kurz α Lyr), der zweithellste β Lyrae, der dritthellste γ Lyrae usw. Die Helligkeitsfolge ist allerdings nicht immer strikt eingehalten, gelegentlich hat die Mythologie Vorrang. Von den beiden hellen Zwillingssternen trägt der hellere Pollux die Bezeichnung β Geminorum, der etwas schwächere Kastor jedoch wird α Geminorum genannt. Bei Doppelsternen findet man manchmal noch einen Index an den griechischen Buchstaben angehängt, z.B. ε_1 und ε_2 Lyrae, der berühmte Vierfachstern in der Leier (sowohl ε_1 als auch ε_2 sind jeweils Doppelsterne). Die 24 griechischen Buchstaben pro Sternbild reichen natürlich nicht aus, um alle Sterne zu

benennen. John FLAMSTEED (1646–1719) hat in seinem *Atlas Coelestis* die Sterne deshalb noch zusätzlich mit Nummern und dem Sternbildnamen versehen. Die FLAMSTEED-Nummern sind heute noch in Gebrauch. So ist 61 Cygni der berühmte Stern im Schwan, dessen Entfernung 1838 im Zuge der ersten erfolgreichen Parallaxenmessung von Friedrich Wilhelm BESSEL bestimmt wurde.
Bei schwächeren Sternen gibt man die Katalognummern an, unter denen sie verzeichnet sind, oder einfach die genauen Koordinaten. BD+52°1312 bezeichnet den Stern Nummer 1312 in der Deklinationszone von +52° bis

Die Sternbildnamen

Name des Sternbildes	*Lateinischer Name*	*Lateinischer Genitiv*	*Abkürzung*
Adler	Aquila	Aquilae	Aql
Altar	Ara	Arae	Ara
Andromeda	Andromeda	Andromedae	And
Becher	Crater	Crateris	Crt
Bildhauer	Sculptor	Sculptoris	Scl
Bootes	Bootes	Bootis	Boo
Chamäleon	Chamaeleon	Chamaeleontis	Cha
Delphin	Delphinus	Delphini	Del
Drache	Draco	Draconis	Dra
Dreieck	Triangulum	Trianguli	Tri
Dreieck, Südliches	Triangulum Australe	Trianguli Australis	TrA
Eidechse	Lacerta	Lacertae	Lac
Einhorn	Monoceros	Monocerotis	Mon
Eridanus	Eridanus	Eridani	Eri
Fernrohr	Telescopium	Telescopii	Tel
Fische	Pisces	Piscium	Psc
Fisch, Fliegender	Volans	Volantis	Vol
Fisch, Südlicher	Piscis Austrinus	Piscis Austrini	PsA
Fliege	Musca	Muscae	Mus
Füchschen	Vulpecula	Vulpeculae	Vul
Fuhrmann	Auriga	Aurigae	Aur
Füllen	Equuleus	Equulei	Equ
Giraffe	Camelopardalis	Camelopardalis	Cam
Grabstichel	Caelum	Caeli	Cae
Großer Bär	Ursa Maior	Ursae Maioris	UMa
Großer Hund	Canis Maior	Canis Maioris	CMa
Haar der Berenike	Coma Berenices	Comae Berenices	Com
Hase	Lepus	Leporis	Lep
Herkules	Hercules	Herculis	Her
Hinterdeck	Puppis	Puppis	Pup
Indianer	Indus	Indi	Ind
Jagdhunde	Canes Venatici	Canum Venaticorum	CVn
Jungfrau	Virgo	Virginis	Vir
Kassiopeia	Cassiopeia	Cassiopeiae	Cas
Kentaur	Centaurus	Centauri	Cen
Kepheus	Cepheus	Cephei	Cep
Kleiner Bär	Ursa Minor	Ursae Minoris	UMi
Kleiner Hund	Canis Minor	Canis Minoris	CMi
Kleiner Löwe	Leo Minor	Leonis Minoris	LMi

Name des Sternbildes	*Lateinischer Name*	*Lateinischer Genitiv*	*Abkürzung*
Kranich	Grus	Gruis	Gru
Krebs	Cancer	Cancri	Cnc
Kreuz des Südens	Crux	Crucis	Cru
Krone, Nördliche	Corona Borealis	Coronae Borealis	CrB
Krone, Südliche	Corona Australis	Coronae Australis	CrA
Leier	Lyra	Lyrae	Lyr
Löwe	Leo	Leonis	Leo
Luchs	Lynx	Lyncis	Lyn
Luftpumpe	Antlia	Antliae	Ant
Maler	Pictor	Pictoris	Pic
Mikroskop	Microscopium	Microscopii	Mic
Netz	Reticulum	Reticuli	Ret
Ofen	Fornax	Fornacis	For
Oktant	Octans	Octantis	Oct
Orion	Orion	Orionis	Ori
Paradiesvogel	Apus	Apodis	Aps
Pegasus	Pegasus	Pegasi	Peg
Pendeluhr	Horologium	Horologii	Hor
Perseus	Perseus	Persei	Per
Pfau	Pavo	Pavonis	Pav
Pfeil	Sagitta	Sagittae	Sge
Phönix	Phoenix	Phoenicis	Phe
Rabe	Corvus	Corvi	Crv
Schiffskiel	Carina	Carinae	Car
Schiffskompaß	Pyxis	Pyxidis	Pyx
Schild	Scutum	Scuti	Sct
Schlange	Serpens	Serpentis	Ser
Schlangenträger	Ophiuchus	Ophiuchi	Oph
Schwan	Cygnus	Cygni	Cyg
Schwertfisch	Dorado	Doradus	Dor
Schütze	Sagittarius	Sagittarii	Sgr
Segel	Vela	Velorum	Vel
Sextant	Sextans	Sextantis	Sex
Skorpion	Scorpius	Scorpii	Sco
Steinbock	Capricornus	Capricorni	Cap
Stier	Taurus	Tauri	Tau
Tafelberg	Mensa	Mensae	Men
Taube	Columba	Columbae	Col
Tukan	Tucana	Tucanae	Tuc
Waage	Libra	Librae	Lib
Walfisch	Cetus	Ceti	Cet
Wassermann	Aquarius	Aquarii	Aqr
Wasserschlange, Kleine	Hydrus	Hydri	Hyi
Wasserschlange, Nördliche	Hydra	Hydrae	Hya
Widder	Aries	Arietis	Ari
Winkelmaß	Norma	Normae	Nor
Wolf	Lupus	Lupi	Lup
Zirkel	Circinus	Circini	Cir
Zwillinge	Gemini	Geminorum	Gem

$+53°$ in der sogenannten *Bonner Durchmusterung*. HD 128978 gibt die Sternnummer im HENRY-DRAPER-Katalog an, SAO 146912 die im *Smithsonian Astrophysical Observatory Star Catalog*, und FK5: 1051 weist einen Stern aus dem *5. Fundamental-Katalog* aus.
Sterne, deren Helligkeit variiert, werden häufig mit großen lateinischen Buchstaben und dem Sternbildnamen versehen: RR Lyrae, T Coronae Borealis, UV Ceti usw. Man kann somit aus der Bezeichnung auf die Eigenart dieser Sterne schließen.
Eine Zusammenfassung der verschiedenen Bezeichnungen für die helleren Sterne findet man in dem Katalogwerk „Synopsis der Nomenklatur der Fixsterne" von Helmut WERNER und Felix SCHMEIDLER, Wissenschaftliche Verlagsges. mbH, Stuttgart.
Beispiel für die Bezeichnung eines Sternes:

Beteigeuze = α Orionis (α Ori), östlicher Schulterstern im Sternbild Orion

BD+7°1055	Koordinaten (2000.0):
HD 39801	$\alpha = 5^h\ 55^m\ 10{,}3^s$
SAO 113271	$\delta = +7°\ 24'\ 25''$

Wichtige Sternkataloge:
F. W. ARGELANDER, *Bonner Durchmusterung* (BD) (1859) Ergänzung für den Südhimmel: *Cordoba Durchmusterung* (CD) *Henry Draper Catalogue* (HD), Harvard (1918–1924); *Smithsonian Astrophysical Observatory Star Catalogue*, (SAO) Cambridge, Mass. (1956);
A. HIRSHFELD, R. W. SINNOTT, *Sky Catalogue 2000.0* (1982); D. HOFFLEIT, *Bright Star Catalogue* (1982); *Vierter Fundamental Katalog*, Heidelberg (FK 4) (1963); *Fünfter Fundamental Katalog*, Heidelberg (FK 5) (1988); S. RÖSER, U. BASTIAN, *PPM Star Catalogue* (1991).

Die Helligkeiten der Sterne

Die Sterne erscheinen uns am Himmel unterschiedlich hell. Diese scheinbaren Helligkeiten sagen zunächst nichts über die wahren Leuchtkräfte der Sterne aus. Erst wenn die Entfernung eines Sternes bestimmt ist, kann man aus der **scheinbaren Helligkeit** auf seine **wahre Leuchtkraft** bzw. seine **absolute Helligkeit** schließen.
Seit alters her teilt man die Sterne in **Größenklassen** ein. Die hellsten Sterne werden als Sterne erster Größe bezeichnet, die etwas lichtschwächeren zweiter Größe. Ein schwaches Sternpünktchen sechster Größe ist eben noch mit bloßen Augen zu erkennen. Ein Stern erster Größe ist dabei hundertmal heller als ein Stern sechster Größe. Daraus folgt, daß ein Stern 2. Größe 2,512mal lichtschwächer ist als ein Stern 1. Größe, denn $2{,}512^5 = 100$. Die Größenklassenskala ist somit ein logarithmisches Maß.
Die Einheit für die Helligkeit eines Sternes heißt magnitudo (lat., Größe) und wird mit einem kleinen, hochgestellten m abgekürzt. Ein Stern dritter Größe wird als 3^m hell bezeichnet. Sind I_1 und I_2 die Strahlungsintensitäten zweier Sterne sowie m_1 und m_2 ihre scheinbaren Helligkeiten, so gelten folgende Beziehungen:

$$\lg I_1/I_2 = -0{,}4\,(m_1 - m_2)$$
$$m_1 - m_2 = -2{,}5 \lg (I_1/I_2)$$

Das negative Vorzeichen auf der jeweils rechten Seite beider Gleichungen drückt aus, daß mit wachsender Zahl der Größenklassenangabe Sterne immer lichtschwächer werden. Ein Stern mit 11^m ist hundertmal lichtschwächer als ein Stern mit 6^m und zehntausendmal schwächer als ein Stern erster Größe.

Für $\Delta m = m_1 - m_2 = 1$ gilt: $I_1 / I_2 = 10^{-0{,}4} = 1/2{,}512$
oder $I_1 / I_2 = 10^{-0{,}4\,\Delta m}$

Sterne, die heller als 1^m sind, bezeichnet man mit 0^m, -1^m, -2^m. Die Venus kann -4^m hell sein. Sie strahlt dann hundertmal heller als ein Stern erster Größe.
Mit Teleskopen lassen sich auch Sterne beobachten, die lichtschwächer als 6^m sind. In einem guten Fernglas kann man Sterne bis 10^m erkennen. In großen Teleskopen werden Sterne bis 21^m beobachtet, also Objekte, die eine Million mal lichtschwächer sind als die schwächsten mit bloßen Augen sichtbaren Sterne.

Absolute Helligkeiten

Stünden alle Sterne gleich weit entfernt von uns, dann entspräche die beobachtete scheinbare Helligkeit auch ihrer wirklichen Leuchtkraft. Eine solche Normentfernung wurde mit **10 Parsec** (knapp 33 Lichtjahre) gewählt. Unter der absoluten Helligkeit eines Sternes versteht man seine scheinbare Helligkeit, die er in einer Entfernung von zehn Parsec hätte. Um die absolute nicht mit der scheinbaren Helligkeit zu verwechseln, kürzt man sie mit einem hochgestellten großen M (Magnitudo) ab.

Unsere Sonne hat eine absolute Helligkeit von $+4^{M}{,}8$. Das bedeutet: Stünde die Sonne in 33 Lichtjahren Distanz, so erschiene sie uns als Sternchen 5. Größe, also mit bloßen Augen gerade noch sichtbar. Die Wega in der Leier ist wesentlich leuchtkräftiger als die Sonne, ihre absolute Helligkeit beträgt $0^{M}{,}5$, die von Arktur im Bootes $-0^{M}{,}3$, von Kapella im Fuhrmann $-0^{M}{,}6$ und von Sirius im Großen Hund $1^{M}{,}4$. So hell erschienen uns mit anderen Worten die genannten Sterne in einer Entfernung von 10 pc = 32,6 Lichtjahren.

Scheinbare Helligkeit (m), Entfernung (r) und absolute Helligkeit (M) eines Sternes erfüllen folgende Beziehung:

$$m - M + 5 = 5 \lg r$$

Dabei wird die Entfernung r in Parsec angegeben. Die Größe (m-M) wird **Entfernungsmodul** genannt, denn die Differenz scheinbare minus absoluter Helligkeit ist ein Maß für die Entfernung. Bei Sternhaufen und Galaxien wird häufig der Entfernungsmodul als Distanzindikator angegeben.

Hinweis: In obiger Gleichung ist die interstellare Absorption noch nicht berücksichtigt.

Astronomische Entfernungseinheiten

Als fundamentale Längeneinheit wird in der Astronomie die mittlere Entfernung Erde – Sonne (= große Halbachse der Erdbahnellipse) genommen. Diese Distanz wird **Astrono-**

Die 20 hellsten Sterne

Nr.	Bezeichnung	Name	Hell.	Rektas.	Deklin.	Spektraltyp	Entf. Lichtj.
1	α Canis Maioris	Sirius	$1^{m}{,}5$	$6^{h}45^{m}$	$-16^{\circ}{,}7$	A1	8,6
2	α Carinae	Canopus	$-0^{m}{,}7$	$6^{h}24^{m}$	$-52^{\circ}{,}1$	F0	600
3	α Centauri	Toliman	$-0^{m}{,}3$	$14^{h}40^{m}$	$-60^{\circ}{,}8$	G2	4,3
4	α Bootis	Arktur	$0^{m}{,}0$	$14^{h}16^{m}$	$+19^{\circ}{,}2$	K2	35
5	α Lyrae	Wega	$0^{m}{,}0$	$18^{h}37^{m}$	$+38^{\circ}{,}8$	A0	26
6	α Aurigae	Kapella	$0^{m}{,}1$	$5^{h}17^{m}$	$+46^{\circ}{,}0$	G8	42
7	β Orionis	Rigel	$0^{m}{,}1$	$5^{h}15^{m}$	$-8^{\circ}{,}2$	B8	900
8	α Canis Minoris	Prokyon	$0^{m}{,}4$	$7^{h}39^{m}$	$+5^{\circ}{,}2$	F5	11
9	α Eridani	Achernar	$0^{m}{,}5$	$1^{h}38^{m}$	$-57^{\circ}{,}2$	B5	85
10	α Orionis	Beteigeuze	$0^{m}{,}5$v	$5^{h}55^{m}$	$+7^{\circ}{,}4$	M2	500
11	β Centauri	Agena	$0^{m}{,}6$	$14^{h}04^{m}$	$-60^{\circ}{,}4$	B1	450
12	α Aquilae	Atair	$0^{m}{,}8$	$19^{h}51^{m}$	$+8^{\circ}{,}9$	A7	16
13	α Tauri	Aldebaran	$0^{m}{,}9$	$4^{h}36^{m}$	$+16^{\circ}{,}5$	K5	70
14	α Crucis	Acrux	$0^{m}{,}9$	$12^{h}27^{m}$	$-63^{\circ}{,}1$	B1	350
15	α Scorpii	Antares	$1^{m}{,}0$v	$16^{h}29^{m}$	$-26^{\circ}{,}4$	M1	300
16	α Virginis	Spica	$1^{m}{,}0$	$13^{h}25^{m}$	$-11^{\circ}{,}2$	B1	250
17	β Geminorum	Pollux	$1^{m}{,}1$	$7^{h}45^{m}$	$+28^{\circ}{,}0$	K0	35
18	α Piscis Austrini	Fomalhaut	$1^{m}{,}2$	$22^{h}58^{m}$	$-29^{\circ}{,}6$	A3	22
19	α Cygni	Deneb	$1^{m}{,}3$	$20^{h}41^{m}$	$+45^{\circ}{,}3$	A2	1800
20	β Crucis	Mimosa	$1^{m}{,}3$	$12^{h}48^{m}$	$-59^{\circ}{,}7$	B0	400

mische Einheit (AE) genannt und stellt sozusagen das astronomische Grundmaß dar.

$$1\ \text{AE} = 149\,597\,870\ \text{km}$$

Die Strecke von knapp 150 Millionen Kilometer überbrückt ein Lichtstrahl in $8\frac{1}{3}$ Minuten:

$$1\ \text{AE} \triangleq 8^{\text{m}}\ 20^{\text{s}}\ \text{Lichtlaufzeit}$$

Eine AE entspricht einer Sonnenparallaxe von

$$\pi_{\odot} = 8''\!.794$$

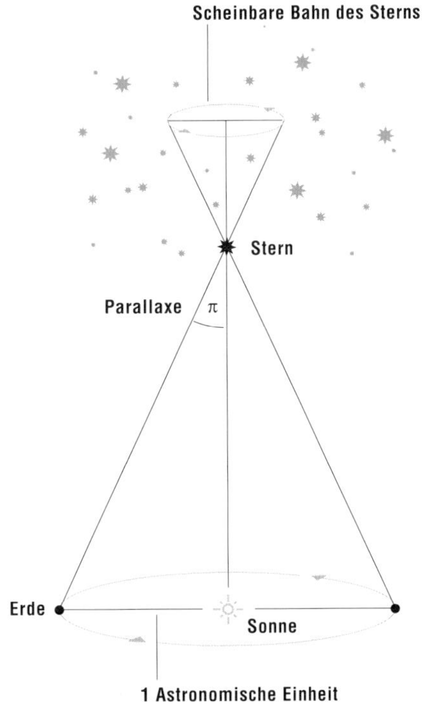

Trigonometrische Parallaxe

Unter Sonnenparallaxe versteht man den winzig kleinen Winkel, unter dem von der Sonne aus gesehen der Erdradius (Äquatorhalbmesser) erscheint.
Die Größe AE wird für Distanzangaben im Sonnensystem verwendet.
In der Stellarastronomie verwendet man statt AE die wesentlich größere Entfernungseinheit **Parsec** (pc). Die Bezeichnung ist die Abkürzung für Parallaxensekunde. Sie leitet sich direkt aus der Methode der trigonometrischen Parallaxenbestimmung zur Entfernungsmessung ab.
Ein Stern ist dann ein Parsec von uns entfernt, wenn von ihm aus die Distanz Erde – Sonne, also die Strecke von 1 AE, unter einem Winkel von einer Bogensekunde erscheint (siehe Abb. oben rechts).
Ein Parsec entspricht 206265 AE oder 30,8 Billionen Kilometer.
Für größere Entfernungen verwendet man das Kiloparsec (1 kpc = 1000 pc) und das Megaparsec (1 Mpc = 1000000 pc).
Die Entfernungsmessung der näheren Sterne beruht auf der trigonometrischen Parallaxenbestimmung, wobei die Basislinie dem Erdbahndurchmesser von 300 Millionen Kilometer entspricht. Infolge der Erdbewegung um die Sonne beschreiben die Sterne im Laufe eines Jahres kleine Ellipsen am Himmelsgewölbe. Die näheren Sterne zeigen relativ zum Hintergrund der fernen Sterne kleine Verschiebungen. Der Winkel π^*, unter dem von einem Stern aus der Erdbahnhalbmesser (= 1 AE) erscheint, heißt Fixsternparallaxe.
Der Kehrwert der Parallaxe, $1/\pi^*$, (in Bogensekunden) eines Sternes gibt direkt seine Entfernung r in Parsec an. Es gilt:

$$1/\pi^* = r$$

Ist ein Stern so weit entfernt, daß von ihm aus die Strecke Erde – Sonne unter einem Winkel von nur einer Zehntel Bogensekunde erscheint, also $\pi^* = 0''\!.1$, so steht der Stern in 10 pc Distanz, bei $\pi^* = 0''\!.01$ in 100 pc usw.
Die Parallaxen der Sterne sind sehr klein, selbst für die nächsten Sterne gilt stets: $\pi^* < 1''$! Lange Zeit war man daher nicht in der Lage, Fixsternparallaxen zu messen und somit die Entfernung der Sterne zu bestimmen.
Die erste erfolgreiche Parallaxenmessung gelang Friedrich Wilhelm BESSEL im Jahre 1838. Er bestimmt die Parallaxe des Sternes 61 Cygni zu $\pi^* = 0''\!.32$, was einer Entfernung von 3,125 pc entspricht. Damit ist das Licht von 61 Cygni über zehn Jahre zur Erde unterwegs.

Entfernungseinheiten

Einheit	*Kilometer*	*AE*	*LJ*
1 Astronomische Einheit (AE)	$149{,}60 \cdot 10^{6}$	1	$15{,}8 \cdot 10^{-6}$
1 Lichtjahr (LJ)	$9{,}46 \cdot 10^{12}$	63 240	1
1 Parsec (pc)	$30{,}856 \cdot 10^{12}$	206 265	3,2615

Ein populäres Entfernungsmaß ist das Lichtjahr. Unter einem **Lichtjahr (LJ)** versteht man die Strecke, die das Licht in einem Jahr zurücklegt, nämlich knapp zehn Billionen Kilometer.

$$1 \text{ LJ} = 9{,}46 \times 10^{12} \text{ km}$$

Ein Parsec umfaßt somit 3,26 Lichtjahre.
Der allernächste Fixstern, Proxima Centauri, ist bereits über vier Lichtjahre entfernt. Er ist nur $10^{m}{,}7$ hell. Seine Parallaxe mißt $\pi^* = 0''{,}762$, was einer Distanz von 1,31 pc entspricht. Das bedeutet, daß Sternparallaxen stets kleiner als eine Bogensekunde sind. Da die Genauigkeit der optischen Parallaxenmessungen vom Erdboden aus auf $\pi^* \approx 0''{,}01$ begrenzt ist, kann man nur Sterne bis etwa 100 pc Distanz mit trigonometrischen Parallaxenmessungen erfassen. Mit Hilfe des Astrometriesatelliten Hipparcos (1989–1993) konnten trigonometrische Parallaxen bis herunter zu $0''{,}001$ (entsprechend 1000 pc) bestimmt werden. Bei weiter entfernten Objekten müssen die Distanzen mit anderen Methoden ermittelt werden (z. B. photometrische Parallaxen). In der Astronomie hat es sich eingebürgert, bei Entfernungsmessungen stets von „Parallaxenbestimmungen“ zu sprechen, auch wenn man sich keiner Winkelmessungen bedient.

Die sonnennächsten Sterne

Die nachstehende Tabelle enthält alle Sterne bis zu einer Entfernung von zwölf Lichtjahren.

Die sonnennächsten Sterne*

Name/Katalogbezeichnung	Ort 2000.0 α	δ	Scheinbare Helligkeit	Spektraltyp (Farbe)	Parallaxe ″	Entfernung pc	LJ	Absolute Helligkeit
Proxima Centauri	$14^{h}30^{m}{,}6$	−62°42′	$10^{m}{,}7$	M5e	$0''{,}762$	1,31	4,28	$15^{M}{,}1$
α Centauri A/B	14 39,6	−60 50	0,0/1,4	G2 V/K5	0,751	1,33	4,34	4,4/5,8
Barnards Pfeilstern	17 57,8	+ 4 41	9,5	M5 V	0,545	1,83	5,98	13,2
Wolf 359	10 56,4	+ 7 03	13,7	M6e V	0,427	2,34	7,63	16,8
Lalande 21185/BD + 36°2147	11 03,2	+36 02	7,5	M2 V	0,398	2,51	8,19	10,5
Luyten 726-8/LFT 144 A }	1 38,5	−17 57	12,4	M6e V	0,385	2,60	8,47	15,2
UV Ceti B			13,0	M6e V				15,8
Sirius A/B	6 45,1	−16 42	−1,5/8,7	A1 V/A5 VII	0,375	2,67	8,69	1,4/11,5
Ross 154	18 49,5	−23 50	10,6	M4e V	0,351	2,85	9,29	13,3
Ross 248	23 41,5	+44 12	12,2	M6e V	0,316	3,16	10,32	14,7
ε Eridani	3 33,0	− 9 28	3,7	K2 V	0,303	3,30	10,76	6,2
Ross 128	11 47,7	0 49	11,1	M5 V	0,298	3,36	10,94	13,5
Luyten 789-6/LFT 1729	22 38,4	−15 20	12,6	M6e V	0,298	3,36	10,94	15,0
61 Cygni A/B	21 06,6	+38 42	5,2/6,0	K5 V/K7 V	0,292	3,42	11,16	7,5/8,4
Prokyon A/B	7 39,3	+ 5 14	0,3/10,8	F5 V/F VII	0,287	3,48	11,36	2,6/13,1
ε Indi	22 02,9	−56 45	4,7	K5 V	0,285	3,51	11,44	7,0
Σ 2398/BD +59°1915 A/B	18 42,9	+59 36	8,9/9,7	M4 V/M5 V	0,280	3,57	11,64	11,1/11,9
Groombridge 34/BD +43°44 A/B	0 18,0	+44 01	8,1/11,0	M1 V/M6 V	0,278	3,60	11,73	10,3/13,3
τ Ceti	1 44,2	−15 57	3,5	G8p V	0,275	3,64	11,85	5,7
Lacaille 9352/BD −36°15693	23 05,4	−35 52	7,4	M2 V	0,273	3,66	11,94	9,6

* Die Tabelle enthält alle Sterne in der Sonnennachbarschaft bis zu einer Entfernung von 12 Lichtjahren.

Nur wenige Sterne in der Sonnennachbarschaft sind so hell, daß man sie mit bloßen Augen sehen kann. Die meisten sind so lichtschwach, daß sie nur mit optischen Hilfsmitteln gefunden werden können. Helle Objekte sind das Doppelsternsystem Toliman (α Centauri), Sirius im Großen Hund sowie Prokyon im Kleinen Hund, der elf Lichtjahre weit weg ist. Atair im Adler gehört mit siebzehn Lichtjahren gerade noch zu den hellen Sternen in der engeren Sonnenumgebung. Aus der Tatsache, daß nur wenige Sterne in der Sonnennachbarschaft leicht mit bloßen Augen zu sehen sind, ergibt sich, daß die meisten Sterne nur eine sehr geringe Leuchtkraft besitzen. Da die überwiegende Mehrzahl der Sterne, die man mit unbewaffneten Augen am Himmel sehen kann, wesentlich weiter als fünfzehn Lichtjahre entfernt sind, bekommt man nur die leuchtkräftigsten Sonnen zu Gesicht. Die ungeheure Menge der „normalen" Sterne bleibt durch diesen Auswahleffekt verborgen. Bei den meisten der leuchtschwachen Sterne in der Sonnenumgebung handelt es sich um rote Zwergsterne.

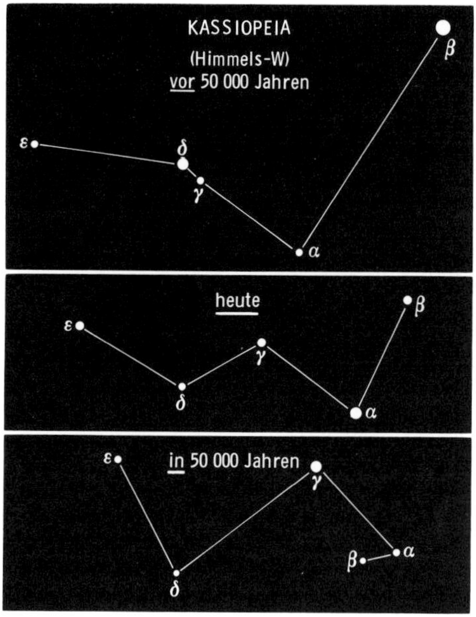

Durch die Eigenbewegung der Sterne verändern in großen Zeiträumen auch die Sternbilder ihr Aussehen.

Die Bewegungen der Sterne

Sterne bewegen sich mit relativ hohen Geschwindigkeiten von etlichen Kilometern pro Sekunde durchs Weltall. Diese Raumgeschwindigkeiten der Sterne sind aber nicht unmittelbar zu erkennen. Die Fixsterne scheinen ihre Positionen am Himmel selbst über lange Zeiträume beizubehalten. Die Sternenkonstellationen und damit die Sternbilder haben ihr Aussehen offensichtlich in zwei- bis dreitausend Jahren nicht verändert. Der Grund dafür sind die ungeheuren Entfernungen der Sterne. Erst nach 50000 bis 100000 Jahren wird sich das Aussehen der meisten Sternbilder merklich verändern (Abb. oben).

Die **Raumgeschwindigkeit** eines Sternes setzt sich aus zwei Komponenten zusammen, die getrennt beobachtet und ermittelt werden, nämlich die **Eigenbewegung** (EB) und die **Radialgeschwindigkeit** (RG). Die Eigenbewegung ist die tangentiale, „seitwärts" gerichtete Komponente der Raumgeschwindigkeit, die durch Projektion der wahren räumlichen Bewegung an die Sphäre (Himmelskugel) entsteht. Die Radialgeschwindigkeit ist die im Visionsradius (Blickrichtung) gelegene Komponente der Raumgeschwindigkeit (Abb. rechte Seite oben). Somit ermittelt sich die Raumgeschwindigkeit v_R zu:

$$v_R = \sqrt{EB^2 + RG^2}$$

Eigenbewegungen

Die Verschiebungen der Sterne am Himmel infolge ihrer Eigenbewegungen sind außerordentlich klein. Üblicherweise gibt man die Eigenbewegung in Bogensekunden pro Jahr (″/a) an. Eine Bogensekunde (1″) entspricht etwa dem 1800. Teil des Vollmonddurchmessers. Die allermeisten Sterne zeigen Eigenbewegungen von weit weniger als 0″,1 pro Jahr. Nur etwa 300 Sterne haben Eigenbewegungen von mehr als 1″pro Jahr. Wegen dieser klei-

nen Werte geben manche Kataloge die EB nicht pro Jahr sondern pro Jahrhundert an.
Um Eigenbewegungen zu bestimmen, muß man die Koordinaten der Sterne zu mindestens zwei verschiedenen Zeitpunkten **(Epochen)** messen. Je größer die Epochendifferenz ist, desto größer die Verschiebungen an der Sphäre und desto genauer die EB-Bestimmungen. Epochendifferenzen von 40 bis 60 Jahren führen schon zu recht brauchbaren EB-Werten.
Die Eigenbewegungsgröße wird meist mit dem kleinen griechischen Buchstaben my (μ) bezeichnet. μ gibt den Betrag der EB in Bogensekunden pro Jahr an. Um die Lageänderung eines Sternes bestimmen zu können, ist aber noch die Kenntnis der Richtung notwendig, in der er sich bewegt. Zusätzlich zur Größe μ muß noch der Positionswinkel (ϑ) angegeben werden. Er wird von Nord – Ost – Süd – West gezählt. Wandert ein Stern nach Norden, so ist $\vartheta = 0°$. Bewegt er sich nach Osten, so ist $\vartheta = 90°$, liegt die Laufrichtung zwischen Süd und West, also im dritten Quadranten, so liegt der Positionswinkel zwischen 180° und 270°. In der Praxis gibt man häufig die Eigenbewegungskomponenten in Richtung der äquatorialen Koordinatenachsen an, also als μ_α und μ_δ. μ_α steht für die Bewegung in Rektaszension, μ_δ in Deklination. Ein negativer Wert von μ_α bedeutet eine Bewegung von Ost nach

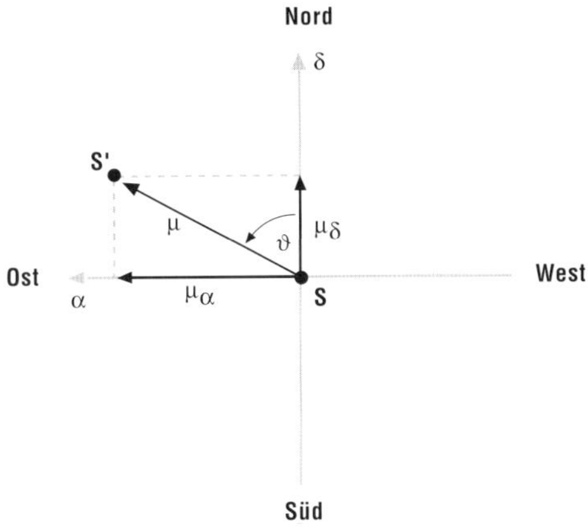

Eigenbewegungsdiagramm. Aus dem Komponenten μ_α und μ_δ ergibt sich der Betrag μ der Eigenbewegung und der Positionswinkel ϑ.

West, ein negativer Wert von μ_δ heißt, der Stern läuft nach Süden. Sind μ_α und μ_δ bestimmt, so ist die Eigenbewegung nach Betrag und Richtung bekannt (siehe Abb. oben). Es gelten folgende Beziehungen:

Betrag der EB:	$\mu = \sqrt{\mu_\alpha^2 + \mu_\delta^2}$
Positionswinkel:	$\mathrm{tg}\,\vartheta = \mu_\alpha/\mu_\delta$

Änderungen in der Position eines Sternes gegenüber den Umgebungssternen, sogenannte

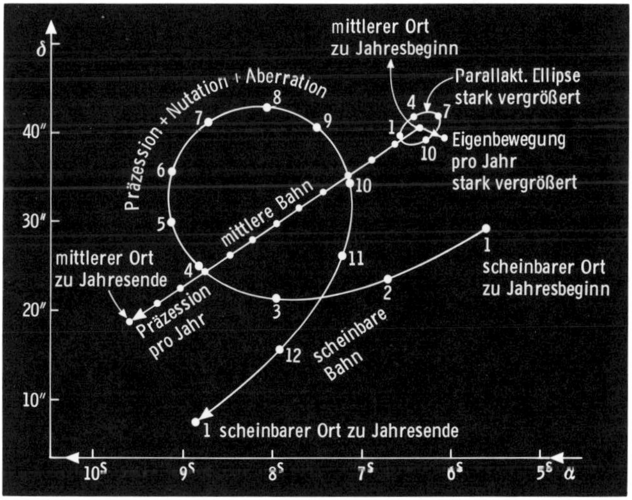

Die Koordinaten eines Sternes verändern sich im Laufe eines Jahres nicht nur durch seine Eigenbewegung. Überlagert sind die Ortsverschiebungen durch Präzession, Nutation und Aberration. Hinzu kommt die meist winzige jährliche Parallaxenbewegung.

relative Eigenbewegungen, sind dabei vergleichsweise leicht feststellbar. Schwieriger sind die absoluten Eigenbewegungen zu ermitteln. Sie folgen nicht einfach aus der Differenz der Koordinatenmessungen zu verschiedenen Zeitpunkten. Die Koordinaten (Rektaszension und Deklination) eines Sternes werden nämlich nicht nur durch die Eigenbewegung beeinflußt, sondern durch eine Reihe weiterer Effekte wie Präzession, Aberration, Nutation und Parallaxe. Die drei erstgenannten Effekte übertreffen dabei die Eigenbewegung um eine Größenordnung, während die jährliche parallaktische Verschiebung ähnlich groß oder kleiner als die EB ausfällt (siehe Abb. auf der vorigen Seite unten).

Nähere Sterne zeigen im allgemeinen größere Eigenbewegungen, da ihre Wanderung durchs All für uns schneller zu einer merklichen Ortsveränderung am Himmel führt.

Der Stern mit der größten bekannten Eigenbewegung ist BARNARDs Pfeilstern ($\mu = 10''\!.3$ pro *Jahr*) im Sternbild Schlangenträger; seine Entfernung beträgt 5,9 Lichtjahre, die scheinbare Helligkeit liegt bei $9^{m}\!.5$.

In 180 Jahren verschiebt sich BARNARDs Pfeilstern um eine Vollmondbreite am Firmament.

Arktur (α Bootis), einer der zehn hellsten Fixsterne, weist mit $\mu = 2''\!.3$ pro Jahr ebenfalls eine beachtlich große Eigenbewegung auf. In knapp 800 Jahren verändert er seine Position um eine Vollmondbreite.

Die Eigenbewegungen geben die Winkelverschiebungen an der Sphäre pro Jahr an. Um die **lineare Eigenbewegungsgeschwindigkeit** zu ermitteln, muß man die Entfernung r beziehungsweise seine Parallaxe π^* kennen.

Die lineare Eigenbewegungsgeschwindigkeit v_{EB} in Kilometer pro Sekunde errechnet sich nach

$$v_{EB} = 4{,}74\ \mu/\pi^*$$

Der Faktor 4,74 ist der Quotient Astronomische Einheit in Kilometern durch Zahl der Sekunden im Jahr ($1{,}496 \times 10^8 / 3{,}156 \times 10^7$).

Die Kenntnis der Eigenbewegungen möglichst vieler Sterne ist für die Bestimmung des Aufbaus und der Dynamik unseres Milchstraßensystems von zentraler Bedeutung. Systematische Effekte in den EBs lassen die lokalen Bewegungen der Sonne relativ zu ihren Nachbarn ableiten. Darüber hinaus erlauben EB-Messungen Entfernungsbestimmungen bei offenen Sternhaufen **(Sternstromparallaxen)**. Sternstromparallaxen sind ein wichtiges Bindeglied zwischen trigonometrischen und photometrischen Entfernungsmessungen.

Radialgeschwindigkeiten

Die Radialgeschwindigkeit (RG) gibt die Bewegung eines Sternes im Visionsradius an, also auf den Beobachter zu oder von ihm weg. Entfernt sich ein Stern vom Beobachter, so ist die RG positiv, bei Annäherung ist sie negativ. Die Radialgeschwindigkeit eines Sternes wird in Kilometern pro Sekunde angegeben.

Die Messung erfolgt mit Hilfe des DOPPLER-

Eigenbewegungen einiger naher Sterne

Stern	m	LJ	π ["]	Eigenbewegung in "pro Jahr	km/s
Barnards Pfeilstern	9,5	5,9	0,55	10,3	89
Kapteyns Stern	8,8	12,7	0,251	8,73	165
Groombridge 1830	6,4	28,1	0,116	7,04	288
Ross 619	12,5	21,9	0,149	5,30	169
61 Cygni	5,6	11,1	0,294	5,20	84
ε Indi	4,7	11,4	0,285	4,69	78
WX UMa	14,8	18,8	0,173	4,53	124
o_2 Eridani	4,4	16,1	0,202	4,08	96

m – scheinbare Helligkeit
LJ – Entfernung in Lichtjahren
π – Parallaxe

Effektes. Nähert sich ein Stern dem Beobachter, so verschieben sich die Linien im Spektrum des Sternes nach dem kurzwelligen (violetten) Ende des Spektrums, entfernt sich ein Stern, so erfolgt die Verschiebung in Richtung längerer Wellen, also zum Roten hin.
Die Verschiebung $\Delta\lambda = \lambda^* - \lambda$ ist dabei ein Maß für die Geschwindigkeit. λ^* bedeutet dabei die gemessene Linienposition (Wellenlänge), λ die ruhende Laborwellenlänge. Es gilt:

$$\frac{\Delta\lambda}{\lambda} = \frac{v_{RG}}{c}$$

beziehungsweise:

$$v_{RG} = \frac{\Delta\lambda}{\lambda} \cdot c$$

Dabei ist c die Vakuumlichtgeschwindigkeit (rund 300000 km/s) und v_{RG} die Radialgeschwindigkeit. Die relative Verschiebung $\Delta\lambda/\lambda$ wird häufig mit dem kleinen Buchstaben z bezeichnet. Die obige Gleichung gilt nur für Radialgeschwindigkeiten, die sehr viel kleiner als die Lichtgeschwindigkeit sind ($v \ll c$). Für $z = 1$ ergibt sich rein rechnerisch die Lichtgeschwindigkeit. Da in Spektren ferner, extragalaktischer Objekte (Quasare) aber Rotverschiebungen bis $z = 4$ und größer gefunden wurden, muß bei hohen Geschwindigkeiten die relativistische Formel für die Berechnung der Radialgeschwindigkeit aus der relativen Linienverschiebung z angewandt werden. Sie lautet:

$$z = \sqrt{\frac{1 + v/c}{1 - v/c}}$$

$$v_{RG} = \frac{(z+1)^2 - 1}{(z+1)^2 + 1} \cdot c$$

Während man bei Eigenbewegungsbestimmungen relativ lange warten muß, um hinreichend große Epochendifferenzen zu erzielen, genügt bei einer Radialgeschwindigkeitsmessung im Prinzip eine einzige Spektralaufnahme. Auch erhält man das Ergebnis der Messung direkt in km/s, unabhängig von der Entfernung der Lichtquelle (Stern, Galaxie).
Die meisten Sterne unserer Milchstraße zeigen RGs, die zwischen -30 und $+30$ km/s liegen. Extremwerte besitzen die beide Sterne BD-29°2277 ($H = 12\overset{m}{,}0$) mit $+543$ km/s und VX Her ($H = 9\overset{m}{,}5$ bis $11\overset{m}{,}5$) mit -405 km/s.
Ferne Galaxien zeigen hohe positive Radialgeschwindigkeiten („Flucht der Nebel"), die auf die Expansion des Universums zurückzuführen sind. Die fernsten beobachteten Quasare erreichen dabei über neunzig Prozent der Lichtgeschwindigkeit.

Die Farben und die Spektralklassifikation der Sterne

Schon mit bloßen Augen und ohne irgendein Meßgerät lassen sich zwei Eigenschaften der Sterne erfassen: Ihre scheinbaren Helligkeiten und ihre Farben. Die Farben der Sterne werden durch die unterschiedlichen Temperaturen an den Sternoberflächen hervorgerufen. Als einer der ersten hat der italienische Astrophysiker Angelo SECCHI (1818–1878) darauf hingewiesen. SECCHI hatte sich ausführlich mit Sternspektren befaßt und eine Klassifikation nach fallender Temperatur eingeführt. Blauweiße Sterne haben Oberflächentemperaturen von 8000–20000 K, gelbe Sterne von 5000–7000 K, orange von rund 4000 K. Unter 3500 K erscheinen die Sterne rot. Noch kühlere Sterne strahlen im Infraroten, besonders heiße senden die meiste Strahlungsenergie im ultravioletten Licht aus. Die subjektiven Farbempfindungen sind jedoch individuell sehr verschieden. Farbenblinde können überhaupt keine Aussage über die Farben der Sterne machen.
Um die Farbe eines Sternes zu charakterisieren, hat der deutsche Astronom Karl SCHWARZSCHILD (1873–1916) eine Maßzahl eingeführt, den sogenannten **Farbindex**.
Bei Helligkeitsmessungen kommt es auf die spektrale Empfindlichkeit des Empfängers an (Auge, Fotoplatte, lichtelektrische Zelle etc.). Die lichtempfindliche Schicht einer unsensibilisierten Fotoplatte ist für blaues Licht empfänglicher als für rotes, das menschliche Auge dagegen registriert gelbes Licht am stärksten. SCHWARZSCHILD hat zwei Helligkeitsskalen eingeführt, die „photographische" (pg) und die „visuelle" (vis). Die Helligkeiten werden als

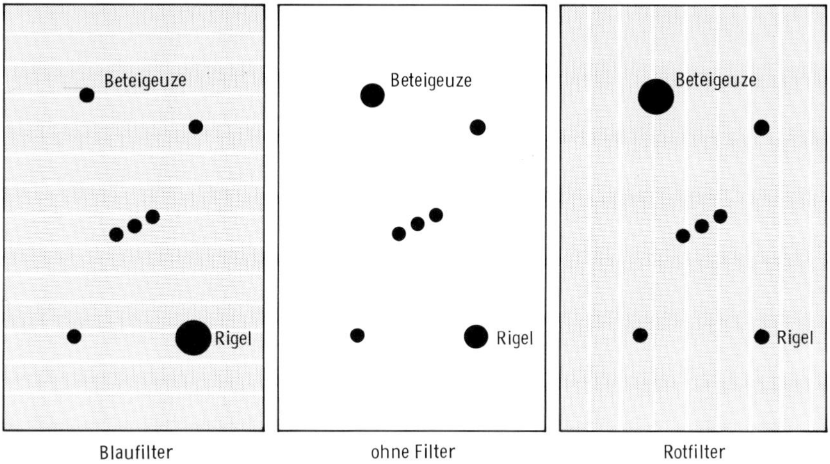

Das Sternbild Orion. Mit einem Blaufilter aufgenommen erscheint Rigel wesentlich heller als Beteigeuze. Mit einem Rotfilter ergibt sich der umgekehrte Effekt, hier ist Beteigeuze der scheinbar hellere Stern. Weitere Erklärungen siehe Text.

m_{pg} und m_{vis} bezeichnet. Die Differenz beider Helligkeiten in Größenklassen gibt ein Maß für die Farbe eines Sternes. Der **Farbindex** (FI) ist definiert zu:

$$FI = m_{pg} - m_{vis}$$

Da man heute in verschiedenen Farben (Spektralbereichen) Sternhelligkeiten mißt, gilt allgemein:

$$FI = m_{kurzwellig} - m_{langwellig}$$

Die Helligkeit im längerwelligen Farbbereich ist von der im kurzwelligeren abzuziehen, um den Farbindex zu erhalten.
Zu den häufig verwendeten Helligkeitsmaßen gehört die Dreifarbenphotometrie von JOHNSON und MORGAN, kurz **UBV-System** genannt. U steht für die Helligkeit im Farbbereich mit der Schwerpunktswellenlänge 3650 Å (Ultraviolett), B für 4400 Å (Blau) und V für 5500 Å (Visuell, also gelber Bereich). Man kann nun jeweils zwei Farbindizes bilden, nämlich U – B und B – V. Für die Astrophysik sind diese Farbindizes von großer Bedeutung. Ein negativer Farbindex deutet auf bläuliche (heiße) Sterne. Weiße Sterne (Spektraltyp: A) bilden den Nullpunkt (FI = 0), gelbe, orange und rote Sterne besitzen einen positiven Farbindex. Es gilt: Je größer der Farbindex, desto röter erscheint uns der Stern (siehe Tabelle rechts).

Farbexzeß
Durch den interstellaren Staub wird das Sternenlicht nicht nur geschwächt, sondern auch verfärbt. Dabei wird kurzwelliges (blaues) Licht stärker gestreut als langwelliges (rotes). Der Stern erscheint röter, als er tatsächlich ist. Sein Farbindex wird somit größer sein als für einen Stern seiner Spektralklasse sonst zu erwarten ist. Ein Maß für diese Verfärbung stellt der Farbexzeß (FE) dar. Er ist festgelegt durch die Beziehung:

$$FE = FI_{ind} - FI_{mittel}$$

Dabei ist FI_{ind} der individuelle, also gemessene Farbindex und FI_{mittel} der mittlere Farbindex, den der Stern entsprechend seines Spektraltyps aufweisen sollte.

Spektralklassifikation
Die meisten Sterne zeigen Spektren mit einem kontinuierlichen Farbband (ähnlich wie im

Farbindex

Gestirn	Farbindex (B–V)	Farbe	Gestirn	Farbindex (B–V)	Farbe
Spica	$-0^{m}_{,}23$	blau	Aldebaran	$+1^{m}_{,}53$	rot
Regulus	−0,11	blau	Antares	+1,83	tiefrot
Rigel	−0,03	bläulichweiß	Beteigeuze	+1,86	tiefrot
Wega	0,00	bläulichweiß	Merkur	+0,91	gelb
Sirius	+0,01	bläulichweiß	Venus	+0,82	gelb
Deneb	+0,09	weiß	Mars	+1,36	orange-rot
Prokyon	+0,40	gelblich	Jupiter	+0,83	gelb
Sonne	+0,65	gelb	Saturn (Kugel)	+1,04	tiefgelb
Kapella	+0,80	gelb	Mond	+0,92	gelb
Arktur	+1,23	orange			

Sonnenspektrum), das von mehr oder minder vielen dunklen Linien (Absorptionslinien) unterbrochen wird. Eine Minderheit von Sternen besitzt ein Emissionslinienspektrum mit nur schwachem, kaum ausgeprägtem oder nicht nachweisbarem Kontinuum. Anordnung,

Spektraltypen

Typ	T_{eff}	Merkmale
O	30000–150000	sehr heiße Sterne, He II-Linien in Absorption, häufig Emissionslinien, diffuse Linien, H – schwach
B	20000	He I in Absorption (stark) He II fehlt Auftauchen der Balmerserie (Hα, Hβ . . .)
A	10000	Balmerserie sehr stark („Wasserstoff-Sterne") erste Ca II-Linien
F	7000	Balmerserie abnehmend, Ca II – zunehmend erste Metall-Linien
G	6000	Balmer weiter abnehmend (schwächer) Ca II stark, Fe und andere Metalle, „Sonnenspektrum"
K	5000	starke Metall-Linien, Molekül-Banden (TiO)
M	3500	neutrale Metall-Linien, besonders Ca I, starke TiO-Banden, vermehrte Molekülbanden
C (R,N)	–	Banden des Cyans (CN), CO, C_2 statt TiO („rußende Sterne")
S	–	Banden des Zirkonoxids (ZrO)
Q	–	Novae
P	–	Planetarische Nebel
W	–	Wolf-Rayet-Sterne (starke Emissionslinien, fast kein Kontinuum)

Zahl, Form und Stärke der Spektrallinien geben Aufschluß über die chemische Zusammensetzung und die physikalischen Parameter (Temperatur, Dichte, Druck, Turbulenzen, magnetische Felder, Rotationen usw.) in den Sternatmosphären. Das Aussehen des Linienspektrums charakterisiert somit den physikalischen Zustand der Sternoberfläche. Nach dem Linienspektrum kann man die Sterne in einzelne Spektralklassen einteilen.
Bereits zu Beginn des 19. Jahrhunderts hat Joseph von FRAUNHOFER die ersten Untersuchungen von Sternspektren durchgeführt. Nach ihm sind auch die dunklen Absorptionslinien benannt, die im kontinuierlichen Spektrum zu beobachten sind.
Die heute verwendete Einteilung der Sternspektren geht auf Untersuchungen von Edward C. PICKERING (1846–1919) und Anny CANNON (1863–1941) am Harvard-Observatorium zurück. Zunächst wurden die einzelnen Spektraltypen mit den Buchstaben des Alphabets A, B, C ... K, M, N usw. bezeichnet. Einige Typen mußten wieder ausgeschlossen, andere umbenannt oder vertauscht werden. Schließlich ordnete man die klassifizierten Typen nach fallender Oberflächentemperatur, wobei die heute noch allgemein verwendete Harvard-Klassifikation entstand.
Sie lautet:

O – B – A – F – G – K – M

In dieses Schema lassen sich über 99% aller Sterne einordnen. Der Spektraltyp eines Sternes gibt somit die Farbe und Oberflächentemperatur an. Darüber hinaus verrät er auch die grobe chemische Zusammensetzung der Materie an der Sternoberfläche.
Außer den oben aufgeführten Spektraltypen gibt es noch weitere wie C, R, N, S, Q (Novae), P (P Cygni-Sterne, Planetarische Nebel) und W (Wolf-Rayet-Sterne), die aber alle sehr selten sind.
Zur Feineinteilung der Spektralklassen benutzt man noch eine Dezimalunterteilung:
... B0, B1, B2 ... B9, A0, A1, A2 ... A9, F0, F1, F2, F3 ...
Zum leichteren Einprägen der Reihenfolge der Spektraltypen merken sich die Amerikaner folgenden Satz:

O **B**e **A** **F**ine **G**irl **K**iss **M**e

Die Leuchtkraftklassen

Die Leuchtkraftklassen der Sterne sind nicht zu verwechseln mit den Helligkeitsangaben in Größenklassen. Sie stellen ein Maß für die wirkliche Leuchtkraft eines Sternes dar. Die Leuchtkraft eines Sternes hängt von zwei Größen ab: Von seiner Oberflächentemperatur und von seinem Durchmesser. Je heißer und größer ein Stern ist, desto heller leuchtet er. Je heißer ein Stern ist, desto mehr Energie strahlt er pro Flächeneinheit ab. Die Energieabstrahlung nimmt dabei mit der vierten Potenz der Temperatur zu. Je größer die Sternkugel ist, desto heller strahlt der Stern, da mehr Fläche leuchtet. Die Leuchtkraft (L) des Sternes steigt daher mit dem Quadrat des Sternradius (R) an. Zusammengefaßt bedeutet dies: Die Leuchtkraft eines Sternes ist proportional zum Quadrat seines Radius und proportional zur vierten Potenz seiner effektiven Oberflächentemperatur (T_{eff}).
Es gilt:

$$L \sim R^2 T_{eff}^4$$

Es gibt zahlreiche Sterne, die zwar die gleiche Farbe, also gleichen Spektraltyp, aber unterschiedliche Leuchtkräfte besitzen. Sie müssen sich somit durch ihre Durchmesser unterscheiden.
Schon 1905 hat Ejnar HERTZSPRUNG (1873–1967) darauf hingewiesen, daß bei gleichen Spektraltypen oft große Leuchtkraftdifferenzen auftreten. So kann ein rötlicher Stern (Spektraltyp K) in einem Sternhaufen zu 6^m scheinbarer Helligkeit gemessen werden, ein anderer gleichen Typs, also ebenfalls ein K-Stern, scheint nur mit 16^m. Da die Sterne in einem Haufen von uns gleich weit entfernt sind, entspricht die Differenz der scheinbaren Helligkeiten auch ihren wahren Leuchtkraftunterschieden. Da beide Sterne vom Typ K sind, also dieselbe Oberflächentemperatur aufweisen, und sie damit die gleiche Energiemenge pro Flächeneinheit abstrahlen, kann der

Leuchtkraftklasse und Spektraltyp einiger heller Sterne

Stern	Spektraltyp/Leuchtkraftklasse	
Sonne	G 2	V
Arktur (α Bootis)	K 2	III
Wega (α Lyrae)	A 0	V
Kapella (α Aurigae)	G 8	III
Aldebaran (α Tauri)	K 5	III
Beteigeuze (α Orionis)	M 2	Ia
Rigel (β Orionis)	B 8	I
Sirius (α Canis Maioris)	A 1	V
Prokyon (α Canis Minoris)	F 5	IV
Kastor (α Geminorum)	A 1	V
Pollux (β Geminorum)	K 0	III
Polarstern (α Ursae Minoris)	F 8	I

Leuchtkraftunterschied von 1:10000 nur mit einem größeren Durchmesser erklärt werden. Der hellere Stern ist hundertfach (!) größer als der lichtschwächere. HERTZSPRUNG stellte somit fest: Es gibt Riesen und Zwerge unter den Sternen.

Eine eindimensionale Einteilung der Sterne nach Spektraltypen reicht somit zu ihrer Klassifizierung nicht aus. Die Astronomen W.W. MORGAN, P.C. KEENAN, E. KELLMAN, W.P. BIDELMAN und Nancy ROMAN vom Yerkes-Observatorium in Williamsbay nahe Chicago führten deshalb sogenannte Leuchtkraftklassen der Sterne ein. Nach den ersten drei erwähnten Namen nennt man ihre Klassifizierung auch das MKK-System. Es lautet:

Leuchtkraftklassen des MKK-Systems

Ia	–	helle	Überriesen
Ib	–	schwächere	Überriesen
II	–	helle Riesen	
III	–	normale Riesen	
IV	–	Unterriesen	
V	–	Hauptreihensterne (Zwerge)	
VI	–	Sub-Hauptreihenstern (Unter-Zwerge)	
VII	–	Zwerge (Weiße Zwerge)	

Die Leuchtkraftklassen sagen etwas über die Durchmesser der Sterne aus, ob es sich bei einer Sonne um eine Riesenkugel oder um einen zwergenhaften Sternball handelt. Unsere Sonne und die Kapella sind beides dem Spektraltyp nach G-Sterne, haben also etwa die gleiche Oberflächentemperatur von knapp 6000 K. Da Kapella aber rund hundertmal leuchtkräftiger ist als die Sonne, muß sie rund zehnmal größer sein als die Sonne. Die Sonne gehört zur Leuchtkraftklasse V, die Kapella als Riesenstern ist mit III klassifiziert.

Diese zweidimensionale Spektralklassifikation (Spektraltyp und Leuchtkraftklasse bzw. absolute Helligkeit) führt direkt zum sogenannten **HERTZSPRUNG-RUSSELL-Diagramm** (HRD), das wegen seiner großen Bedeutung für die Astrophysik auch als Zentraldiagramm der Astrophysik bezeichnet wird.

Das HERTZSPRUNG-RUSSELL-Diagramm

Schon 1905 hat der aus Dänemark stammende Astronom Ejnar HERTZSPRUNG erkannt, daß Sterne um so lichtschwächer sind, je röter sie sind, daß es aber bei gleichem Spektraltyp (also gleicher Farbe) auch große Leuchtkraftdifferenzen gibt. Er vermutete richtig, daß die hellen, roten Sterne Riesen sind, die schwachen roten hingegen Zwerge.

Unabhängig von HERTZSPRUNG hat im Jahre 1913 der amerikanische Astronom Henry Norris RUSSELL (1877–1957) in einem Diagramm die absoluten Helligkeiten der sonnennahen Sterne gegen ihre Spektralklassen (Farben) aufgetragen. Dabei zeigte sich, daß in einem solchen Diagramm die Sterne nicht beliebig verstreut sind, sondern sich entlang eines

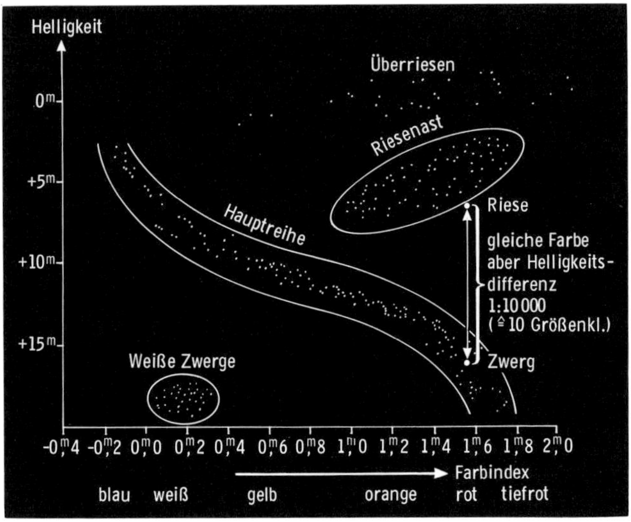

Das Farben-Helligkeits-Diagramm (FHD)

schmalen Bandes zusammenfinden, das von links oben, von den blauen und hellen Sternen, nach rechts unten im Diagramm verläuft, wo die roten und lichtschwachen Sterne ihren Platz haben. Dieses Band wird **Hauptreihe** genannt. Einige Sterne finden sich jedoch nicht auf der Hauptreihe, sondern sind im Diagramm rechts oben angesiedelt. Sie sind rote, jedoch keineswegs lichtschwache, sondern sehr helle Sterne. Von der Hauptreihe zweigt ein Arm ab, den man **Riesenast** nennt. Der Name ist zutreffend. Denn in der rechten oberen Ecke des Diagramms sitzen die Sterne mit den größten Durchmessern, die unsere Sonne um das Hundertfache und mehr an Radius übertreffen, während sich rechts unten die relativ kleinen Sterne, die Zwerge aufhalten.

Statt der absoluten Helligkeit bzw. der Leuchtkraft in Sonneneinheiten kann man auf der Ordinate die scheinbare Helligkeit und auf der Abszisse statt des Spektraltyps den Farbindex auftragen. Ein solches Diagramm nennt man **Farben-Helligkeits-Diagramm** (FHD). Es ist sinnvoll, wenn man in ein solches FHD Sterne gleicher Entfernung (z.B. Mitglieder eines Sternhaufens) einträgt, bei denen ja die Differenzen der scheinbaren Helligkeiten den wahren Leuchtkraftunterschieden entsprechen.

Das von RUSSELL eingeschlagene Verfahren, in der Ordinate absolute Helligkeiten bzw. Leuchtkräfte in Einheiten der Sonnenleuchtkraft und in der Abszisse Spektraltypen bzw. Oberflächentemperaturen zu vermerken, ermöglicht den Eintrag von Sternen unterschiedlicher Entfernung. Ein solches Diagramm wird **HERTZSPRUNG-RUSSELL-Diagramm**, abgekürzt HRD genannt. Aus ihm lassen sich wichtige physikalische Eigenschaften sowohl von Einzelsternen als auch von ganzen Sterngesellschaften erkennen bzw. ableiten. So lassen sich im HRD beispielsweise die Entwicklungswege der Sterne recht gut verfolgen.

Man weiß auch, warum der Riesenast meist durch eine Lücke („HERTZSPRUNG-Gap") von der Hauptreihe getrennt ist: In diesem Areal halten sich Sterne nur eine kurze Zeit ihrer Existenz auf, während sie die längste Zeit auf der Hauptreihe zu finden sind. Die ausgebrannten Sterne wiederum, die sogenannten Weißen Zwerge, sind im HRD links unten angesiedelt. Die Zone, in der die Sterne nach Zünden der Kernfusion, also nach ihrer eigentlichen Geburt aufsetzen, heißt **Null-Alter-Hauptreihe**.

Bei weiter entfernten Sternhaufen ist es oft nicht möglich, von jedem einzelnen Stern den Spektraltyp exakt zu bestimmen. Man behilft sich mit der Messung der Farbindizes. Auf diese Weise erhält man ein FHD, mit dessen Hilfe man die Distanz des Sternhaufens ermit-

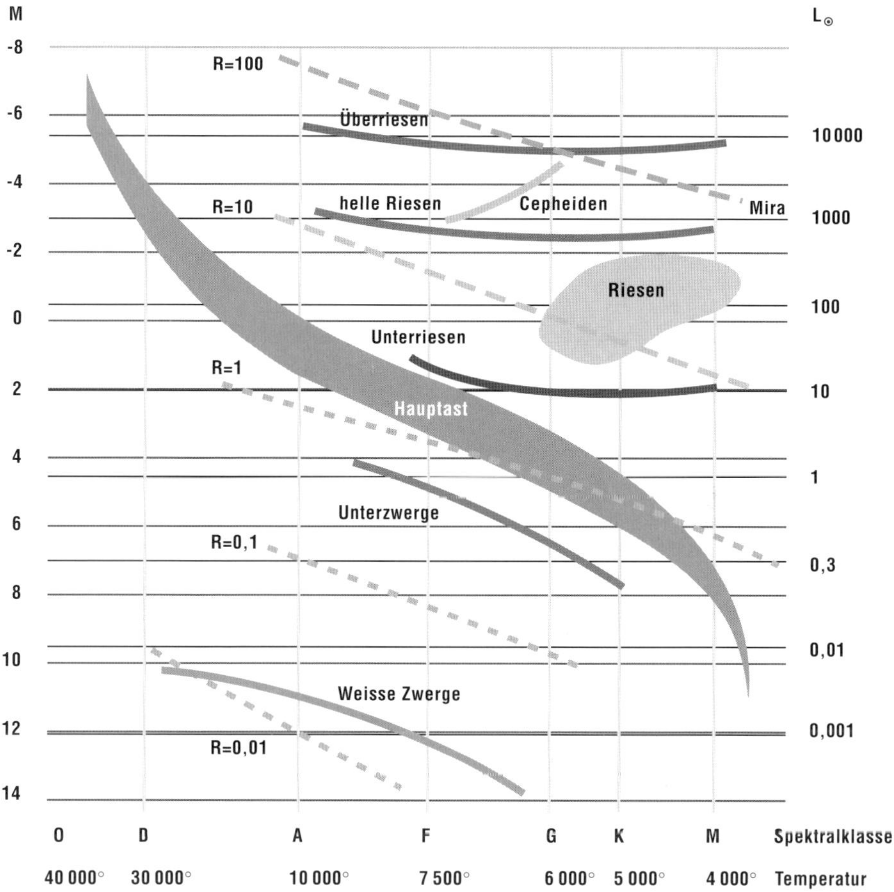

Das HERTZSPRUNG-RUSSELL-Diagramm (HRD)

teln kann. Das FHD zeigt ja für die Ordinate die scheinbare Helligkeit, das HRD jedoch die absolute. Paßt man nun das FHD eines Sternhaufens in ein HRD derart ein, daß die Null-Alter-Hauptreihen zur Deckung kommen, so läßt sich an der Ordinate die Differenz scheinbare (m) minus absolute Helligkeit (M) ablesen: m – M ist aber der Entfernungsmodul, der die Distanz des Sternhaufens angibt (siehe auch Seite 28).

Auch das Alter eines Sternhaufens läßt sich aus einem FHD abschätzen: Aus der Besetzung der oberen Hauptreihe und dem Abknickpunkt zum Riesenast kann man auf das Alter eines Haufens schließen. So zeigt sich, daß Kugelhaufen zu den ältesten Sterngesellschaften gehören, die meist über zehn Milliarden Jahre alt sind, während offene Sternhaufen oft nur einige zig-Millionen Jahre zählen.

Aufbau und Entwicklung der Sterne

Einst dachte man, die Sterne seien als „überirdische Gebilde" ewig und unvergänglich. Mit zunehmendem Wissen über die Natur reifte die Erkenntnis, daß auch die Sterne den Gesetzen der Physik unterworfen sind und eine Entwicklung vollziehen: Sie werden aus interstellaren Staub- und Gasmassen geboren, existieren eine bestimmte Zeit und gehen nach Erschöpfung ihrer Energievorräte wieder zugrunde.

Die Sterne sind nicht alle gleichzeitig mit dem Paukenschlag des Urknalls entstanden. Auch heute noch werden ständig neue Sterne geboren, andere haben ihr Leben längst ausgehaucht. Unsere Sonne mit ihren Planeten ist rund fünf Milliarden Jahre alt, andere Sterne sind mehr als doppelt so alt wie die Sonne, die Plejadensterne hingegen sind mit 60 Millionen Jahren recht junge Objekte.

Sterne sind heiße Gasbälle, die ständig unvorstellbare Mengen an Energie in Form von Licht und Wärme in das Weltall strahlen. Auch der Energievorrat der Sterne ist zwar groß aber endlich. Deshalb ist die Lebensdauer der Sterne begrenzt. Generell gilt, je massereicher ein Stern ist, desto verschwenderischer geht er mit seinem Energievorrat um, und um so kürzer ist seine Lebensspanne.

Die meiste Zeit seines Lebens verbringt ein Stern in einem recht **stabilen Gleichgewichtszustand**. Masse, Durchmesser und Leuchtkraft eines Sternes und damit seine Oberflächentemperatur ändern sich für Millionen und Milliarden Jahre kaum.

Die Größen Masse ($\mathfrak{M}$), Radius (R), Leuchtkraft (L) und Oberflächentemperatur (T_0) werden als **Zustandsgrößen** eines Sternes bezeichnet, weil sie seinen Zustand ziemlich vollständig beschreiben. Zu den Zustandsgrößen zählt ferner der Anteil von Wasserstoff (X), Helium (Y) und den schwereren Elementen (Z) in der Sternmaterie. Der Anteil Z wird häufig in der saloppen Sprechweise der Astronomen als „Metallgehalt" eines Sternes bezeichnet. Ein typischer Stern hat in seinen Oberflächenschichten rund 74% Wasserstoffanteil (X = 0,74) und etwa 24% Helium (Y = 0,24); in den restlichen 2% finden sich von Lithium über Beryllium, Kohlenstoff, Sauerstoff, Stickstoff usw. die Elemente schwerer als Helium (Z = 0,02). Es gilt stets $X + Y + Z = 1$.

Ein Stern wird durch das Gewicht seiner Materieschichten und dem inneren Gegendruck stabilisiert. Der Schwerkraft, die den Stern zusammendrücken möchte, hält der Gas- und Strahlungsdruck, der den Stern aufzublähen versucht, die Waage. Es herrscht also in der stabilen Phase des Sternenlebens ein **hydrostatisches Gleichgewicht**. Somit gilt $K = P$, wobei K die Schwerkraft ist, die auf ein Massenelement an der Sternoberfläche wirkt, und P der innere Druck, der sich aus dem Gasdruck und dem Strahlungsdruck zusammensetzt. Die im Innern des Sterns auf ein Massenelement m wirksame Schwerkraft wird vom Abstand zum Sternmittelpunkt r und der innerhalb dieses Abstandes konzentrierten Sternmasse M(r) bestimmt ($K = G \cdot M(r) \cdot m/r^2$); der Gasdruck hängt von der Temperatur T, der Dichte ϱ und dem mittleren Molekulargewicht μ ab ($p = \mathfrak{R}\, T\rho/\mu$), während der Strahlungsdruck nur von der Temperatur bestimmt wird ($q = aT^4/3$); G bezeichnet wie gewohnt die universelle Gravitationskonstante, $\mathfrak{R}$ die universelle Gaskonstante und a die Strahlungskonstante.

Während der Gasdruck direkt proportional zur Temperatur ist, steigt der Strahlungsdruck mit der vierten Potenz der Temperatur an. In heißeren Schichten eines Sternes überwiegt daher der Strahlungsdruck bei weitem. Wenn die Dichte innerhalb der vollständig ionisierten Sternmaterie allerdings extrem hohe Werte annimmt, tritt sogenannte Entartung ein, die eine andere Berechnung des Gasdrucks erforderlich macht; dies kommt im Zentrum in den späteren Lebensstadien eines Sternes vor.

Soll eine Schicht im Stern stabil sein, also weder emporsteigen noch herabsinken, so muß außer dem hydrostatischen auch noch ein **thermodynamisches Gleichgewicht** herrschen. Das heißt, die Schicht darf sich weder aufheizen noch abkühlen ($dT/dt = 0$). Dies ist der Fall, wenn die von unten zugeführte Energie gleich der nach oben abgegebenen plus der in der Schicht eventuell noch freigesetzten Energie ist.

Ob sich ein Volumelement in einem Stern aufheizt oder die Temperatur konstant bleibt, hängt von der Stärke des Strahlungsstromes und der Durchlässigkeit bzw. Undurchlässigkeit **(Opazität)** des Volumelements für die Strahlung ab.

Die Opazität ist stark wellenlängenabhängig [$\kappa = \kappa(\lambda)$] und wird in erster Linie vom Z-Anteil der Sternenmaterie bestimmt. Denn die Opazität ist eine Funktion des mittleren Molekulargewichtes $\bar{\mu}$. Das mittlere Molekularge-

Innerer Aufbau der Sonne

r/R	10^3 km	P [10^6 atm]	T (10^6 K]	ρ [g cm^{-3}]	ε erg g^{-1}s^{-1}	X	Energietransport
0,00	0	221000	14,6	134	19	0,494	Zentrum
0,04	28	200000	14,2	121	13	0,520	
0,10	70	135000	12,6	85,5	7,3	0,611	
0,20	139	45900	9,35	36,4	3,7	0,723	
0,30	209	11600	6,65	12,9	1,9	0,744	Strahlungs-gleichgewicht
0,40	279	2670	4,74	4,13	0,8	0,750	
0,50	348	604	3,42	1,30	0,3	0,750	
0,60	418	137	2,49	0,405	0,1	0,750	
0,70	488	30	1,80	0,124	–	0,750	
0,80	556	6	1,28	0,035	–	0,750	
0,84	585	3,01	1,04	0,02	–		
0,90	627	0,78	0,605	0,009	–		Konvektion
0,98	682	0,011	0,111	0,0008	–		
1,00	696	0,006 atm	$5{,}7 \times 10^{-3}$	$3{,}10^{-8}$			Oberfläche

wicht der Sternenmaterie errechnet sich zu $\overline{\mu} = 4/(2 + 6X + Y)$, da $Z = 1 - X - Y$ ist.
Um ein stabiles Sternmodell zu konfigurieren, geht man von plausiblen Randbedingungen aus, die ein Stern wohl erfüllt: Druck, Temperatur und Dichte sind im Sternmittelpunkt am höchsten, sie fallen bis zur Oberfläche stetig. An der Oberfläche selbst sind sie nahezu Null. Ferner ist davon auszugehen, daß fast die gesamte Energieproduktion (besser: Energiefreisetzung), die der Gesamtausstrahlung (Leuchtkraft) des Sternes entspricht, in einem sehr kleinen Bereich im Zentrum erfolgt. Im Extremfall ist dieser Bereich ausdehnungslos (Punktquellenmodell). Für den ersten Ansatz ist dies eine gute Hypothese, bei genauerer Durchrechnung erweist sich der Bereich, in dem fast die gesamte Leuchtkraft des Sternes produziert wird, als ein Zehntel des Sternradius groß.
Die Energie muß also vom Sternzentrum zur Oberfläche transportiert werden. Dies kann durch **Strahlung, Konvektion** oder **Leitung** geschehen. Da die hochionisierte Sternmaterie (Plasma) sich wie ein ideales Gas verhält, scheidet Leitung aus. Nur in bestimmten Fällen sehr hoher Dichte (entartete Materie in Weißen Zwergen, Neutronensternen und den Zentralbereichen Roter Riesen) spielt thermische Leitung eine maßgebliche Rolle.
Reicht die elektromagnetische Strahlung (und in gewissem Umfang der Neutrinofluß) für den Energietransport aus, so bleiben die Sternschichten stabil (Strahlungsgleichgewicht). Heizt sich jedoch ein Volumelement wegen zu hoher Opazität auf (Verletzung des thermodynamischen Gleichgewichtes), so steigt der Druck an, und das Volumelement beginnt aufzusteigen. Es kommt in dieser Schicht zur Konvektion, heißere Materiezellen steigen auf, kühlere sinken herab, kurz: die Sternenmaterie brodelt in dieser Zone. Als Beispiel sei die Sonnenoberfläche erwähnt, wo die Granulation die sichtbare Erscheinung der Konvektion ist.
Ob in einer bestimmten Schicht Konvektion eintritt, hängt vom Temperaturgradienten (dT/dr) ab. Fällt die Temperatur mit steigender Entfernung vom Sternmittelpunkt (dr) schneller ab, als es dem sogenannten adiabatischen Temperaturgradienten entspricht, so kommt es zur Aufheizung und Konvektion.
Der adiabatische Temperaturgradient stellt den Grenzfall dar, bei dem der Energiestrom gerade noch bei stabiler Schichtung, also im thermodynamischen Gleichgewicht passieren

kann. Ist der reale Temperaturgradient kleiner als der adiabatische, so bleibt die Schicht stabil, ist er jedoch größer, kommt es zu Konvektion, Turbulenz und Durchmischung der Sternmaterie.

$(dT/dr) < (dT/dr)_{ad}$	stabile Schicht
$(dT/dr) > (dT/dr)_{ad}$	Konvektion, „Brodeln" der Sternmaterie

Energiequellen der Sterne

Sterne strahlen für Millionen und Milliarden Jahre ungeheure Energiemengen ins All. Lange rätselte man, wie Sterne ihren gewaltigen Energiebedarf decken. Grundsätzlich stehen vier Mechanismen zur Energieproduktion, besser gesagt zur Energiefreisetzung, zur Verfügung:

1. **Chemische Energie** (Verbrennung): Sie ist für die stellare Energiebilanz unbedeutend, weil viel zu unergiebig.
2. **Thermische Energie:** durch „Auskühlen" kann der Strahlungsstrom eine gewisse Zeit erhalten werden. Sie spielt bei Weißen Zwergen (siehe „Endstadien der Sterne") eine Rolle, nicht aber für die Blüte des Sternenlebens.
3. **Gravitationsenergie:** Durch Schrumpfen wird potentielle Gravitationsenergie in Wärme umgewandelt. Sie ist nur in der Phase der Sternentstehung bedeutsam sowie in späteren Lebensabschnitten eines Sternes für bestimmte Schichten, wenn diese kontrahieren.
4. **Nukleare Energie:** Sie ist die Hauptenergiequelle für die längste Zeit einer Sternenexistenz. Sie sorgt auch für ein stabiles Gleichgewicht während langer Lebensphasen eines Sternes.

Kernfusionsprozesse

Durch Verschmelzen (Fusion) leichterer Atomkerne zu schwereren wird die auftretende Massendifferenz gemäß $E = \Delta m \cdot c^2$ in Energie umgewandelt. Hauptsächliche Energiequellen sind hierbei die Fusion von Wasserstoff zu Helium („Wasserstoffbrennen") und in späteren Lebensstadien auch die Fusion von Helium zu Kohlenstoff („Heliumbrennen").

Weitere Fusionsprozesse, wie sie in massereichen Sternen in ihren Endphasen auftreten (Kohlenstoff-, Sauerstoff-, Siliziumbrennen usw.) setzen nur relativ wenig Energie frei, ändern aber die Chemie der Sterne entscheidend (Z-Anteil schnellt hoch), was zu höheren Opazitäten führt und die Rechnungen zum Sternaufbau kompliziert werden läßt.

Damit atomare Kernfusionsprozesse ablaufen können, sind hohe Temperaturen (mindestens einige Millionen Kelvin) zur Überwindung elektrostatischer Abstoßungsbarrieren sowie hohe Materiedichten notwendig, damit genügend Stöße erfolgen.

Zur Fusion von Wasserstoffkernen in Heliumkerne (α-Teilchen) kennt man zwei Reaktionszyklen:

1. Proton – Proton – Prozeß:

$$\left.\begin{array}{l} H^1 + H^1 \rightarrow D^2 + e^+ + \bar{\nu} \\ D^2 + H^1 \rightarrow He^3 + \gamma \end{array}\right\} \rightarrow (2\,x)$$
$$He^3 + He^3 \rightarrow He^4 + 2H^1 + \gamma$$
$$\text{Bilanz: } 4H^1 \rightarrow 1He^4 + 26{,}2\ \text{MeV}$$
$$(\hat{=}\ 4{,}2 \times 10^{-5}\ \text{erg})^*$$

In den beiden ersten Schritten wird ein Heliumkern 3 erzeugt. Im dritten Schritt werden zwei He^3-Kerne benötigt, weshalb die beiden ersten Schritte doppelt erfolgen müssen, um die Reaktion im letzten Schritt zu ermöglichen. Der p-p-Prozeß läuft ab etwa 3 Millionen Kelvin an. Er ist stark temperaturabhängig ($\varepsilon_{pp} \sim \rho T^{5,3}$). In der Sonne (Zentraltemperatur $\sim$ 15 Millionen Kelvin) wird der überwiegende Anteil an der Energieproduktion durch den p-p-Prozeß bewirkt. Auch bei Sternen der ersten Generation, die noch nicht über Kohlenstoff (C) verfügen, ist der p-p-Prozeß die primäre Energiequelle.

2. CNO-Zyklus (CNO-Prozeß):

$$C^{12} + H^1 \rightarrow N^{13} + \gamma$$
$$N^{13} \rightarrow C^{13} + e^+ + \bar{\nu}$$
$$C^{13} + H^1 \rightarrow N^{14} + \gamma$$
$$N^{14} + H^1 \rightarrow O^{15} + \gamma$$
$$O^{15} \rightarrow N^{15} + e^+ + \bar{\nu}$$
$$N^{15} + H^1 \rightarrow C^{12} + He^4$$
$$\text{Bilanz: } 4H^1 \rightarrow 1He^4 + 25{,}0\ \text{MeV}$$
$$(\hat{=}\ 4{,}0 \times 10^{-5}\ \text{erg})^*$$

Wie beim p-p-Prozeß werden jeweils als Ergebnis vier Wasserstoffkerne zu einem Heliumkern fusioniert. Die Energiefreisetzung ist ein wenig geringer. Der Zyklus läuft über die Produktion von Sauerstoff- und Stickstoffkernen. Kohlenstoff dient lediglich als Katalysator, in der Bilanz taucht er nicht auf.
Der CNO-Zyklus ist noch temperaturempfindlicher als der p-p-Prozeß ($\varepsilon_{CNO} \sim \rho \cdot T^{16}$). Bei höheren Zentraltemperaturen (z.B. im Zentrum der Wega bei 25 Millionen Kelvin) überwiegt daher der CNO-Prozeß gegenüber dem p-p-Prozeß. Voraussetzung ist jedoch das Vorhandensein von C.
Der Kohlenstoff (C) – Stickstoff (N) – Sauerstoff (O) Zyklus wird auch Bethe-Weizsäcker-Prozeß genannt nach Hans BETHE (*1906, 1967 Nobelpreis für Physik) und Carl Friedrich von WEIZSÄCKER (*1912), die den Prozeß erstmals beschrieben.

3. 3α-Prozeß:

In späteren Lebensstadien, in denen Sterne Zentraltemperaturen von über 100 Millionen Kelvin erreichen, spielt noch die Verschmelzung von Heliumkernen zu Kohlenstoffkernen eine wesentliche Rolle zur Energieproduktion. Dieser Fusionsprozeß wird 3α-Zyklus oder Salpeterprozeß (nach E.E. SALPETER) genannt. Jeweils drei Heliumkerne (α-Teilchen) fusionieren zu einem Kohlenstoffkern.

$$He^4 + He^4 \rightarrow Be^8 + \gamma$$
$$Be^8 + He^4 \rightarrow C^{12} + \gamma$$
$$\text{Bilanz: } 3He^4 \rightarrow 1C^{12} + 7{,}3 \text{ Mev}$$
$$(\triangleq 1{,}17 \times 10^{-5} \text{erg})^*$$

Der Prozeß beginnt ab einer Temperatur von etwa 120 Millionen Kelvin. Er ist sehr temperaturempfindlich, leichtes Ansteigen von T facht ihn ungemein stark an ($\varepsilon_{3\alpha} \sim \rho^2 \cdot T^{30}$).
Bei massereichen Sternen und noch höheren Zentraltemperaturen laufen weitere Kernfusionsprozesse ab (Kohlenstoff-, Sauerstoff-, Siliziumbrennen usw.), die aber weniger für die Energiefreisetzung bedeutsam sind. Sie verändern vor allem die Opazität der einzelnen Schichten durch die Erhöhung des Z-Anteils. Durch diese höheren Fusionsprozesse werden Natrium, Neon, Sauerstoff, Phosphor, Schwefel, Silizium bis hin zum Eisen produziert.
Das „Wasserstoffbrennen" stellt die Hauptenergiequelle während der meisten Zeit des normalen Sternenlebens dar, also jener Phase, in der der Stern auf der Hauptreihe des HRD (siehe Seite 112) sitzt. Dabei ist der p-p-Prozeß für die untere Hauptreihe maßgebend. Beim Einsetzen des 3α-Prozesses („Zünden des Heliumkernes") hat sich der Stern schon weit von der Hauptreihe entfernt und ist auf dem Wege zum Riesenast. Das Zünden der Heliumfusion zu Kohlenstoff erfolgt bei Temperaturen oberhalb von 100 Millionen Kelvin.

Neutrinoproblem

Außer elektromagnetischer Strahlung (γ-Quanten, Photonen) und Konvektion tragen auch die sehr zahlreich bei den Kernprozessen gebildeten Neutrinos zum Energietransport bei. Wegen ihres geringen Wirkungsquerschnitts (typischerweise 10^{-20} barn) können Neutrinos das Sternzentrum fast ungehindert verlassen – sie reagieren praktisch kaum mit Materie und Strahlung. Dabei kühlen sie das Zentrum. Die Zahl der im Sonnenzentrum pro Sekunde freigesetzten Neutrinos beträgt etwa 2×10^{30}. Daraus ergibt sich ein irdischer Neutrinofluß von $6{,}5 \times 10^{14}$ Neutrinos pro Quadratmeter und Sekunde. Wegen der geringen Wechselwirkung der Neutrinos ist ihr Nachweis außerordentlich schwierig und entsprechend mit großem experimentellem Aufwand verbunden (GALLEX-Experiment im Gran Sasso-Massiv). Bisher konnte der zu erwartende Neutrinofluß noch nicht quantitativ befriedigend nachgewiesen werden.

Sternentstehung

Als Baustoff für die Bildung neuer Sterne dient die interstellare Materie, die in Form gewaltiger Gas- und Staubwolken in der Galaxis vorhanden ist. Durch die Schwerkraftwirkung kann eine interstellare Wolke kontrahieren.

* Größen zur Energiebilanz:
$1 \text{ g} \triangleq 9 \times 10^{20} \text{ erg } (m = E/c^2)$
$1 \text{ erg} \triangleq 6{,}442 \times 10^5 \text{ MeV } (= 10^{11} \text{ eV})$
$1 \text{ erg} = 1 \text{ dyn} \cdot \text{cm}; 1 \text{ dyn} = 1 \text{ g} \cdot \text{cm/s}^2$
$1 \text{ barn} = 10^{-24} \text{ cm}^2$

Die Kontraktionszeit ist um so kürzer, je größer die Wolkenmasse ist. Durch den Zusammenfall der Wolke steigen Druck und Temperatur an. Erreicht die Temperatur im Zentralbereich der kollabierenden Gasmasse Werte um einige Millionen Kelvin, dann setzt die Wasserstoffkernfusion ein, ein neuer Stern ist geboren.

Die realen Verhältnisse sind jedoch verwickelter, als diese simple Darstellung vermuten läßt. Der innere Gasdruck sowie Turbulenzen wirken der Gravitationsanziehung entgegen und versuchen, die Wolke zu stabilisieren. Zieht sich die Wolke zusammen, so steigt die Temperatur und damit der Innendruck an. Da auch der Drehimpuls im wesentlichen konstant bleibt, nimmt bei Kontraktion die Winkelgeschwindigkeit der turbulenten (rotierenden) Elemente in der Wolke zu – die Fliehkraft wächst an und versucht, die Wolke auseinanderzutreiben oder zumindest eine weitere Kontraktion zu verhindern. Hinzu kommt, daß bei steigenden Temperaturen Ionisation eintritt. Die interstellaren Magnetfelder wirken auf die nun elektrisch leitfähige Materie ein. Die Wolken flachen sich ab, der quer zu den Magnetfeldlinien verlaufende zusätzliche magnetische Druck bremst ebenfalls die Kontraktion. Die meisten Wolken haben Massen von einigen tausend Sonnenmassen, Sterne aber höchstens einige Dutzend Sonnenmassen. Eine durchschnittliche Wolke kann daher nicht einen Einzelstern bilden. Fraktionierungsprozesse müssen dafür sorgen, daß die interstellare Gaswolke in kleinere Portionen zerfällt, aus denen sich zahlreiche Sterne bilden können.

Es müssen eine Reihe von Bedingungen erfüllt sein, damit es zur Sternbildung kommt. Sir James JEANS (1877–1946) hat die Bedingungen ermittelt, unter denen es zu einem Kollaps einer interstellaren Wolke kommt. Die Schwerkraft siegt (genauer: Gravitationsinstabilität liegt vor), wenn:

$$\mathfrak{M} \geqq 3{,}7\left(\frac{\mathfrak{R} \cdot T}{\bar{\mu} \cdot G}\right)^{3/2} \cdot \frac{1}{\sqrt{\rho_c}}$$

Dabei bedeutet $\mathfrak{M}$ die Masse der Wolke, $\mathfrak{R}$ die universelle Gaskonstante, G die Gravitationskonstante, $\bar{\mu}$ das mittlere Molekulargewicht, T die Temperatur und ρ_c die Zentraldichte der Wolke.

Ist die Masse $\mathfrak{M}$ gleich oder größer dem Ausdruck auf der rechten Seite der obigen Gleichung, dann tritt Gravitationsinstabilität auf, die Wolke kontrahiert. Gilt das Gleichheitszeichen, dann spricht man von kritischer oder **JEANSscher Masse**. Die obige Bedingung für die Gravitationsinstabilität wird auch als JEANSsches Kriterium bezeichnet. Die kritische Masse gibt also die kleinste Masse an, die vorhanden sein muß, damit ein Schwerkraftkollaps einsetzen kann.

Für eine Wolke mit einer Dichte von hundert Atomen pro Kubikzentimeter und einer Temperatur von 100 K ergibt sich eine JEANS-Masse von 2800 Sonnenmassen.

Nur Wolken mit mindestens 2800 Sonnenmassen können in diesem Zustand kontrahieren. Für sehr kalte Gebiete (T = 10 K) sinkt die JEANS-Masse bei gleicher Dichte auf rund hundert Sonnenmassen. Im allgemeinen werden nur Wolken mit deutlich über tausend Sonnenmassen instabil.

Dabei kontrahiert sie zunächst im freien Fall, und die potentielle Gravitationsenergie wird in Wärme umgewandelt. Durch Turbulenzen und Dichtefluktuationen zerfällt die Wolke in kleinere Portionen. Solange die einzelnen Wolken nicht zu dicht sind, wird die Wärme vollständig abgestrahlt. Im Zentrum steigt schließlich die Dichte rapide an, die äußeren Schichten werden für Strahlung undurchlässiger. Über 1000 K verdampfen die Staubteilchen, bei 2000 K dissoziieren die Wasserstoffmoleküle, über 10000 K werden Wasserstoff und Helium ionisiert. Diese Prozesse verbrauchen Energie, der thermische Gasdruck wird dadurch verringert, die Kontraktion läuft schneller ab, und es bildet sich ein Protostern, der von einer relativ dichten Gas- und Staubhülle umschlossen wird. Aus ihr regnet die Materie auf die Oberfläche des sich bildenden Sternes herab. In der Kontraktionsphase leuchtet der Protostern zunächst im infraroten Licht. Mit steigender Temperatur sendet die Oberfläche des Protosterns auch Strahlung im sichtbaren Spektralbereich ab. Diese wird allerdings zunächst von der umgebenden Hülle absorbiert. Diese heizt sich auf und leuchtet im Infraroten. Erst nachdem die überwiegende Masse der Hülle auf den Protostern herabgeregnet ist,

Lange Zeit seines Lebens ist ein Stern stabil. Die Schwerkraft hält dem Strahlungs- und dem Gasdruck die Waage.

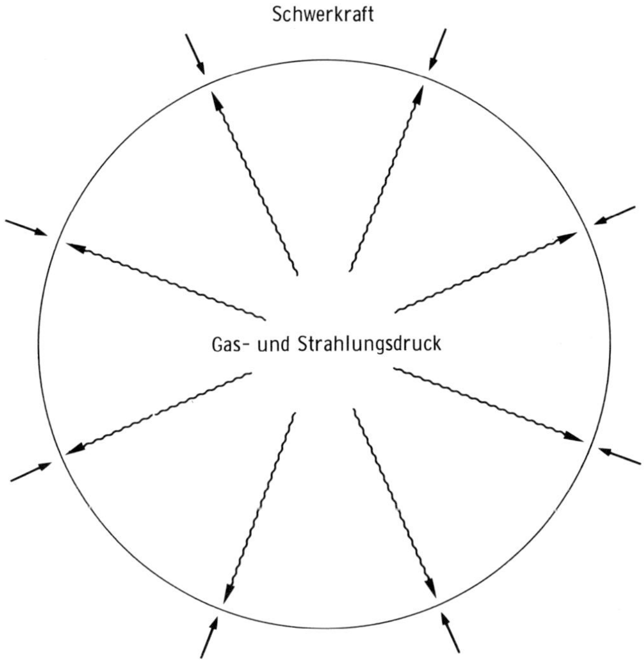

wird die Hülle durchsichtig. Dadurch leuchtet der Protostern, von außen betrachtet, im sichtbaren Licht auf. Bei genügend hohem Zentraldruck und bei Erreichen einer Zentraltemperatur von einigen Millionen Kelvin setzt die Kernfusion ein, Wasserstoff wird zu Helium verschmolzen. Nun ist der eigentliche Geburtsakt des Sternes vollzogen, der Protostern hat sich zu einem Stern entwickelt. Die freiwerdende Kernfusionsenergie stoppt eine weitere Kontraktion und stabilisiert den Stern für lange Zeit. Je nach Massenvorrat erfolgt die Entstehung von Sternen unterschiedlich schnell. Massereichere Protosterne kollabieren schneller, massearmere langsamer. Nachstehende kleine Tabelle gibt eine grobe Übersicht über die Kontraktionszeiten:

Kontraktionszeit eines Protosterns
B0-Stern mit sieben Sonnenmassen:
60000 Jahre
G2-Stern (Sonne) mit einer Sonnenmasse:
60 Millionen Jahre
M-Stern mit einer halben Sonnenmasse:
150 Millionen Jahre

Die Sonne hat zu ihrer Entstehung somit tausendmal länger gebraucht als ein Stern mit siebenfacher Masse.

Massereiche Sterne weisen auch eine höhere effektive Temperatur, einen größeren Radius und eine heftigere Energieproduktion auf. Ihre Leuchtkraft ist damit entsprechend höher. Masse und Leuchtkraft sind voneinander nicht unabhängig. Die **Masse-Leuchtkraft-Beziehung** lautet:

$$L = a \cdot \mathfrak{M}^n$$

Die Leuchtkraft ist proportional der n-ten Potenz der Masse. Das n hängt seinerseits ebenfalls von der Masse ab. Für Sterne mit mehr als drei Sonnenmassen ist $n = 3$, für Sterne mittlerer Masse $n = 4$ und für Sterne mit weniger als einer Sonnenmasse gilt $n = 2{,}8$. Der Proportionalitätsfaktor wieder ist von der Größe Z (Anteil der Elemente schwerer als Helium in der Sternmaterie) abhängig. Für Sterne mittlerer Massen kann man als M-L-Beziehung auch schreiben:

$$M_{bol} = 4{,}7 - 7{,}9 \lg \mathfrak{M}$$
(Masse in Sonnenmassen)

Bei Protosternen mit Massen kleiner als etwa 0,1 $\mathfrak{M}_{\odot}$, also weniger als zehn Prozent der Sonnenmasse, werden nicht genügend hohe Zentraltemperaturen erreicht, um die Kernfusion zu zünden. Solche Objekte kühlen nach ihrer kontraktionsbedingten Erwärmung wieder ab, ihre Ausstrahlung im Infraroten wird somit durch die thermische Energie (siehe Seite 116) gedeckt. Man nennt solche Gebilde, die ein Zwischenstadium zwischen einem Stern und einem Planeten darstellen, gewöhnlich „Braune Zwerge". Ob es Braune Zwerge gibt und vor allem, wie häufig sie in der Galaxis vorkommen, ist noch weitgehend unerforscht.

Massereiche, heiße und somit junge Sterne regen die Sternbildung in ihrer Umgebung an. Sie erhöhen die Sternentstehungsrate, indem sie das interstellare Medium stark aufheizen. Es dehnt sich aus, wobei sich Schockfronten an den Grenzen zum kühleren Gas bilden. Turbulenzen und lokale Inhomogenitäten führen zu Einschnürungen und Abkapselungen („Elefantenrüssel", „Globulen"), wobei die Dichte stark erhöht wird (JEANS-Masse wird kleiner!), was die Sternbildung erleichtert.

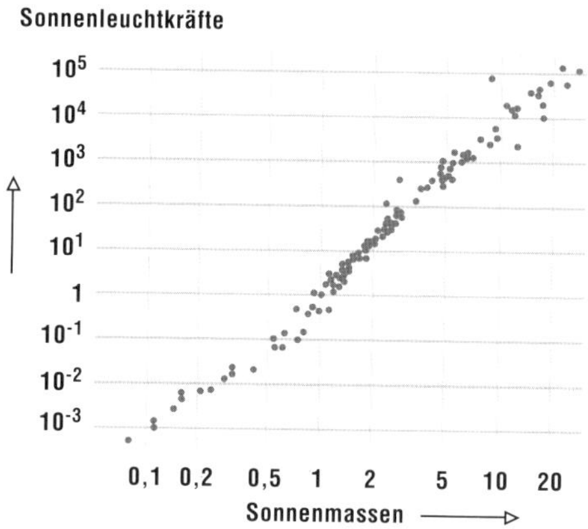

Masse-Leuchtkraft-Beziehung

Die Entwicklung der Sterne

Nach Zünden des Kernfeuers, also nach seiner Geburt, bleibt ein Stern für lange Zeit in einem recht stabilen Zustand. Er befindet sich dabei auf der sogenannten Hauptreihe im HERTZSPRUNG-RUSSELL-Diagramm (siehe Seite 112). Für Millionen und Milliarden Jahre leuchten die Sterne als gigantische Atommeiler. Dabei wird durch die Kernfusion ein Teil der Masse in Energie umgewandelt, gemäß der EINSTEIN-Gleichung: Energie = Masse mal Lichtgeschwindigkeitsquadrat. Unsere Sonne verliert so beispielsweise vier Millionen Tonnen an Masse pro Sekunde! Im Vergleich zu ihrer Gesamtmasse freilich ist dies ein winziger Bruchteil.

Je massereicher ein Stern ist, desto früher ist sein Energievorrat aufgezehrt. Dies mag paradox klingen. Aber wer mehr hat, gibt mehr aus. Sterne mit fünf- oder zehnfacher Sonnenmasse gehen mit ihrem Wasserstoffvorrat viel verschwenderischer um. Durch eine höhere Zentraltemperatur wird das Atomfeuer in ihrem Inneren stärker entfacht, die Umwandlung von Wasserstoff in Helium erfolgt schneller.

Mit der Zeit bildet sich im Zentrum ein Kernbereich aus Helium, gewissermaßen die Asche des Wasserstoffbrennens. Die Wasserstoffbrennzone wandert nach außen. Die Gravitation bringt den Heliumkern, wenn er eine bestimmte Größe erreicht hat, zum Kollabieren. Die Zentraltemperatur steigt auf über 100 Millionen Kelvin an, das Helium zündet, es setzt der SALPETER-Prozeß (3α-Zyklus, siehe Seite 117) ein. Helium wird zu Kohlenstoff fusioniert. Der Stern verfügt dann über zwei Energiequellen: Im Zentrum das Heliumbrennen, weiter außen die Zone des Wasserstoffbrennens (Wasserstoffbrennschale).

Dabei ist zwischen masseärmeren und massereicheren Sternen zu unterscheiden. Sterne unter etwa 1,5 Sonnenmassen sind im Inneren weitgehend im Strahlungsgleichgewicht. Das heißt, die Energie wird von innen nach außen durch Strahlung transportiert, eine Durchmischung der Materie findet nicht statt. Die äußersten Schichten dieser Sterne sind jedoch konvektiv, hier brodelt es (siehe Sonnengranulation). Die Wasserstoffusion zu Helium erfolgt hauptsächlich durch den p-p-Prozeß. Die Sterne sitzen am unteren Ast der Hauptreihe. Sterne mit mehr als 1,5 Sonnenmassen dekken ihren Energiebedarf hauptsächlich durch den CNO-Zyklus. Die Energiefreisetzung ist so heftig, daß im Sternkern Strahlung allein die Energie nicht mehr nach außen abführen kann; es kommt zu Konvektion. Die äußere Hülle ist durch den intensiven Energiestrom entsprechend aufgebläht, die Strahlung reicht aus, um die Energie nach außen zu transportieren. Die Hüllen von massereichen Sternen sind daher im Strahlungsgleichgewicht, also nicht-konvektiv.

Wenn die Wasserstoffbrennschale nach außen wandert und sich bei masseärmeren Sternen ein **Heliumkern** bildet, der kontrahiert, ändern sich auch die Größe und Oberflächentemperatur des Sternes. Der Stern bläht sich auf, die Oberflächentemperatur sinkt, er wird zu einem **Roten Riesen**. Der Stern rückt nach rechts von der Hauptreihe in HRD ab. Ab einer gewissen Größe des Heliumkerns entartet die Materie. Der Druck des Elektronengases hält dann den darüberliegenden Schichten stand, ist aber von der Temperatur unabhängig; dafür besteht hohe Leitfähigkeit. Eine Temperaturerhöhung bewirkt bei entarteter Materie keine Druckerhöhung. Bei der Schwellentemperatur von 120 Millionen Kelvin zündet der gesamte Heliumkern schlagartig (**Helium-Blitz**, Heliumflash).

Für kurze Zeit – einige Millionen Jahre – verkleinert sich der Stern wieder, die Oberflächentemperatur nimmt wieder zu, der Stern zieht nach links im HRD. Dieses Spiel kann sich wiederholen. Die Phase um und kurz nach dem Heliumbrennen ist auch mit schnellen Computern nur schwer zu kalkulieren. Während ein Stern mit einer Sonnenmasse im roten Riesenstadium rund 300fache Sonnenleuchtkraft erreicht, schwillt er nach dem Heliumflash schließlich auf über 100fachen Sonnendurchmesser an, und die Leuchtkraft steigt auf 10000 $L_\odot$: der Stern wird zum **roten Überriesen**.

Massereichere Sterne erleben keinen Heliumflash. Der Sternenkern wird durch die Konvektion durchmischt. Er reichert sich mit Helium an, kontrahiert ebenfalls, es kommt aber nicht zur Entartung. Bei Temperaturen über 10^8 K setzt ebenfalls der 3α-Prozeß ein, die Aufblähung zum Roten Riesen erfolgt in ähnlicher Form. Allerdings geht die Entwicklung im Inneren weiter. Die Asche des Heliumbrennens, der Kohlenstoff, sammelt sich im Zentralbereich an. Der neugebildete **Kohlenstoffkern** kontrahiert und zündet bei Temperaturen um 6×10^8 K und bildet Sauerstoff. Bei sehr massereichen Sternen – über 6 Sonnenmassen – gehen die Fusionsprozesse weiter, bis sich schließlich ein **Eisenkern** im Zentrum entwickelt. Eisen ist die letzte Stufe. Weitere Fusionsprozesse sind nicht möglich, die Verschmelzung von Eisenatomkernen würde enorme Energiemengen verbrauchen, aber keine freisetzen. Nur durch Neutroneneinfang ist der Aufbau schwererer Atomkerne noch möglich.

Entwickelte, massereiche Sterne besitzen einen Eisenkern, der von den Schalen verschiedener Fusionsprodukte (Silizium, Neon, Sauerstoff, Kohlenstoff, Helium) umschlossen wird, und weit außen die Wasserstoffzone. Zwischen den inaktiven Zonen finden in einzelnen Schalen noch Fusionsprozesse statt. Eine solche Sternenkonfiguration wird als **Zwiebelschalenmodell** bezeichnet.

Rote Riesensterne blasen einen erheblichen Teil ihrer Masse als **Sternwind** ins Weltall ab und reichern damit die interstellare Materie mit schwereren Elementen als Helium an.

In dem fortgeschrittenen Stadium eines Roten Riesens werden Sterne für bestimmte Zeitspannen instabil, sie beginnen zu pulsieren. Ihre Oberflächen schwingen über einen Gleichgewichtszustand hinaus – der Stern bläht sich auf und schrumpft anschließend wieder **(Pulsationsvariable)**.

Nachstehende Tabelle gibt die **Verweildauer** eines Sternes auf der Hauptreihe in Abhängigkeit von seiner Masse an. Danach bläht er sich zum Roten Riesen-Stadium auf, die Blütezeit des Sternenlebens ist vorüber, der Stern ist gealtert.

Masse in Sonnenmassen	Verweildauer auf der Hauptreihe in Millionen Jahren
16	8
10	20
6	70
3	200
1,5	1500
1,0	10000
0,5	16000

Die Endstadien der Sterne

Sind im Laufe eines Sternenlebens die Kernfusionsprozesse erloschen, so tritt der Stern in das Endstadium seines Lebens. Nach Erschöpfung der Fusionsenergiequellen deckt er seine Ausstrahlung nur noch durch den thermischen Energievorrat sowie für kurze Zeit auch durch potentielle Gravitationsenergie (Schrumpfprozesse).
Nach Beendigung der Kernfusionsprozesse läßt der Innendruck stark nach, der Stern schrumpft bzw. kollabiert, wobei die Materie enorm komprimiert wird. Je nach noch vorhandener Masse endet ein Stern entweder als **Weißer Zwerg**, als **Neutronenstern** oder als **Kollapsar**. Bei Weißen Zwergen ermöglicht der Druck des entarteten Elektronengases (FERMI-Gas) eine stabile Konfiguration, bei Neutronensternen (Pulsaren) der Druck des entarteten Neutronengases. Ab einer bestimmten Massenobergrenze kann auch das entartete Neutronengas der Schwerkraft nicht paroli bieten, das Objekt stürzt vollends in sich zusammen (Gravitationskollaps, Kollapsar, Schwarzes Loch). Sterne enden also entweder als Weiße Zwerge, als Pulsare oder als Schwarze Löcher.

Weiße Zwerge

Zum Ende des Riesenstadiums verlieren Sterne einen erheblichen Teil ihrer Masse durch Sternwinde. Sterne blasen ihre äußeren Schichten ins Weltall, teilweise schleudern sie ihre Hüllen explosionsartig weg **(Planetarische Nebel)**. Übrig bleibt ein heißer Sternenkern, der sich zu einem Weißen Zwerg entwikkelt.
Weiße Zwerge haben typischerweise Durchmesser von einem Hundertstel des Sonnendurchmessers, sind also in ihrer Größe vergleichbar mit den erdähnlichen Planeten. Der erste Weiße Zwerg wurde 1862 von Alvan G. CLARK gesehen; dieser Begleiter des hellen Sirius (Sirius B) hat nur rund 10 000km Durchmesser, dafür aber 30000 K Oberflächentemperatur und eine Masse, die etwa einer Sonnenmasse entspricht. Damit ergibt sich eine ungeheure Dichte von zwei Tonnen pro Kubikzentimeter!
Weiße Zwerge sind im Inneren weitgehend isotherm. Es wird keine Kernenergie mehr freigesetzt, die entartete Materie ist ein guter Wärmeleiter. Die Photosphäre eines Weißen Zwerges ist nur wenige Kilometer dick und an der Oberfläche spiegelglatt ohne Turbulenzen. Die Schwerebeschleunigung ist dort so hoch, daß die Entweichgeschwindigkeit einige tausend Kilometer pro Sekunde beträgt. Das starke Schwerefeld läßt sich auch in den Spektren Weißer Zwerge nachweisen **(Gravitationsrotverschiebung**, bei Sirius B ungefähr 0,01 Å).
Weiße Zwerge leuchten aufgrund ihrer thermischen Energie. Somit kühlen sie aus und verfärben sich. Ihre anfänglich hohen Oberflächentemperaturen (über 10000 K) sinken. Ein Weißer Zwerg wird gelb, orange, rot und endet schließlich als unsichtbarer **Schwarzer Zwerg**. Der Abkühlungsprozeß geht allerdings außerordentlich langsam vor sich. Rund zehn Milliarden Jahre dauert es, bis ein 10000 K heißer Weißer Zwerg unter 2000 K abgekühlt ist und damit unsichtbar wird.
Heute sind rund 800 Weiße Zwerge bekannt, die alle in Entfernungen unter 300 Lichtjahren liegen. Wegen ihrer geringen Leuchtkraft sind Weiße Zwerge schwer aufzuspüren. Man vermutet, daß zehn Prozent der Sterne unserer Galaxis Weiße Zwerge sind.
Die Größe eines Weißen Zwerges wird allein

Sirius B im Vergleich mit der Sonne und einigen Planeten

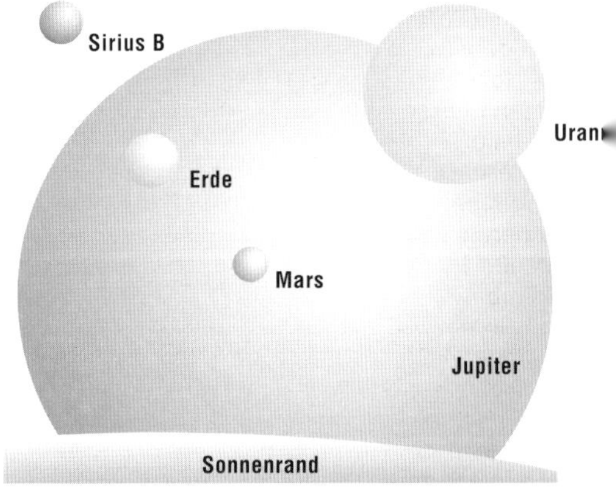

Relative scheinbare Bahn von Sirius B um den Hauptstern Sirius A

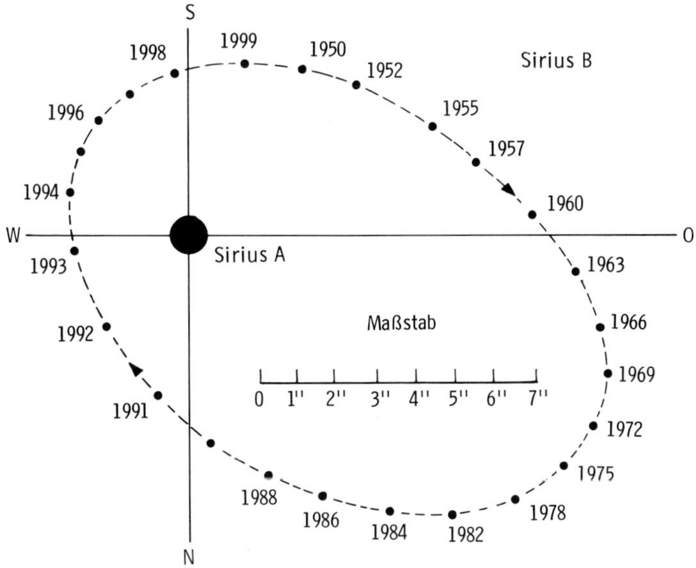

durch seine Masse bestimmt. Je größer die Masse, desto kleiner sein Radius.

$$\mathfrak{M}_{W.D.} \sim 1/R^3$$

Die Masse $\mathfrak{M}$ eines Weißen Zwerges ist somit umgekehrt proportional der dritten Potenz seines Radius.

Neutronensterne

Der in den USA lebende indische Astrophysiker und Nobelpreisträger Subrahmayan CHANDRASEKHAR hat bereits 1932 zeigen können, daß es für Weiße Zwerge eine obere Massengrenze **(Chandra-Limit)** gibt. Hat ein Stern nach dem Erlöschen der Kernfusion mehr als 1,44 Sonnenmassen, kann der Druck des entarteten Elektronengases den Stern nicht mehr stabilisieren; er kollabiert zu einem Neutronenstern. Die Elektronen werden in die Atomkerne hineingepreßt, wo sie mit den Protonen reagieren und Neutronen bilden (inverser β-Prozeß). Es bildet sich ein Klumpen aus Neutronenbrei von typischerweise zehn bis dreißig Kilometer Durchmesser mit der enormen Dichte von 10^{12} bis 10^{14} g/cm^3. Dies entspricht der Dichte eines Atomkernes! Ein Neutronenstern stellt gewissermaßen einen überdimensionalen Atomkern dar. Ein Kubikzentimeter Neutronenbrei aus einem solchen „Stern" wöge auf der Erde etliche Millionen Tonnen. Die Stabilisierung eines Neutronensterns erfolgt durch den Druck des Neutronengases. Zum Teil spielen auch die ungeheuren Zentrifugalkräfte eine Rolle, denn Neutronensterne rotieren außerordentlich rasch, da beim Kollaps der Drehimpuls (= Trägheitsmoment mal Winkelgeschwindigkeit) erhalten bleibt.

Die grundlegende Theorie der Neutronensterne wurde bereits im Jahre 1938 entwickelt, nur sechs Jahre nach Entdeckung des Neutrons durch James CHADWICK. Bei den gewaltigen Drücken ($P \approx 10^{16}$ atm) kommt es durch die Druckenergie zu einer relativistischen Massenzunahme und damit zu einer Erhöhung der Dichte: $\rho = \rho_0 + P/c^2$.

Gefunden wurde ein Neutronenstern erst durch Zufall im Jahre 1967. Susan J. BELL-BURNHAM entdeckte im Sternbild Vulpecula ein Objekt, das durch im regelmäßigen Abstand von 1,337011 Sekunden wiederkehrende Radioimpulse auffiel. Der zunächst aufkommende Verdacht, man habe eine Botschaft außerirdischer Intelligenzen empfangen, zerstreute sich rasch. Vielmehr handelt es sich bei diesem Objekt um einen schnell rotierenden Neutronenstern, der in präziser kurzfristiger Folge Radioimpulse aussendet. Inzwischen sind einige Hundert solcher schnell rotierender Neutronensterne gefunden worden. Man nennt sie auch **Pulsare** (von pulsating radio star). Von ihnen empfangen wir in kurzen, regelmäßigen Abständen von einigen Millisekunden bis zu etlichen Sekunden Radioimpulse. Doch Neutronensterne pulsieren nicht. Die Aussendung regelmäßiger Blitze – die man inzwischen nicht nur im Meterwellenlängenbereich, sondern auch im sichtbaren Licht oder im Röntgenbereich beobachten kann – beruht auf ihrer schnellen Rotation: Ähnlich dem Scheinwerferkegel eines Leuchtturms senden Pulsare Radio- und Lichtstrahlen ins Universum. Trifft ein solcher Strahlenkegel die Erde, so registriert man einen Puls.

Bei den meisten Pulsaren wurde eine stetige, manchmal auch diskontinuierliche Zunahme der Pulsperiodenlänge registriert, was auf eine Abnahme der Rotationsfrequenz hindeutet. Denn die Pulsperiode entspricht der Rotationsperiode eines Neutronensterns. Die Rotation der Neutronensterne wird langsamer, sie verlieren Drehenergie, die sie an die interstellare Materie abgeben.

Die Radioimpulse sind sogenannte **Synchrotronstrahlen**. Diese Strahlung entsteht, wenn elektrisch geladene Teilchen – meist Elektronen – mit hohen Geschwindigkeiten ein Magnetfeld durchfliegen und dabei gebremst (beschleunigt) werden. Beim Zusammenbrechen eines Sternes wird auch das vorhandene (in der Regel sehr schwache) Magnetfeld komprimiert. Neutronensterne verfügen daher über ein ungeheuer starkes Magnetfeld von einer Million bis einer Milliarde Tesla (zum Vergleich: Erdmagnetfeld 1/10000 T, gewöhnlicher Hufeisenmagnet 1/100 T). Da die Rotationsachse und die Magnetfeldachse nicht miteinander zusammenfallen, rührt das gewaltige, mitrotierende Magnetfeld wie ein Quirl im Kochtopf in der den Neutronenstern einhüllenden Nebelmaterie und überträgt dabei die Energie, die das Leuchten des Nebels bewirkt. Die dem Neutronenstern entzogene Rotationsenergie verringert seine Drehgeschwindigkeit, wobei manchmal „Sprünge“ beobachtet werden.

Die nur wenige Zentimeter dicke „Atmosphäre“ eines Neutronensterns besteht aus einem See von Elektronen, in dem die positiv geladenen Atomkerne von Wasserstoff, Helium, Kohlenstoff, Eisen u.a. schwimmen. Durch ihre elektrostatischen Abstoßungskräfte bilden sie ein stabiles Gitter, eine Art feste Kruste. Bei Abnahme der Rotationsgeschwindigkeit paßt sich das Rotationsellipsoid des nicht exakt kugelförmigen Neutronensterns entsprechend an. Dies geschieht ruckartig: Werden die Spannungen größer, so bricht die Kruste – es kommt zu einem **Neutronensternbeben**, das sich als sprunghafte Änderung der Frequenz eines Pulsars dokumentiert.

Langsamer rotierende Pulsare sind ältere Neutronensterne. Nach rund zehn Millionen Jahren werden Neutronensterne so langsam, daß ihre Synchrotronstrahlung zu schwach ist, um noch beobachtet werden zu können.

Höchstens als Komponente eines Doppelsterns läßt sich ein solcher Neutronenstern noch entdecken, falls vom expandierenden Hauptstern Materie auf ihn herabregnet; sie wird dabei auf etliche Millionen Grad aufgeheizt und sendet eine intensive Röntgenstrahlung aus.

Neutronensterne entstehen häufig in Zusammenhang mit **Supernova**detonationen. Erleidet ein massereicher Stern, der seinem Alter entsprechend entwickelt ist, eine Supernovaexplosion, so wird die Sternhülle abgeschleudert, während der Kern zu einem Neutronenstern kollabiert. Das berühmteste Beispiel ist der **Krabbennebel** (M 1) im Stier. An seiner Stelle beobachteten die Chinesen am 4. Juli 1054 einen sehr hellen „Gaststern“ – eine Supernovaerscheinung. Heute erkennt man an seiner Stelle einen Nebelfleck, der sich mit rund 1000 Kilometer pro Sekunde ausdehnt. Im Jahre 1968 fand man im Krabbennebel schließlich einen der schnellsten Pulsare, der sich 30mal in der Sekunde dreht. Man schätzt die Zahl der Pulsare in unserer Milchstraße auf 500000. Wesentlich höher ist jedoch die Zahl der erloschenen Pulsare: Etwa eine Milliarde Neutronensterne dürfte unsere Galaxis beherbergen.

Kollapsare – Schwarze Löcher

Eine obere Massengrenze gibt es nicht nur für Weiße Zwerge (Chandra-Limit), sondern auch für Neutronensterne. Nach den Rechnungen von J. Robert OPPENHEIMER und George M. VOLKOFF kann der Druck des entarteten Neutronengases (des superdichten Neutronenbreis) der Gravitation nicht mehr standhalten, wenn die Masse eines Neutronensterns 3,2 Sonnenmassen übersteigt. Bei mehr als 3,2 $\mathfrak{M}_{\odot}$ bricht das Objekt vollständig in sich zusammen **(Gravitationskollaps)**. Der beim Zusammenbruch enorm ansteigende Innendruck bremst den Kollaps nicht, sondern beschleunigt ihn sogar noch. Denn die Druckenergie bewirkt eine relativistische Massenzunahme, die die Schwerkraftwirkung noch verstärkt.

Die **OPPENHEIMER-VOLKOFF-Grenze** für Neutronensterne folgt aus der TOV-Zustandsgleichung, die den Druck im Inneren eines Neutronensterns beschreibt (TOV = TOLMAN-OPPENHEIMER-VOLKOFF-Gleichung). Je nach Wahl bestimmter Parameter liegt die OPPENHEIMER-VOLKOFF-Grenze zwischen 2 und 3,5 Sonnenmassen.

Beim Kollaps eines massereicheren Objektes steigt die gravitative Oberflächenbeschleunigung so weit an, daß schließlich die Entweichgeschwindigkeit an der Oberfläche eines solchen Kollapsars (von collapsing star) gleich der Lichtgeschwindigkeit wird. Photonen können dann einem solch gewaltigen Schwerkraftfeld nicht mehr entrinnen, das Objekt wird unsichtbar. John Archibald WHEELER hat in den 70er Jahren vorgeschlagen, ein solches Objekt „black hole" **(Schwarzes Loch)** zu nennen.

Aber bereits im Jahre 1916 hat Karl SCHWARZSCHILD (1873–1916) als erster den Radius der Kugel berechnet, bei dem für eine vorgegebene Masse die Entweichgeschwindigkeit gleich der Lichtgeschwindigkeit wird. Nach ihm spricht man vom **SCHWARZSCHILD-Radius**. Sein Wert errechnet sich zu

$$R_S = k \cdot \mathfrak{M}$$

Der SCHWARZSCHILD-Radius (R_S) ist somit proportional der Masse. Der Proportionalitätsfaktor k enthält zwei universelle Konstanten, die Vakuumlichtgeschwindigkeit c und die Gravitationskonstante G: $k = G/c^2$.

Kollabiert ein Himmelskörper auf die Größe des SCHWARZSCHILD-Radius, dann kann keine elektromagnetische Welle, ja überhaupt nichts mehr von seiner Oberfläche entfliehen. Das Gestirn wird unsichtbar. Für die Sonne ergibt sich ein SCHWARZSCHILD-Radius von drei Kilometer. Könnte man die Sonne auf nur sechs Kilometer Durchmesser zusammenquetschen, wäre die Entweichgeschwindigkeit an ihrer Oberfläche gleich 300000 Kilometer pro Sekunde, entspräche somit der Lichtgeschwindigkeit. Das Sonnenlicht könnte uns nicht mehr erreichen, die Sonne bliebe unsichtbar. Für die Erde liegt der SCHWARZSCHILD-Radius bei einem Zentimeter (siehe auch Tabelle unten).

Nach den EINSTEINschen Feldgleichungen schrumpft ein kollabierender Stern zu einem ausdehnungslosen Punkt mit unendlich hoher Dichte, zu einer sogenannten **Singularität**, zusammen. Vermutlich existieren solche Singu-

Schwarze Löcher

Objekt	Masse	R_s	t_F
Milchstraße	100 Milliarden $\mathfrak{M}_{\odot}$	660 AE	100 Millionen Jahre
Supermassereiches Black Hole	1 Million $\mathfrak{M}_{\odot}$	3 Millionen km	– – – –
Antares	10 $\mathfrak{M}_{\odot}$	30 km	221 Tage
Sonne	$1\ \mathfrak{M}_{\odot} = 2 \times 10^{30}$ kg	3 km	55 Minuten
Erde	6×10^{24} kg	0,9 cm	27 Minuten
Auto (Pkw)	1500 kg	$2{,}2 \times 10^{-24}$ cm	37 Minuten
Mensch	75 kg	$1{,}1 \times 10^{-25}$ cm	1 Stunde
H-Atomkern	$1{,}7 \times 10^{-27}$ kg	$2{,}4 \times 10^{-52}$ cm	1/1000 Sekunde
Primordiales Black Hole	1 Million Tonnen	$1{,}5 \times 10^{-16}$ cm	– – – –
	1 Milliarde Tonnen	$1{,}5 \times 10^{-13}$ cm	

R_S = Schwarzschild-Radius, t_F = Kollapszeit („Freifallzeit")

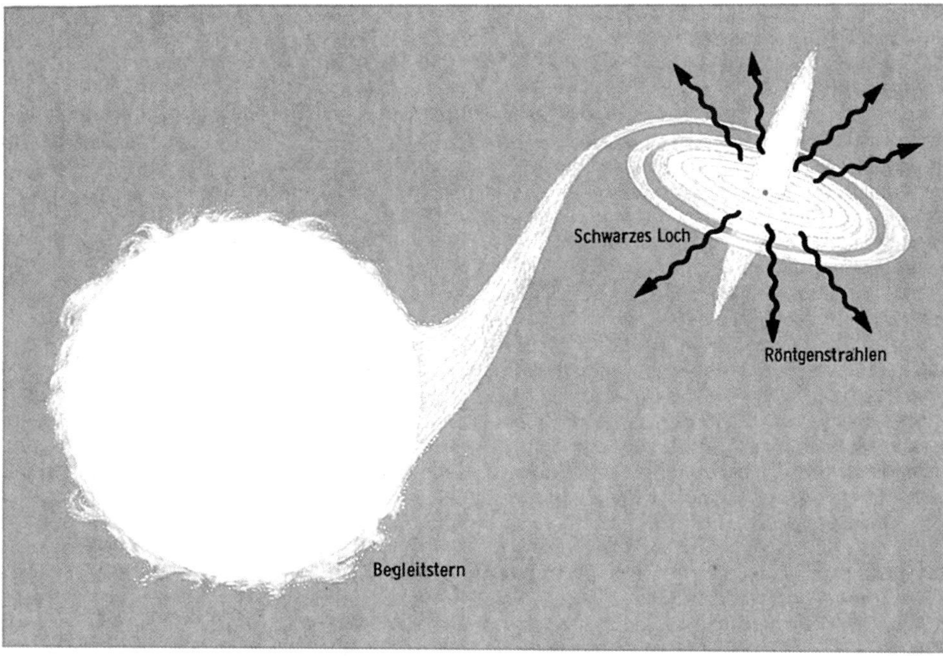

Ein Schwarzes Loch als Komponente eines Doppelsternsystems. Nähere Erläuterungen siehe Text.

laritäten nicht. Dies ist aber für die Wirkung von Schwarzen Löchern weiter nicht von Bedeutung. Was innerhalb des SCHWARZSCHILD-Radius passiert, bleibt grundsätzlich verborgen („Kosmischer Zensor"). Das Schwarze Loch als solches ist bereits vorhanden, wenn der kollabierende Stern den SCHWARZSCHILD-Radius erreicht.

Beim Gravitationskollaps gehen alle Strukturen der Materie verloren – sogar Magnetfelder verschwinden (WHEELER: „Schwarze Löcher haben keine Haare"). Information wird fast vollständig vernichtet, die Entropie steigt gewaltig an. Lediglich drei physikalische Parameter reichen zur vollständigen Beschreibung eines Schwarzen Loches aus: Masse, Drehimpuls und elektrische Ladung. Letztere ist meist gleich Null. Die durch das extreme Gravitationsfeld bewirkte **Raumkrümmung** in der Umgebung eines nichtrotierenden Schwarzen Loches wird durch die **SCHWARZSCHILD-Metrik** beschrieben. Wesentlich komplizierter sind die Verhältnisse bei einem rotierenden Schwarzen Loch, wie sie wohl in der Realität vorkommen. Hier hat Roy KERR die Gleichungen zur Beschreibung der Raummetrik entwickelt **(KERR-Metrik)**.

In der unmittelbaren Umgebung eines rotierenden Schwarzen Loches treten Fliehkrafteffekte auf, einem Beobachter würde dort schwindelig werden, ein sonst kräftefreier Kreisel begänne zu präzidieren.

Erloschene Sterne mit mehr als drei Sonnenmassen brechen der Theorie nach zu Schwarzen Löchern zusammen. Die Suche nach solchen Kollapsaren im Weltall gestaltet sich schwierig, da Schwarze Löcher nicht strahlen. Weder Licht noch Radiowellen noch sonst eine Strahlung kann der Gravitationsfalle eines Schwarzen Loches entrinnen.

Ist ein Schwarzes Loch jedoch Partner in einem Doppelsternsystem, so kann es bei Massenaustausch zu intensiven Röntgenemissionen kommen. Bei den drei Röntgenquellen **Cygnus X 1, LMC X 3** und **A06200-00** glaubt man, daß eine Komponente jeweils ein

Kollapsar ist. In allen drei Fällen wird eine energiereiche Röntgenstrahlung emittiert, deren Gesamtausstrahlung in der Größenordnung von 10000 Sonnenleuchtkräften liegt. Dabei flackern die Röntgenquellen in Bruchteilen von Sekunden. Nur ein winziges, aber massereiches und damit kompaktes Objekt kann eine solche Strahlung aussenden. Die Röntgenstrahlen entstehen dabei beim Sturz von Gasmassen aus der Atmosphäre des normalen Sterns auf den kollabierten Begleiter (Abb. links). Gravitationsenergie wird zunächst in kinetische Energie (Bewegungsenergie) verwandelt. Die Gasströme stürzen dabei nicht direkt vom normalen Stern auf den kollabierten, da das System um einen gemeinsamen Schwerpunkt rotiert und der Drehimpuls erhalten bleibt. Dadurch bewegt sich der Gasstrom in einer Spiralbahn auf den kollabierten Partner zu – gleich einem Strudel. Es bildet sich eine sogenannte **Akkretionsscheibe** um das Schwarze Loch. Kollisionen zwischen den Gasatomen (dissipative Reibungsprozesse) führen zur Aufheizung dieser Scheibe auf mehrere Millionen Grad. Beim Sturz ins Schwarze Loch flammt die in Spiralbahnen einstürzende Materie daher im Röntgenlicht auf – gemäß ihrer Millionen Grad hohen Temperatur.

Aus der Bahngeschwindigkeit der Komponenten eines Doppelsterns kann auf ihre Massen geschlossen werden. In allen drei erwähnten Fällen ist die Masse des kollabierten Partners größer als drei Sonnenmassen, zuviel für einen Neutronenstern. Es muß sich jeweils um ein Schwarzes Loch handeln (siehe Tabelle Seite 125).

Kollapsare, die von zusammenbrechenden Sternen herrühren und Massen zwischen drei und fünfzig Sonnenmassen aufweisen, nennt man „stellare" Schwarze Löcher. Außer stellaren Schwarzen Löchern vermutet man noch riesige, supermassereiche Schwarze Löcher in den Zentren der Galaxien. Die Massen erreichen dabei einige Millionen Sonnenmassen. Ein Schwarzes Loch von einer Million Sonnenmassen mißt immerhin drei Millionen Kilometer, das entspricht dem doppelten Sonnendurchmesser. Die enorme Leuchtkraft der Quasare läßt darauf schließen, daß sich jeweils um ein supermassereiches Schwarzes Loch eine gigantische, Millionen Grad heiße Akkretionsscheibe gebildet hat.

Der englische Physiker Stephen HAWKING hat gezeigt, daß Schwarze Löcher „strahlen". Aus quantenmechanischen Gründen kann in seltenen Fällen ein Elementarteilchen spontan einem Schwarzen Loch entrinnen. Schwarzen Löchern kann demnach eine Temperatur zugeschrieben werden, die umgekehrt proportional ihrer Masse ist: Schwarze Löcher von etwa drei Sonnenmassen haben eine Temperatur von nur einem Zehnmillionstel Grad über dem absoluten Nullpunkt ($T \approx 10^{-7}$ K/$\mathfrak{M}_\odot$). Dennoch bewirkt die Thermodynamik Schwarzer Löcher ein zunächst langsames, in der Endphase aber schlagartiges Verdampfen. Grob kalkuliert explodieren stellare Schwarze Löcher nach 10^{64} (!) Jahren, viele Zehnerpotenzen länger als das heutige Weltalter. Supermassereiche Schwarze Löcher mit millionenfacher Sonnenmasse detonieren gar erst nach 10^{100} Jahren. Solche Schwarze Löcher existieren damit praktisch ewig. Möglicherweise sind aber im Verlauf des Urknallszenarios vor rund zwanzig Milliarden Jahren **Schwarze Minilöcher** mit nur etwa Planetoidenmasse entstanden (primordiale Black Holes). Solche primordialen Minilöcher hätten eine Lebensdauer von zehn bis zwanzig Milliarden Jahren. Sie müßten sich durch Gammastrahlenblitze bei ihrem Zerreißen jetzt bemerkbar machen. Zur Zeit fahndet man nach solchen „Gamma Bursts".

Doppelsterne und Veränderliche

Doppelsterne

Unsere Sonne ist ein Einzelstern. Mit Erfindung des Fernrohres entdeckten die Astronomen zahlreiche Sterne, die mit bloßen Augen betrachtet als ein Stern erscheinen, im Teleskop aber zwei Lichtpünktchen erkennen lassen. Schon dem Beobachter mit Feldstecher oder unbewaffnetem Auge fallen manchmal nahe beieinanderstehende Sterne auf, wie beispielsweise Mizar, der mittlere Deichselstern im Großen Wagen, neben dem ein normalsichtiges Auge ein schwaches Sternchen erblickt, Alkor oder das Reiterlein genannt.
Zwei Sterne können freilich rein zufällig in der gleichen Richtung stehen, aber unterschiedlich weit von uns entfernt sein. Man nennt sie unechte oder **optische Doppelsterne**.
Echte oder **physische Doppelsterne** dagegen gehören zusammen: Beide Sterne eines solchen Paares sind von uns gleich weit entfernt und kreisen um ein gemeinsames Schwerezentrum gemäß den KEPLERschen Gesetzen.
Um zu entscheiden, ob ein Doppelstern nur optisch vorgetäuscht ist oder ob es sich um ein zusammengehöriges Sternenpaar handelt, beobachtet man die beiden Komponenten längere Zeit – in der Regel Jahre und Jahrzehnte. Bewegt sich Stern B an Stern A geradlinig vorbei, so stehen beide Sterne nur zufällig in gleicher Richtung. Schlägt B jedoch einen Bogen um A, so ist die echte Doppelsternnatur nachgewiesen (siehe Abb. unten).

Um die relative scheinbare Bahn eines visuellen Doppelsternes zu bestimmen, mißt man zu verschiedenen Zeiten jeweils den Abstand beider Komponenten in Bogensekunden (Distanz: ρ'') sowie den Positionswinkel P in Graden, wobei P von Nord (0°) über Ost (90°), Süd (180°) und West (270°) gezählt wird (siehe Abb. rechts).
Bekannte, genau vermessene Doppelsterne eignen sich zur Prüfung des Auflösungsvermögens eines Teleskopes (siehe Liste der Prüfdoppelsterne sowie die theoretische Auflösung mittels DAWES-Formel auf Seite 12).
Um die Himmelsrichtungen im Gesichtsfeld des Okulars zu bestimmen, halte man die Nachführung des Fernrohres an: Der Stern bewegt sich dann in Richtung West.
Durch regelmäßige Bestimmung von ρ und P erhält man die Bewegung der Komponente B um die Komponente A, die meist die hellere ist. Diese Bahn heißt **relative scheinbare Bahn**, da die Komponente A als Zentrum der Bewegung angenommen wird. In Wirklichkeit bewegen sich beide Komponente um den gemeinsamen Schwerpunkt, der aber unsichtbar ist und darum nicht direkt eingemessen werden kann. Bezieht man also die Bewegung auf die eine Komponente, so erhält man die relative Bahn. Scheinbar heißt die Bahn außerdem noch, weil sie an die Himmelskugel (Sphäre) projiziert ist. Die **wirkliche, räumliche Bahn** hat zum Visionsradius (Beobachtungsrichtung) meist eine Neigung kleiner als 90°. Aus der relativen scheinbaren Bahn können

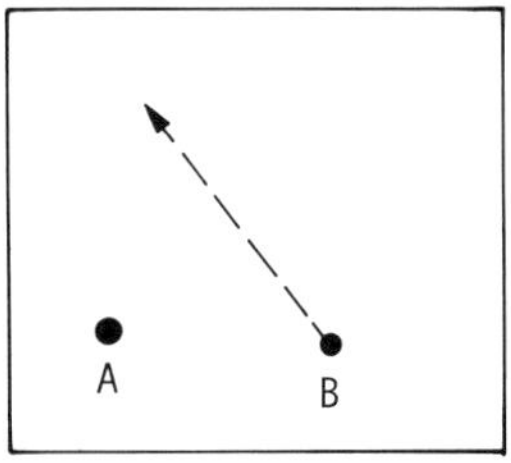

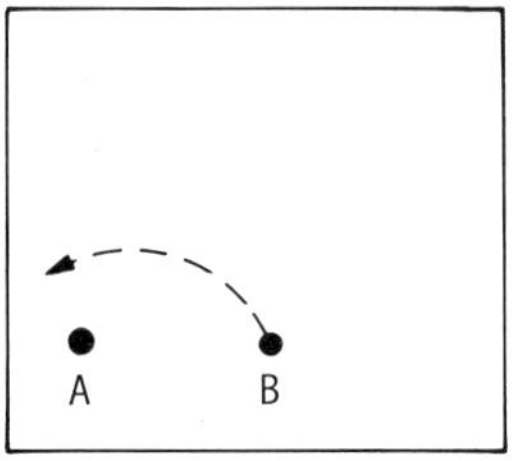

Im linken Bild bewegt sich Stern B geradlinig an Stern A vorbei – es handelt sich somit um einen optischen (unechten) Doppelstern. Im rechten Bild schlägt B einen Bogen um A, beide Sterne sind gravitiv gebunden; es handelt sich hier um einen physischen (echten) Doppelstern.

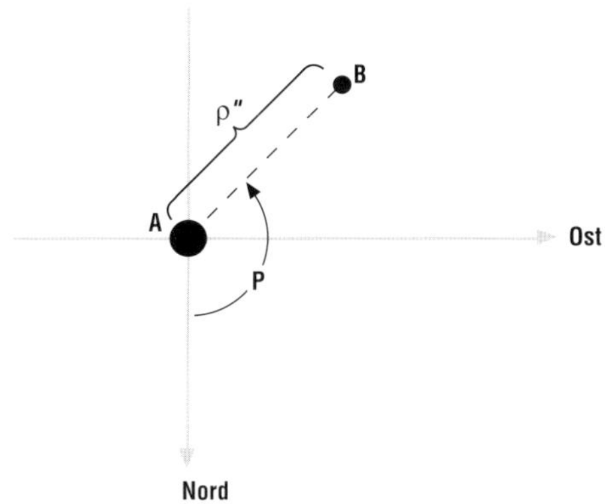

Distanz und Positionswinkel eines Doppelsternes

bei Vorliegen einer genügend großen Zahl von Beobachtungen die wahren KEPLERschen Ellipsenbahnen der beiden Komponenten um ihren gemeinsamen Schwerpunkt bestimmt werden (THIELE-INNES-Verfahren).
Aus den Bewegungen der Doppelsterne um den gemeinsamen Schwerpunkt lassen sich ihre Massen bestimmen. Gemäß dem 3. KEPLERschen Gesetz entspricht das Verhältnis der Kuben der mittleren Abstände (a) zu den Quadraten der Umlaufszeiten (U) der Massensumme, also $a^3/U^2 = m + M$. Während in unserem Sonnensystem fast die gesamte Masse in der Sonne vereinigt ist, trifft dies auf Doppelsterne nicht zu.
Ist a (in Bogensekunden) die große Halbachse der relativen wahren Bahn, π die Parallaxe des Doppelsternsystems, U die Umlaufszeit in Jahren sowie M_A und M_B die Massen der Komponenten A und B, so gilt

$$\left(\frac{a}{\pi}\right)^3/U^2 = M_A + M_B$$

dabei ist a/π die große Halbachse in Astronomischen Einheiten (AE).
Die große Halbachse a der relativen, wahren Bahn ist die Summe der großen Halbachse a_A und a_B der wahren Bahnen um den gemeinsamen Schwerpunkt F (Abb. nächste Seite):

$$a = a_A + a_B$$

Die Bahnhalbachsen verhalten sich umgekehrt proportional zu den Massen der Komponenten. Die schwerere (massereichere) Komponente beschreibt die kleinere Bahn. Es gilt:

$$a_A : a_B = M_B : M_A$$

Bekannte Doppelsterne

Mizar (ζ UMa) – Alkor:	$2^m\!,4$–$4^m\!,0$/705″	optisch/beide weiß
ζ UMa: $2^m\!,4/4^m\!,0$	14″	beide weiß
$\varepsilon_{1,2}$ Lyr: $4^m\!,5/4^m\!,7$	208″	ε_1 $5^m\!,1/6^m\!,1$ 3″; ε_2 $5^m\!,1/5^m\!,4$ 2″ alle weiß
β Cyg. $3^m\!,2/5^m\!,4$	35″	orange/blau
o_1 o_2 Cyg: $4^m\!,0/6^m\!,5/5^m\!,0$	107″/337″	blau/blau/orange
γ And: $2^m\!,3/5^m\!,1$	10″	orange/blau
γ Leo: $2^m\!,6/3^m\!,8$	4″	(U = 619^a, Δ = 172 LJ) orange/gelb
γ Vir: $3^m\!,6/3^m\!,7$	5″	(U = 171^a, Δ = 37 LJ) beide weißgelb
η Cas: $3^m\!,7/7^m\!,3$	11″	(U = 56^a, Δ = 18 LJ) gelb/tiefrot

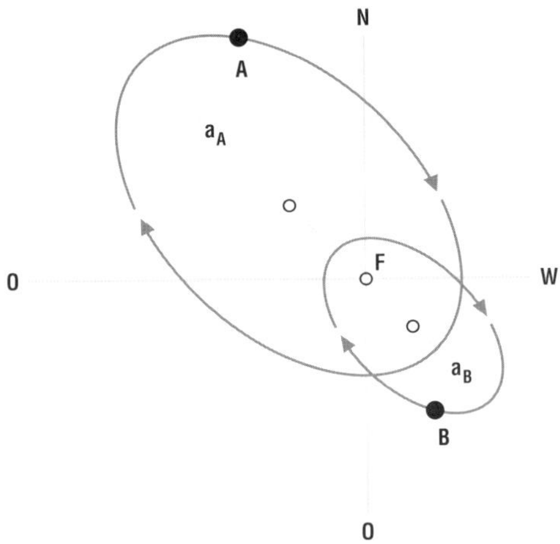

Bahnellipsen zweier Doppelsternkomponenten um den gemeinsamen Schwerpunkt F

Damit sind die einzelnen Massen der Komponenten A und B bestimmbar.
Der geringste Abstand vom Schwerpunkt wird **Periastron**, der größte **Apastron** genannt. Analog wird Periastron und Apastron bei der relativen Bahn für den geringsten bzw. weitesten Abstand der Komponente B von der Komponente A verwendet.
Viele Doppelsterne lassen sich auch in sehr großen Teleskopen nicht in zwei einzelne Lichtpünktchen auflösen. Ihre Doppelsternnatur verrät sich aber durch periodische Linienverschiebungen in ihren Spektren, hervorgerufen durch den DOPPLER-Effekt infolge ihrer Bahnbewegung. Sie heißen **spektroskopische Doppelsterne**. Bei sehr engen Doppelsternen kommt es gelegentlich zum Massenaustausch, Materie strömt von einem zum anderen Stern, wobei sie häufig eine sogenannte Akkretionsscheibe um den betroffenen Stern bildet. Für das Studium der Sternentwicklung sind solche Objekte von besonderem Interesse.
Manchmal liegt die Bahnebene eines Sternenpaares so, daß sich beide Komponenten für den irdischen Beobachter gegenseitig bedekken, was zu einem periodischen Helligkeitsabfall führt.
Man spricht von **Bedeckungsveränderlichen**. Auch sie gehören zu den Doppelsternen, sie werden auch **photometrische Doppelsterne** genannt. Ein klassisches Beispiel ist Algol im Perseus.
Bei manchen Sternen ist weder im Spektrum noch durch einen Lichtwechsel ein Hinweis auf ihre Doppelsternnatur gegeben. Allerdings läßt eine schwankende (schlangenlinienförmige) Eigenbewegung auf einen (unsichtbaren) Begleiter schließen. Solche **astrometrischen Doppelsterne** werden manchmal als visuelle Doppelsterne erkannt (z. B. Sirius A und B).
Man nimmt heute an, daß mehr als die Hälfte aller Sterne in Doppelstern- oder Mehrfachsternsysteme gebunden sind. Modellrechnungen mit Computern lassen erkennen, daß die Bildung eines Einzelsterns eher ein Sonderfall ist. Hätte Jupiter wesentlich mehr Masse mitbekommen, so wäre aus ihm ein Stern geworden, und statt unseres Sonnensystems wäre ein Doppelstern entstanden.

Internationale Prüf-Doppelsterne (für Teleskopauflösung)

	A	B	ϱ
ζ Pisces	$5^m,6$	$6^m,6$	$23'',81$
20 Gem	7,2	7,8	19,85
20 Lyn	7,3	7,5	14,95
1 Cam	5,9	6,9	10,35
γ Ari	4,8	4,9	7,91
118 Tau	5,9	6,7	4,83
α Psc	4,3	5,3	2,07
ε Ari	5,2	5,5	1,41

Veränderliche Sterne

Im Laufe ihres Millionen Jahre währenden Lebens ändern alle Sterne ihre Zustandsgrößen wie Leuchtkraft, Durchmesser und Oberflä-

chentemperatur. Unter „veränderlichen Sternen", kurz auch „Veränderliche" genannt, versteht man hingegen solche Sterne, die in kosmisch vergleichsweise kurzen Zeitspannen (Stunden, Tage, Monate, Jahre) eine oder mehrere Meßgrößen wie scheinbare Helligkeit, Farbe (Spektraltyp), Radialgeschwindigkeit oder Magnetfeld merkbar verändern.
Am auffälligsten sind diejenigen Veränderlichen, die mehr oder minder periodisch ihre scheinbare Helligkeit variieren. Man spricht von einem **Lichtwechsel** des Sterns, wenn er nicht mit konstanter Helligkeit am Firmament leuchtet. Die überwiegende Mehrzahl der Veränderlichen läßt einen deutlichen Lichtwechsel erkennen.
Schon früh fiel auf,daß der Stern β im Perseus – von den Arabern Ras al Ghul, Haupt des Teufels genannt – Helligkeitsschwankungen zeigt. Algol, so sein aus dem Arabischen abgeleiteter heutiger Name, wurde von Geminiano MONTANARI aus Bologna 1667 erstmals als veränderlich beschrieben. Aber erst 1782 bemerkte John GOODRICKE die Regelmäßigkeit des Lichtwechsels von Algol: Alle 70 Stunden nimmt dieser Stern zweiter Größenklasse um $1\overset{m}{.}5$ an Helligkeit ab und erreicht anschließend nach rund fünf Stunden die ursprüngliche Leuchtstärke wieder.
Einon ganz anderen Veränderlichentypus fand der ostfriesische Landpfarrer und Amateurastronom David FABRICIUS im Jahre 1596. Ihm fiel auf, daß der Stern o Ceti zeitweise für etliche Wochen verschwunden blieb. Man nannte ihn daher Mira Ceti, was soviel wie seltsamer (wundersamer) Stern im Walfisch bedeutet. Tatsächlich leuchtet Mira im Maximum als Stern etwa dritter Größenklasse. In einer mittleren Periode von 331 Tagen sinkt seine Helligkeit auf 10^m ab. Dann ist er nur in einem lichtstarken Fernglas oder Teleskop beobachtbar, für das freie Auge bleibt er unsichtbar.
Im Laufe der Zeit fand man immer mehr Sterne, die ihre scheinbare Helligkeit mehr oder minder periodisch ändern. Heute sind rund 30000 Veränderliche katalogisiert.

Bezeichnung der Veränderlichen

Es hat sich eingebürgert, die helleren Veränderlichen mit einem oder zwei Buchstaben und dem Genetiv des lateinischen Sternbildnamens zu benennen. Aus historischen Gründen beginnt die Folge mit R, S, T,... bis Z, dann kommen Doppelbuchstaben RR, RS... RZ, SS bis SZ und weiter bis ZZ. Es schließen sich die Kombinationen AA bis AZ, BB bis BZ an und endlich QQ bis QZ. Sind diese 334 Kombinationen in einem Sternbild erschöpft, so folgen die Bezeichnungen V335, V336... usw. V steht dabei für „variabel" bzw. „veränderlich". Beispiele: T Tauri, RR Lyrae, RW Aurigae und UV Ceti.
Prominente Veränderliche haben ihre klassischen Bezeichnungen beibehalten: β Persei (Algol), β Lyrae (Sheliak), o Ceti (Mira), δ Cephei, δ Scuti u.a.

Einteilung der Veränderlichen

Nach der Ursache des Lichtwechsels teilt man die Veränderlichen in zwei Hauptgruppen: 1. die optischen und 2. die physisch Veränderlichen. Bei der ersten Gruppe wird der Lichtwechsel durch zwei Sterne hervorgerufen, die einander so umkreisen, daß sie sich für den irdischen Beobachter von Zeit zu Zeit gegenseitig bedecken und dabei eine Art Sternfinsternis vorführen. Diese Gruppe wird **Bedekkungsveränderliche** genannt. Als Prototypen sind Algol (β Per), β Lyrae und W Ursae Maioris zu nennen. Die beiden letzteren sind enge Systeme, bei denen noch ein Rotationswechsel überlagert ist, da die Sterne durch Gravitations- und Fliehkräfte ellipsoidische Formen angenommen haben.
Bei den **physisch Veränderlichen** gilt es wiederum, zwei Gruppen zu unterscheiden. Die **Pulsationsvariablen** zeigen einen Lichtwechsel, weil sie sich rhythmisch aufblähen und dann wieder schrumpfen. Durch Variation des Durchmessers und der Oberflächentemperatur wechselt meist periodisch die Leuchtkraft eines pulsierenden Sterns. Typische Vertreter sind δ Cephei, RR Lyrae und Mira Ceti.
Zur zweiten Gruppe der physisch Veränderlichen gehören Sterne mit plötzlichen Lichtausbrüchen wie Supernovae, Novae und novaähnliche Sterne, aber auch Sterne mit unregelmäßigen Lichteinbrüchen wie R Coronae Borealis, RW Aurigae oder T Tauri. Man spricht von **Eruptiv-Variablen**. Während der Lichtwechsel bei vielen Pulsationsvariablen periodisch verläuft, ist er bei den Eruptiv-Variablen recht unregelmäßig.

Einteilungsschema Veränderliche Sterne	
1. Optische V.	2. Physische V.
1.1 Bedeckungsveränderliche 1.2 Elliptische Variable	2.1 Pulsationsvariable 2.2 Eruptiv Veränderliche

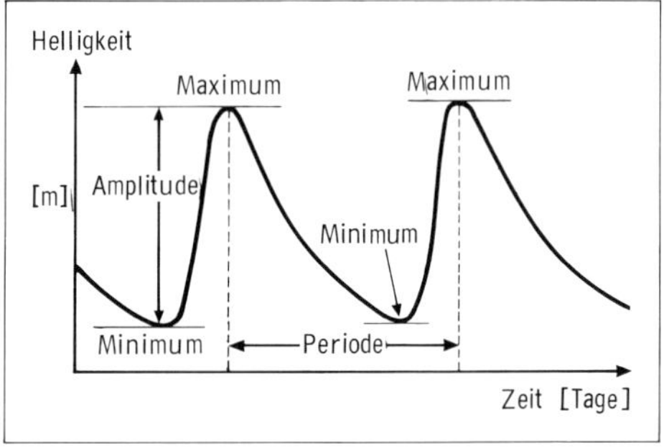

Lichtkurve eines Veränderlichen (Typ δ Cephei). Die Amplitude gibt die Helligkeitsdifferenz zwischen Maximum und Minimum an, die Periode die Zeit zwischen zwei Maxima bzw. zwei Minima.

Die Lichtkurve

Die wichtigste Bestimmungsgröße eines Veränderlichen ist seine Lichtkurve. Aus ihr ergibt sich meist sofort der Typ des Veränderlichen, und häufig lassen sich weitere Eigenschaften aus ihr ableiten.

Unter der Lichtkurve versteht man die Darstellung der Helligkeitswerte in Abhängigkeit von der Zeit in einem Diagramm (siehe Abb. oben). Dabei sind folgende Begriffe bedeutsam: Das **Maximum** markiert den Zeitpunkt der größten Helligkeit, das **Minimum** entsprechend den Zeitpunkt der geringsten Helligkeit. Unter **Amplitude** versteht man die Differenz in Größenklassen zwischen maximaler und minimaler Helligkeit. Die **Periode** gibt die Zeit zwischen zwei aufeinanderfolgenden Maxima bzw. Minima an.

Nicht alle Veränderlichen lassen eine Periode erkennen. Etliche können nur mit einer mittleren Periode belegt werden. Bei vielen Variablen ändert sich die Periode im Laufe der Zeit. Die Periodenvariation zu bestimmen, ist eine wichtige Aufgabe für Veränderlichenbeobachter. Aus ihr sind beispielsweise Änderungen der Systemparameter von Bedeckungsvariablen ableitbar wie etwa die Verkürzung der Umlaufszeit.

Als Zeitmaßstab wird bei der Veränderlichenbeobachtung und Kalkulation der Maxima bzw. Minima das Julianische Datum (siehe Seite 35) verwendet. Das J. D. gestattet es, bequem die zu erwartenden Maxima- und Minimazeiten vorauszuberechnen.

Die Lichtzeitkorrektur

Bei Beobachtung und Berechnung von Minima- oder Maximazeiten ist, vor allem wenn Minutengenauigkeit angestrebt wird, die sogenannte Lichtzeitkorrektur anzubringen. Je nach Position des Sterns kann durch die Bewegung der Erde um die Sonne die Lichtlaufzeit Veränderlicher – Erde bis zu 17 Minuten differieren. Man muß die Maxima- bzw. Minimazeiten daher auf den Schwerpunkt des Sonnensystems normieren. Dies geschieht mit Hilfe folgender Gleichung:

Heliozentr. Zeit =

$$\text{Geozentr. Zeit} + 8{,}317 \cdot \cos\beta \cdot \sin(L + 270° - \lambda).$$

Dabei sind λ und β die ekliptikalen Koordinaten des Veränderlichen, L die geozentrische ekliptikale Länge der Sonne und 8,317 Minuten die Lichtlaufzeit für eine Astronomische Einheit.

Bedeckungsveränderliche

Bedeckungsveränderliche sind Doppelsterne, deren Umlaufbahn fast oder ganz mit dem Visionsradius des Beobachters zusammenfällt, so daß sich die beiden Komponenten gegenseitig von Zeit zu Zeit bedecken. Da solche Doppelsterne selbst in großen Teleskopen nicht aufzulösen sind, sondern sich nur duch ihren Lichtwechsel verraten, spricht man auch von photometrischen Doppelsternen (siehe auch Seite 130). Bei Bedeckungsveränderlichen variieren also nicht die Zustandsgrößen (Leuchtkraft, Radius, Oberflächentemperatur) der Sterne, sondern die Meßgröße scheinbare Helligkeit. Photometrische Doppelsterne sind meist gleichzeitig spektroskopische Doppelsterne (variable Radialgeschwindigkeiten infolge Umlaufsbewegung um gemeinsamen Schwerpunkt). Aus den Lichtkurven sowie den spektroskopischen Beobachtungen lassen sich die Bahnparameter sowie Radien und Massen der Komponenten ermitteln. Man unterscheidet zwischen weit getrennten Bedeckungsveränderlichen (Algol-Typen) und engen Systemen (β Lyrae-Sterne, W Ursae Maioris Sterne).

Algol-Typen (nach dem Prototyp β Persei, abgekürzt EA von **E**clipsing binary, Type **A**lgol) leuchten lange im Normallicht. Von Zeit zu Zeit kommt es zu einem Lichtabfall, wenn sich die kugelförmigen Sterne gegenseitig bedecken (Haupt- und Nebenminimum). Die mittlere Periode der EA-Typen liegt bei drei Tagen.

Bei den β Lyrae-Sternen (abgekürzt EB, Prototyp β in der Leier) ist dem Bedeckungslichtwechsel noch ein Rotationslichtwechsel überlagert. Die Komponenten stehen einander so nahe, daß die Sternkörper durch Gravitations- und Fliehkräfte ellipsoidisch verformt sind. Dadurch kommt es zusätzlich zu einem geometrischen Lichtwechsel. EB-Typen zeigen kein konstantes Normallicht, die Lichtkurve verläuft in einer Art Doppelwelle. Die mittlere Periodenlänge beträgt für EB-Typen 1,5 Tage. Oft ist noch spektroskopisch ein Materieaustausch (Gasströme) zwischen beiden Komponenten zu registrieren.

EW-Variable sind noch engere Systeme als EB. Typischer Vertreter ist W-Ursae-Maioris. Die Perioden liegen hier durchweg unter einem Tag.

Langperiodische Bedeckungsveränderliche sind extreme Algol-Typen mit Perioden um 1000 Tage, bei denen eine Komponente meist ein roter Riese oder Überriese ist. Die drei prominentesten Vertreter der langperiodischen Algol-Typen sind:

Sternsystem	Periode in Tage
ζ Aur (Sadatoni)	973^d
VV Cep	7430^d
ε Aur (Al Maaz)	9883^d

Sterne mit Rotationslichtwechsel

Bei manchen engen Doppelsternen ist die Bahnebene zum Visionsradius des Beobachters so stark geneigt, daß es nicht zu gegenseitigen Bedeckungen der Komponenten kommt. Trotzdem wird ein Lichtwechsel registriert, wobei allerdings die Helligkeitsänderung gering ausfällt; die Amplituden sind durchweg kleiner als $0\overset{m}{.}1$. Die Periodendauer liegt fast immer unter einem Tag. Die Variation der Helligkeit wird durch die ellipsoidische Verformung der rotierenden Komponenten bewirkt, die uns einmal die Breitseite dann wieder das spitze Ende ihrer eiförmigen Sternkörper zukehren. Die Rotation erfolgt dabei gebunden, das heißt, Umlaufszeit des Systems und Eigenrotation der beiden Komponenten sind gleich lang – kurz: Die beiden Sterne kehren einander stets die gleichen Seiten zu.

Typischer Vertreter eines Variablen mit reinem Rotationslichtwechsel ist b Persei (b Per ist nicht zu verwechseln mit β Per, Algol!).

Kataklysmische Variable und **symbiotische Sterne** sind ebenfalls enge Doppelsternsysteme, bei denen zwischen den Komponenten Materieaustausch stattfindet, meist eine Akkretionsscheibe vorhanden ist und häufig das System von einer gemeinsamen Gashülle umgeben wird. Wegen der zu beobachtenden Lichtausbrüche gehören diese Veränderlichen in die Klasse der Eruptiv-Variablen (siehe Seite 135).

Eine Besonderheit der engen Systeme sind die **Röntgen-Doppelsterne**. Sie machen sich im Bereich des Röntgenlichtes, teilweise auch im Gammastrahlenbereich als variable Quellen bemerkbar. Eine Komponente eines Röntgen-Doppelsterns ist in der Regel ein kompaktes Objekt (Neutronenstern, Schwarzes Loch), auf das ein Materiestrom vom normalen Stern trifft, der durch die gewaltige Gravitationswirkung des kompakten Objektes auf hohe Geschwindigkeiten beschleunigt und durch dissipative Prozesse auf etliche Millionen Kelvin aufgeheizt wird. Typischer Vertreter eines Röntgendoppelsterns ist HZ Herculis (= Her X1).

Physisch veränderliche Sterne

Im Gegensatz zu den optisch Variablen, bei denen der Lichtwechsel durch geometrische Effekte (wie Bedeckungen) bewirkt wird, ändern physisch Variable tatsächlich ein oder mehrere Zustandsgrößen (Radius, Oberflächentemperatur) in kosmisch kurzen Zeitskalen (Minuten, Stunden, Tage). Bei manchen physisch Veränderlichen ist kaum ein Lichtwechsel im sichtbaren Spektralbereich zu beobachten, während sich Spektraltyp oder Magnetfeldstärken (z. B. **Ap-Sterne**) ändern. Am häufigsten wird der Lichtwechsel physisch Veränderlicher durch Pulsieren hervorgerufen.

Die physisch veränderlichen Sterne teilen sich in zwei große Gruppen: Pulsationsvariable und eruptiv Veränderliche. Pulsationsvariable kommen rund neunmal häufiger vor als eruptiv Veränderliche.

Pulsationsvariable

Die Pulsationsvariablen erzeugen ihren Lichtwechsel durch mehr oder minder periodische Pulsationen der äußeren Sternschichten. Durch Variation des Sterndurchmessers und der Oberflächentemperatur (Spektralklasse) schwankt die Leuchtkraft periodisch, da $L \sim R^2 \cdot T_{\text{eff}}^4$ gilt. Die radialen Schwingungen eines Pulsationsvariablen werden durch die periodischen Änderungen der Opazität in den äußeren Schichten angeregt. Wird beim Aufblähen eines Sternes die äußere Schicht für Strahlung durchlässiger, so kühlt sie sich ab und beginnt anschließend wieder zu schrumpfen, wobei sie wieder undurchlässiger wird (höhere Opazität, „Ventilfunktion"!). Die Schicht heizt sich wieder auf, der Druck steigt an, und der Stern beginnt erneut, sich aufzublähen. Dabei schrumpfen die entsprechenden Schichten in rhythmischer Folge jeweils über eine Gleichgewichtslage hinaus. Nach Cecile A. PAYNE-GAPOSCHKIN gilt dabei die **Perioden-Dichte-Beziehung:**

$$P \cdot \sqrt{\bar{\rho}} = \text{const}$$

Das Produkt aus Periodendauer der Schwingung (P) und der Quadratwurzel aus der mittleren Dichte ($\bar{\rho}$) bleibt konstant.

Pulsationsvariable sind vorwiegend Riesen- und Überriesensterne aller Spektralklassen.

Zu den wichtigsten und am häufigsten vertretenen Typen der Pulsationsvariablen zählen die **Cepheiden** (δ Cephei-Sterne, W Virginis- und RR Lyrae-Sterne), die **Mira-Sterne** (nach dem Prototyp Mira im Walfisch = o Ceti) sowie die halbregelmäßig und unregelmäßig veränderlichen roten Überriesensterne.

Eine besonders wichtige Rolle spielen die Cepheiden. Sie gehören zu den leuchtkräftigsten Sternen im Kosmos (bis etwa -6^M!). Aus ihren Pulsperioden kann auf ihre absolute Helligkeit geschlossen werden **(Perioden-Leuchtkraft-Beziehung)**. Die Cepheiden werden daher als Leuchttürme des Kosmos bezeichnet. Wegen ihrer großen Leuchtkräfte sind sie selbst in Nachbargalaxien noch einzeln auszumachen. Aus der Pulsperiode folgt ihre absolute Helligkeit. Die Differenz scheinbare Helligkeit (gemessen!) minus absoluter Helligkeit (m-M = Entfernungsmodul, siehe Seite 28) gibt dann die Distanz des Cepheiden und damit gegebenenfalls des Sternsystems, in dem er steht, an.

Entdeckt wurde die Periode-Leuchtkraft-Beziehung im Jahre 1912 von Miß Henrietta Swan LEAVITT und Harlow SHAPLEY am Harvard Observatory. Miß LEAVITT fiel auf, daß die scheinbare Helligkeit von Cepheiden, die sie in der Kleinen Magellanschen Wolke untersuchte, um so größer ist, je länger die Periode ist. Da die Cepheiden in der KMW aber etwa gleich weit entfernt sind, müssen damit auch die absoluten Helligkeiten dieser Beziehung folgen. Es gelten für klassische Cepheiden folgende Perioden-Leuchtkraft-Beziehungen:

$$M_{\text{vis (med)}} = -1{,}66 - 2{,}08\ P \quad (P < 10^d)$$
$$M_{\text{vis (med)}} = -1{,}49 - 2{,}25\ P \quad (P > 10^d)$$

Die erste Beziehung gilt für Cepheiden mit Perioden unter zehn Tagen Länge, die zweite für Perioden über zehn Tage.

Die W Virginis-Sterne sind Cepheiden, die zwar eine ähnliche Perioden-Leuchtkraft-Beziehung zeigen, die aber insgesamt rund $1^m\!\!.5$ geringere Leuchtkraft aufweisen. W Virginis-Sterne gehören zur Halo-Population (Population II, siehe Seite 156), während die klassischen Cepheiden (Prototyp: δ Cephei) zur Scheibenpopulation (Population I) zu rechnen sind.

Ein besonders schwieriges Problem war die Nullpunktseichung, da es keine Cepheiden in unmittelbarer Sonnenumgebung gibt, an denen trigonometrische Parallaxen zu bestimmen wären. Hier könnte der HIPPARCOS-Satelit Fortschritte bringen. Auch wurde zunächst der Unterschied der Cepheiden von Population I und II nicht erkannt, so daß die extragalaktische Distanzskala revidiert werden mußte. Die

Die Lichtkurve des Veränderlichen Mira Ceti

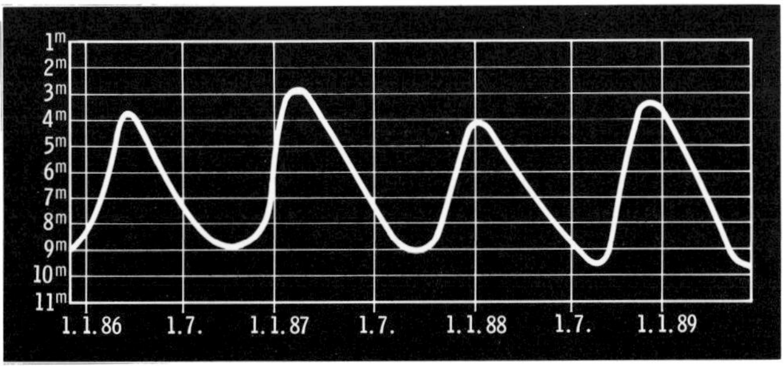

Distanzen der näheren Galaxien, speziell des Andromedanebels, waren um den Faktor 2 bis 3 zu klein bestimmt worden.

Die **RR Lyrae-Sterne**, die vor allem in Kugelhaufen recht zahlreich zu finden sind, werden als kurzperiodische Cepheiden bezeichnet. Ihre Perioden liegen durchweg unter einem Tag. Die kürzeste bisher registrierte Periode eines RR Lyrae-Sternes dauert nur 0,05 Tage. Die absoluten Helligkeiten sind für die RR Lyrae-Sterne ziemlich genau 0^M (geringe Schwankungsbreite um diesen Wert). Sie sind damit gute Entfernungsindikatoren, speziell für Kugelhaufen.

Eine große Gruppe unter den Pulsationsvariablen stellen die **Mira-Sterne** dar. Mira-Sterne sind langperiodische, variable rote Riesensterne vom Spektraltyp M. Ihre Perioden liegen zwischen 80 und 1000 Tagen. Die Amplituden ihres Lichtwechsels sind relativ groß, etwa 3^m bis 6^m. Oft werden in den kontinuierlichen M-Spektren der Mira-Sterne Emissionslinien beobachtet, die auf ausgedehnte Sternatmosphären schließen lassen.

Prototyp dieser Gruppe ist o Ceti, genannt Mira Ceti. Im Maximallicht leuchtet Mira mit 3^m bis 4^m, manchmal wird sie sogar 2^m hell. Die Minima sind nicht gleich tief, sie schwanken zwischen 8^m und 10^m. Auch die Periodenlängen variieren von 320 bis 370 Tagen. Der interferometrisch bestimmte scheinbare Durchmesser des Mirascheibchens von 0,″05 ergibt einen wahren Sternradius von 400- bis 500fachem Sonnenradius, je nach Entfernungsannahme (zwischen 220 und 300 Lichtjahren). Mira ist ein tiefroter Riesenstern (Spektraltyp M5e bis M9e), was einer periodischen Schwankung der Oberflächentemperatur von 1900 bis 2500 Kelvin entspricht. Der Index e steht für „Emissionslinien". Mira pulsiert, der Miraradius oszilliert um 10 bis 20% seines Wertes.

Eruptiv-Variable

Die gegenüber den Pulsationsvariablen zahlenmäßig kleinere Gruppe der Eruptivveränderlichen (nur jeder neunte physisch Variable zählt zu ihnen) zeigt in unregelmäßigen Abständen Helligkeitsänderungen, die häufig recht plötzlich auftreten. Zu ihnen zählen Objekte mit teilweise gewaltigen Lichtausbrüchen (Supernovae, Novae und novaähnliche Veränderliche) sowie Sterne mit mehr oder minder starken Lichteinbrüchen (R Coronae-Borealis-Sterne), Veränderliche mit unregelmäßigem Lichtwechsel (RW Aurigae- und T Tauri-Sterne) sowie Flackersterne (Flare- und Flash-Sterne, Prototyp UV Ceti).

Am auffälligsten sind die Novae und Supernovae. Innerhalb von Stunden erfolgt ein Helligkeitsanstieg bei einer Nova von 7^m bis 16^m, bei einer Supernova bis 20^m, teilweise noch darüber. Ein Helligkeitsanstieg von mehr als zwanzig Größenklassen bedeutet, daß ein Einzelstern kurzfristig so hell wie eine ganze Galaxie werden kann. Supernovae sind daher noch in fernen Galaxien auszumachen. Sie dienen als Entfernungsindikatoren im intergalaktischen Raum.

Die Bezeichnung stammt von „nova stella", was „neuer Stern" bedeutet. Ursprünglich glaubte man beim Aufflammen eines Sternes tatsächlich, einen wirklich neuen Stern zu beobachten. Vor dem Lichtausbruch war der Stern (Praenova, Progenitor) für das bloße Auge nicht sichtbar und daher unbekannt. Es fiel jedoch auf, daß solche „neuen" Sterne bald wieder lichtschwächer wurden und

schließlich verblaßten. Die alten Chinesen sprachen daher von Gaststernen, wenn sie eine Nova oder Supernova zu Gesicht bekamen.
In historischer Zeit hat es nicht viele Supernovaerscheinungen gegeben: am 4. Juli 1054 bemerkten Chinesen einen „Gaststern“ im Stier; an seiner Stelle beobachtet man heute den Krabbennebel im Stier, in dessen Zentrum ein rasch rotierender Neutronenstern (Pulsar) sitzt. Davor gibt es chinesische Berichte von Erscheinungen aus den Jahren 185 im Zentaur, 393 im Skorpion und 1006 im Wolf. Ebenfalls im fernen Osten wurde 1181 in der Kassiopeia eine Supernova registriert.
Tycho BRAHE sah 1572 in der Kassiopeia und Johannes KEPLER 1604 im Schlangenträger eine Supernova. Seither wurde in unserer Milchstraße keine Supernova (galaktische Supernova) mehr beobachtet. Die letzte Supernova in relativer Nähe flammte am 24. Februar 1987 in der Großen Magellanschen Wolke (Begleitsternsystem unserer Milchstraße) auf.
Supernovae unterscheiden sich von Novae nicht nur durch ihre viel größere Energiefreisetzung (Faktor 10000 und mehr), sondern auch durch den grundsätzlich völlig anderen physikalischen Mechanismus, der den Lichtausbruch bewirkt.

Novae

Es handelt sich bei den Nova-Variablen nicht um echte neue Sterne, sondern um Lichtausbrüche bereits vorhandener Sterne. Bei einem typischen Novaausbruch erfolgt ein rascher Helligkeitsanstieg von 7^m bis etwa 16^m innerhalb weniger Stunden. Kurz darauf setzt bereits ein Helligkeitsabfall ein. Je nach Geschwindigkeit des Helligkeitsabfalls (Kriterium = Abnahme um 3^m) unterscheidet man zwischen raschen und langsameren Novae. Manche Sterne erleiden mehrmals einen Novaausbruch (rekurrierende, also wiederkehrende Novae). In den Spektren der Novae finden sich zahlreiche kräftige Emissionslinien. Bei Novae handelt es sich um enge Doppelsternsysteme, wobei eine Komponente meist ein Weißer Zwerg, die andere jedoch ein relativ kühler roter Stern (Riese oder auch Hauptreihenstern) ist. Die rote Komponente gibt infolge ihres Entwicklungsprozesses Masse an den Weißen Zwerg ab. Diese stürzt auf die Oberfläche des Weißen Zwerges und wird dort abgelagert. Infolge der starken Schwerebeschleunigung baut sich hier ein extremer Druck auf; hinzu kommt die Wärme, die beim Aufprall der Materie auf den Weißen Zwerg freigesetzt wird. So kann schließlich die Wasserstoff-Fusion, die sonst nur im Innern der Sterne abläuft, unmittelbar unter der Oberfläche des Weißen Zwerges zünden, der dann für kurze Zeit „aufflammt“.
Die Novae zählt man heute zu den **Kataklysmischen Variablen**, zu denen die novaähnlichen Variablen mit weniger spektakulären Lichtausbrüchen gehören (z.B. U Geminorum-, SS Cygni-, Z Camelopardalis-Sterne u.a.). Die Postnovae (Exnovae) werden häufig von expandierenden Hüllen umgeben (siehe auch „Planetarische Nebel“ auf Seite 139).

Supernovae

Der Lichtausbruch erfolgt zeitlich ähnlich wie bei den Novae: In wenigen Stunden flammt ein Stern auf, aber die Amplituden sind enorm viel größer. 20^m und mehr sind zu registrieren. Die absoluten Helligkeiten erreichen Werte von -16^M bis -21^M. Damit sind Supernovae die weitaus leuchtkräftigsten Einzelobjekte im Universum.
Man unterscheidet zwischen Typ I und Typ II-Supernovae. Typ I ist heller als Typ II, die Energiefreisetzungen sind bei Typ I im Mittel 10^{51} erg, bei Typ II etwa 10^{48} erg. Bei Typ II handelt es sich um die Detonation eines massereichen Sterns. Die äußeren Schichten werden ins Weltall geschleudert, der Sternenkern stürzt zu einem winzig kleinen Objekt, zu einem Neutronenstern zusammen.
Typ I-Supernovae flammen beim Gravitationskollaps eines Weißen Zwerges auf. Überschreitet ein Weißer Zwerg den Chandra-Limit (siehe Seite 123) durch Massenakkretion vom Doppelsternpartner, so kommt es zum Kollaps.
Wegen ihren großen absoluten Helligkeiten sind Supernovae als extragalaktische Entfernungsindikatoren hervorragend geeignet.

R Coronae-Borealis-Sterne

R CrB-Sterne sind Objekte der Spektralklassen F bis K mit hohen Leuchtkräften (Überriesen), die monate- und jahrelang in fast kon-

Die Lichtkurve des Veränderlichen Z Andromedae

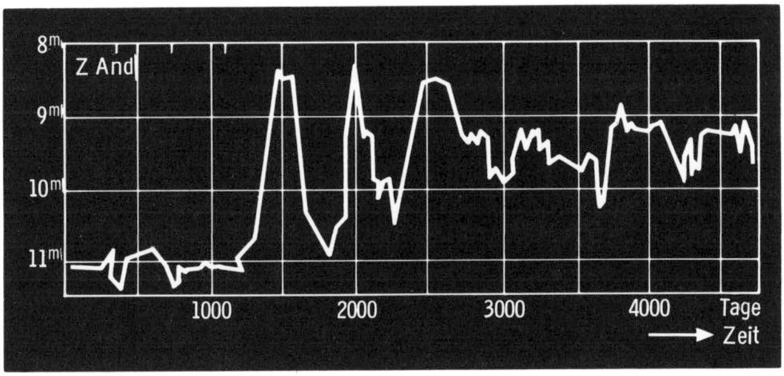

stantem Licht leuchten, dann aber gewaltige Helligkeitseinbrüche von 7^m und mehr erleiden. Anschließend erfolgt ein langsamer Anstieg zur Normalhelligkeit, in der jedoch kleinere Helligkeitsschwankungen zu registrieren sind. In den Spektren zeigt sich ein hoher Kohlenstoffanteil. R CrB-Sterne stoßen Materie ab, der Kohlenstoff bildet eine Rußhülle, die zur zeitweiligen Verfinsterung führt.

RW Aurigae- und T Tauri-Sterne

Diese Objekte zeigen plötzliche, unregelmäßige Lichtschwankungen mit Amplituden zwischen 1^m und 4^m. Gelegentlich scheinen die Lichtschwankungen aufzuhören, der Stern leuchtet einigermaßen konstant. RW Aur- und T Tau-Sterne kommen in Verbindung mit interstellaren Materiewolken vor, daher die (veraltete) Bezeichnung „Nebelvariable".
Es handelt sich um sehr junge Sterne, die sich noch in der Kontraktionsphase befinden. Sie kommen in Gruppen vor (T-Assoziationen, häufig gekoppelt mit O-Assoziationen, siehe Seite 147).

Symbiotische Sterne

Die Bezeichnung „Symbiotische Sterne" geht auf Paul W. MERILL zurück. Typische Vertreter sind Z Andromedae und AG Pegasi. Die Spektren dieser Klasse von Veränderlichen zeigen sowohl die Merkmale von M- als auch von B-Sternen sowie Emissionslinien, die auf ausgedehnte Hüllen schließen lassen (also eine „Symbiose" von M- und B-Spektren). Die Helligkeitsvariationen erfolgen sprunghaft und in völlig unregelmäßigen Abständen bei mittleren Amplituden von immerhin 3^m. Symbiotische Sterne sind enge Doppelsternsysteme, bei denen eine Komponente ein roter Riese oder Überriese (Typ M) ist, der Begleiter jedoch ein heißer Zwerg (Typ B). Beide Sterne umkreisen einander in einer gemeinsamen Gashülle, die vom Sternwind der M-Komponente gespeist wird. Typische Distanz beider

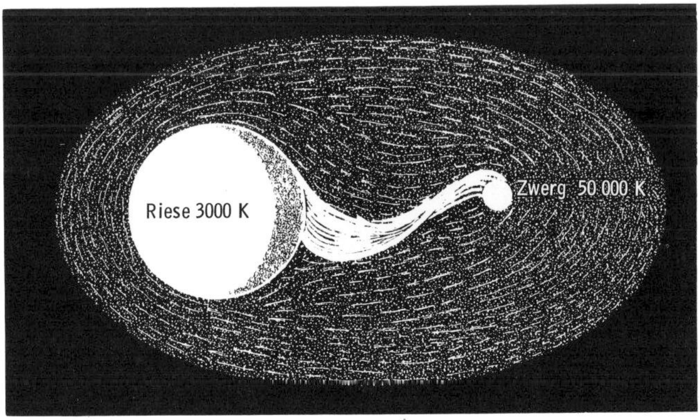

Modell Symbiotischer Stern

Einige hellere symbiotische Sterne

Objekt	H_{max}	H_{min}	Periode	P (RG)
Z And	$8^m_,0$	$12^m_,4$	694^d	–
R Aqr	5,8	11,5	387	9740^d
o + VZ Cet	2,0	10,1	332	36000
T CrB	2,0	10,8	–	228
CH Cyg	7,4	9,1	97	–
SS Lep	4,8	5,1	–	276
AX Mon	6,6	6,9	–	232
RS Oph	5,2	12,3	–	–
AR Pav	8,5	13,6	–	605
AG Peg	6,0	9,4	800	830
V2027 Sgr	6,2	14,4	–	–
RR Tel	6,5	16,5	–	–

Komponenten: 5 AE (Sonne-Jupiter). In unregelmäßigen Abständen strömt Materie vom Riesen zum Zwerg, wobei beim Auftreffen Wasserstoff-Fusion in Gang gesetzt wird (Nova-Mechanismus).

Planetarische Nebel

Die Bezeichnung „planetarischer Nebel" wurde im Jahre 1785 von Wilhelm HERSCHEL, dem Entdecker des Uranus, eingeführt. Bei seinen Himmelsdurchmusterungen entdeckte er winzige, grünblaue Scheibchen, die ihn an das Aussehen des Planeten Uranus erinnerten. Planetarische Nebel haben aber nichts mit Planeten zu tun, sie sind Objekte im interstellaren Raum. Es sind Gashüllen um alte Sterne, teilweise auch Reste von Novae- oder Supernovae-Ausbrüchen. Planetarische Nebel werden durch ihre heißen Zentralsterne zum Leuchten angeregt. In den Spektren der plane-

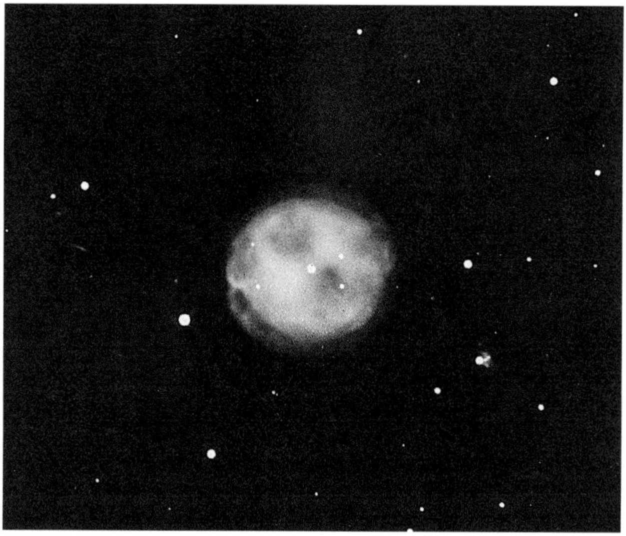

Der Eulenneben (M 97), ein planetarischer Nebel im Sternbild Großer Bär

tarischen Nebel finden sich Emissionslinien von zweifach ionisiertem Sauerstoff (O III), von ionisiertem Stickstoff (N II) und die rote Balmerlinie (Hα) des Wasserstoffs. Die beiden Emissionslinien des O III liegen bei 4959 Å und 5007 Å, also im Blaugrünen. In diesem Bereich ist das dunkeladaptierte Auge am lichtempfindlichsten – daher der Eindruck grün-blauer Scheibchen bei der visuellen Beobachtung.

Die intensive UV-Strahlung der an ihrer Oberfläche 30000 bis 50000 Kelvin heißen Zentralsterne bringt das dünne Nebelgas zur Fluoreszenz. Die Zentralsterne selbst gehören in die Klasse der O- bzw. Wolf-Rayet- und P Cygni-Sterne.

Die Gasschalen der planetarischen Nebel expandieren mit Geschwindigkeiten von 20 bis 50 Kilometer pro Sekunde. Wesentlich höhere Geschwindigkeiten um 1000 km/s sind bei den expandierenden Hüllen von Supernovaexplosionen gemessen worden.

Wenn die Hüllen Durchmesser von ein bis zwei Lichtjahren erreicht haben, werden sie so durchlässig, daß der Zentralstern beobachtbar wird. Die Nebel erscheinen dann als ringförmige Gebilde um den Zentralstern, weshalb man auch von **Ringnebeln** spricht. Bekannteste Beispiele sind der Ringnebel in der Leier (M 57) und der Sonnenblumennebel – auch Helixnebel genannt – im Wassermann (NGC 7293). Der Sonnenblumennebel ist mit 400 Lichtjahren Entfernung der nächste planetarische Nebel. Die Entfernungsbestimmung der planetarischen Nebel ist schwierig, ihre Distanzen sind auch nur grob bekannt.

Planetarische Nebel sind kurzlebige Objekte, die nur einige 10000 Jahre existieren. Man schätzt, daß zur Zeit rund 50000 planetarische Nebel die Milchstraße bevölkern.

Planetarische Nebel

Nr.	Katalog-bezeichnung		Name	Sternbild	α 2000.0	δ	H	D	H*	E
1	NGC 650/51	M76	Schmetterlingsnebel	Per	$1^h42^m{,}4$	$+51°34'$	$12^m{,}2$	1′	17^m	3500 LJ
2	NGC 1360			For	3 33,3	−25 51	9,4	6,5	11,4	1000
3	NGC 1535			Eri	4 14,2	−12 44	9,6	0,3	12,2	–
4	NGC 1952	M1	Krabben-Nebel	Tau	5 34,5	+22 01	9	4 × 6	16	6000
5	NGC 2392		Struwwelpeter-Nebel	Gem	7 29,2	+20 55	9,9	0,2	10,5	3000
6	NGC 3242		Jupiters Geist	Hya	10 24,8	−18 38	8,6	0,5	12,0	2600
7	NGC 3587	M97	Eulennebel	UMa	11 14,8	+55 01	12,0	3	15,8	1300
8	NGC 6543			Dra	17 58,6	+66 38	8,8	0,3	11,4	3600
9	NGC 6720	M57	Ringnebel	Lyr	18 53,6	+33 02	9,7	1,1	14,8	2000
10	NGC 6853	M27	Hantel-Nebel	Vul	19 59,6	+22 43	7,6	7 × 8	13,9	1000
11	NGC 7293		Sonnenblumennebel	Aqr	22 29,6	−20 48	7,3	15	13,5	400
12	NGC 7662			And	23 25,9	+42 33	9,2	0,3	13,2	4000

H: Photographische Helligkeit des Gesamtnebels; im Visuellen meist eine Größenklasse heller.
D: Abmessungen in Bogenminuten; wegen Randunschärfe oft nur grobe Schätzung.
H*: Photoelektrisch gemessene V-Helligkeiten des Zentralsterns.
E: Entfernung in Lichtjahren, gerundet auf 100 Lichtjahre, da Bestimmungen recht unsicher.
1: Auch als „Kleiner Hantelnebel“ bekannt.
2: Wegen südlicher Position in unseren Breiten nur schwer beobachtbar.
4: Engl.: Crab-nebula, manchmal fälschlich als „Krebs-Nebel“ bezeichnet; liegt jedoch im Stier und nicht im Krebs. Überrest einer Supernova-Erscheinung, die am 4. Juli 1054 im Stier aufleuchtete. Zentralstern ist ein rasch rotierender Pulsar (Neutronenstern). Gehört heute eigentlich nicht mehr zur Klasse der Planetarischen Nebel, sondern zu den Supernova-Remnants.
5: Auch als „Eskimo-Nebel“ bekannt.
8: Nahe dem Nordpol der Ekliptik gelegen.
9: Ringnebel in der Leier; liegt zwischen β und γ Lyrae auch für Anfänger leicht zu finden. Im Fernglas nur winziges, nebelartiges Scheibchen und **kein** Ring zu sehen.
10: Engl.: Dumbbell-nebula nach Lord Rosse.
11: Auch als Helix-nebula bekannt; nur bei sehr dunklem Himmelshintergrund in lichtstarkem Fernglas sichtbar; nächster bekannter Planetarischer Nebel.
12: Zentralstern vermutlich variabel.

Die Milchstraße

Sternhaufen und Assoziationen

Wenn man am nachtschwarzen Sternenhimmel spazieren sieht, so fallen da und dort lokkere Sternansammlungen auf, in denen die Sterne dichter gedrängt stehen als in der Umgebung. Solche Gruppen von Sternen erwekken den Eindruck einer Zusammengehörigkeit ihrer Mitglieder.
Tatsächlich zeigen genauere Untersuchungen, daß Sterne oftmals in Haufen auftreten. Solche Sternhaufen enthalten Objekte, die im Mittel gleich weit von uns entfernt sind, den gleichen Raumbezirk einnehmen, sich in eine gemeinsame Richtung bewegen, gleichzeitig entstanden sind und damit gleich alt sind. Wegen der gemeinsamen Entstehung ist auch die chemische Zusammensetzung ihrer Mitglieder ähnlich. Für die astrophysikalische Forschung sind daher Sternhaufen besonders bedeutsam; dies gilt vor allem bei Fragen der Sternentwicklung und der Entfernungsbestimmung.
Sternhaufen treten hinsichtlich Mitgliederzahl, Konzentration und Aussehen in recht unterschiedlichen Formen auf. Man teilt die Sterngesellschaften daher in vier Gruppen ein:
Offene Sternhaufen, kugelförmige Sternhaufen (kurz: Kugelhaufen), Bewegungshaufen und Sternassoziationen.
Während offene Sternhaufen und Kugelhaufen bereits durch bloßes Betrachten erkannt und auch leicht unterschieden werden können, sind Bewegungshaufen und Sternassoziationen nur indirekt zu ermitteln. Bewegungshaufen verraten sich durch eine gemeinsame Raumgeschwindigkeit ihrer Mitglieder, Assoziationen durch gleiche oder ähnliche spektrale Eigenschaften ihrer Sterne.
Bei offenen Sternhaufen sind die Sterne mehr oder minder locker gestreut; man kann die Sterne einzeln erkennen und abzählen, in die Sternhaufen hinein- und durch sie hindurchschauen. Im Gegensatz dazu sind in den kugelförmigen Sternhaufen die Sterne so dicht gedrängt, daß man nur ihren gemeinsamen Lichtschein wahrnimmt und nur die Randpartien in einzelne Sterne auflösen kann. Auch sind Kugelhaufen viel reicher an Sternen und größer. Sie setzen sich aus Hunderttausenden bis Millionen von Sternen zusammen, während offene Sternhaufen nur einige Dutzend bis einige hundert Mitgliedssterne zählen. Kugelhaufen unterscheiden sich von offenen Haufen noch durch eine Reihe anderer Merkmale wie Sternzusammensetzung (Population), Alter, Vorkommen interstellarer Materie und Konzentration zur Milchstraßenhauptebene.

Offene Sternhaufen

Die beiden prominentesten und auffälligsten Vertreter der offenen Sternhaufen sind die Hyaden und Plejaden im Stier. Doch nicht alle Sterne, die man in Richtung der Plejaden und Hyaden sieht, gehören auch zu ihnen. So liegt der helle Aldebaran mitten in den Hyaden, ist aber mit 70 Lichtjahren Entfernung ein Vordergrundstern, da die Hyaden 150 Lichtjahre weit weg sind. Vorder- und Hintergrundsterne nennt man Feldsterne, während die dem Haufen zugehörigen Sterne als Mitgliedssterne zu titulieren sind.
Um zu unterscheiden, ob ein Stern Mitglied eines offenen Haufens ist oder nur zufällig von uns aus gesehen in der gleichen Richtung steht, also ein Feldstern ist, müßte man im Prinzip seine Entfernung messen. Dies ist aber nur in wenigen Ausnahmefällen möglich und häufig auch viel zu aufwendig. Es gibt ein anderes Verfahren, Feldsterne von Haufenmitgliedern zu trennen.
Haufensterne nehmen nicht nur ein gemeinsames Raumgebiet ein, sie bewegen sich auch in die gleiche Richtung mit einer gleichgroßen Geschwindigkeit. Feldsterne fallen durch ihre abweichende Eigenbewegung auf.

Zur Sternstromparallaxe: Die Sterne eines offenen Sternhaufens bewegen sich scheinbar auf einen gemeinsamen Fluchtpunkt (Vertex) hin. Durch Messungen der Radialgeschwindigkeit (RG in km/s), der Eigenbewegung (EB in ″/a) und des Winkels α läßt sich die Entfernung (Parallaxe) des Sternhaufens ermitteln.

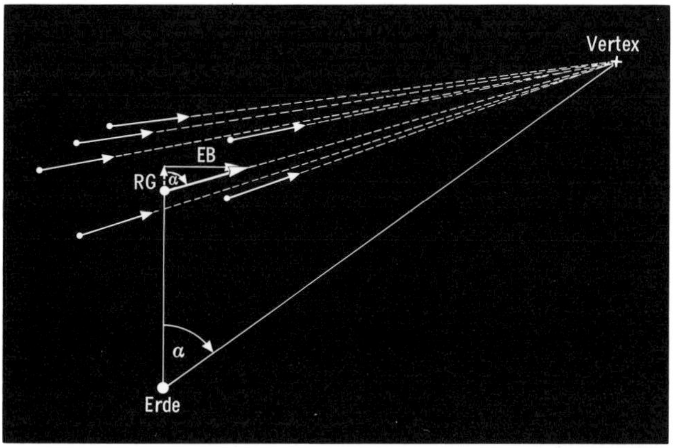

Die Haufenmitglieder streben einem gemeinsamen Punkt am Himmel zu, dem **Vertex** oder Fluchtpunkt. Dies ist ein rein perspektivischer Effekt, ähnlich wie die Schienen eines Bahngleises in der Ferne in einem Punkt zusammenzulaufen scheinen. Durch die Lage des Vertex läßt sich die Raumbewegung des Haufens bestimmen, wenn man berücksichtigt, daß die Eigenbewegung die Bewegungskomponente senkrecht zur Blickrichtung (also tangential zur Himmelskugel) ist und die Radialkomponente aus der Lage des Vertex folgt – beide Größen in Bogensekunden pro Jahr (siehe Abb. oben). Die Radialgeschwindigkeit des Haufens kann man aber davon unabhängig aufgrund der Doppler-Verschiebungen der Spektrallinien der Haufensterne bestimmen, und zwar direkt in Kilometer pro Sekunde. Dadurch kann die Parallaxe des Haufens und somit seine Entfernung ermittelt werden. Diese Methode der Entfernungsbestimmung wird **Sternstromparallaxe** genannt. Ist EB die Eigenbewegung in Bogensekunden pro Jahr (″/a), RG die Radialgeschwindigkeit in Kilometer pro Sekunde (km/s), α der Winkel Sternhaufen – Beobachter – Vertex, also die Richtung zum Fluchtpunkt, so ergibt sich die Parallaxe in Bogensekunden zu:

$$\pi = 4{,}74 \, \frac{EB}{RG} \cdot \operatorname{ctg} \alpha$$

Der Faktor 4,74 ergibt sich aus 1 AE in Kilometer geteilt durch Anzahl der Sekunden pro Jahr.
Sternstromparallaxen sind das Bindeglied zwischen trigonometrischen Parallaxen, die nur bei sonnennahen Sternen erfolgreich zu messen sind, und den photometrischen Paral-

Die hellsten Hyadensterne

Bezeichnung	Scheinbare Helligkeit	Spektraltyp	Bemerkungen
γ Tau	$3^{m},6$	K0 III	
δ_1 Tau	3,8	K0 III	
δ_3 Tau	4,3	A2 V	Doppelstern: 4,3/A1, 7,6/G0 } 1″,6
ε Tau	3,5	K0 III	
ϑ_1 Tau	3,8	K0 III	Fernglasobjekt Distanz $\vartheta_{1,2}$: 5′,7
ϑ_2 Tau	3,4	A7 III	Farbkontrast orange-weiß!

Die beiden benachbarten offenen Sternhaufen h und χ im Perseus (Aufnahme GUTZEIT/IDLER)

laxen für große Distanzen, die an Sternstromparallaxen zu eichen sind.
Robert Julius TRÜMPLER (1886–1956) klassifizierte die offenen Sternhaufen nach drei Gesichtspunkten: Konzentration, Helligkeitsverteilung und Sternreichtum.
Die **TRÜMPLERschen Typenmerkmale** lauten:

A. Konzentration:
I: starke Konzentration, Haufen hebt sich deutlich vom übrigen Sternenhintergrund ab;
II: etwas schwächere Konzentration als bei I, aber deutliches Abheben vom Hintergrund;
III: der Haufen zeigt keine merkliche Verdichtung zum Mittelpunkt hin;
IV: der Haufen hebt sich kaum vom Hintergrund ab und scheint eher eine zufällige Anhäufung von Sternen zu sein.

B. Helligkeitsverteilung:
1: alle Sterne haben etwa gleiche Helligkeit;
2: gleichmäßige Verteilung der Helligkeiten über den Beobachtungsbereich;
3: einige helle, viele schwache Sterne.

C. Sternreichtum:
p: (poor – arm) Haufen hat weniger als 50 Mitglieder;
m: (moderate – mäßig) Haufen hat 50 bis 100 Mitglieder;
r: (rich – reich) Haufen hat mehr als 100 Mitglieder.
Die TRÜMPLER-Klassifikation wird auch heute noch benutzt. Danach erhalten die Plejaden die Typbezeichnung: II 3r.
Das Studium der Sternhaufen ist für das Verständnis der Sternentwicklung lehrreich: Die Sterne eines Haufens sind von annähernd gleichem Alter und gleicher chemischer Zusammensetzung, wobei sich Sterne verschie-

Offene Sternhaufen

Bezeichnung	Katalog Nr.	Sternbild	α (2000.0)	δ (2000.0)	H	H*	N	Klass.	Durchmesser scheinbarer	Durchmesser wahrer [LJ]	Entfernung in pc	Entfernung in LJ	Alter in Mio J.
	NGC 188	Cep	$0^h44^m,4$	$+85°20'$	$8^m,1$	12^m	120	II 2 r	14′	20	1550	5100	1000
h Perseï	NGC 869	Per	2 19,0	+57 09	4,3	6,6	200	I 3 r	30	60	2200	7200	5
χ Perseï	NGC 884	Per	2 22,4	+57 07	4,4	8,0	150	I 3 r	30	65	2300	7500	5
M 34	NGC 1039	Per	2 42,0	+42 47	5,2	7,3	60	II 3 m	35	15	440	1400	190
Plejaden M45	NGC 1432 + NGC 1435	Tau	3 47,0	+24 07	1,2	2,9	120	I 3 r	110	13	125	400	60
Hyaden		Tau	4 27:	+16:	0,5	3,4	70	II 3 m	330	15	46	150	800
M 38	NGC 1912	Aur	5 28,7	+35 50	6,4	9,5	100	III 2 m	21	30	1320	4300	220
M 36	NGC 1960	Aur	5 36,1	+34 08	6,0	8,9	60	II 3 m	12	15	1270	4100	25
M 37	NGC 2099	Aur	5 52,4	+32 33	5,6	9,2	150	II 1 r	24	30	1350	4400	300
M 35	NGC 2168	Gem	6 08,9	+24 20	5,1	8,2	200	III 3 r	28	25	870	2800	110
M 41	NGC 2287	CMa	6 47,0	−20 44	4,5	6,9	80	II 3 m	38	25	700	2300	190
M 50	NGC 2323	Mon	7 03,2	− 8 20	5,9	7,8	80	II 3 m	16	15	910	3000	80
Praesepe (Krippe) M 44	NGC 2632	Cnc	8 40,1	+19 59	3,1	6,3	50	II 2 m	95	15	160	500	300
M 67	NGC 2682	Cnc	8 50,4	+11 49	6,9	9,7	200	II 2 r	30	25	800	2600	3200?
Mel 111		Com	12 25:	+26:	1,8	4,4	80	II 3 p	275	20	80	260	400
M 6	NGC 6405	Sco	17 40,1	−32 13	4,2	6,2	80	III 2 p	15	10	600	2000	50
M 7	NGC 6475	Sco	17 53,9	−34 49	3,3	5,6	180	II 3 r	80	20	240	780	220
M 23	NGC 6494	Sgr	17 56,8	−19 01	5,5	9,2	150	III 1 m	27	15	660	2200	220
M 11	NGC 6705	Sct	18 51,1	− 6 16	5,8	8,0	100	I 2 r	14	20	1720	5600	220
M 39	NGC 7092	Cyg	21 32,2	+48 26	4,6	6,8	30	III 2 p	32	10	270	880	270
M 52	NGC 7654	Cas	23 24,2	+61 35	6,9	8,2	100	I 2 r	13	20	1600	5200	40

α, δ: Rektaszensionen und Deklinationen für die Epoche J2000.0
H: scheinbare Gesamthelligkeit des Haufens
H*: scheinbare Helligkeit der hellsten Haufensterne
N: geschätzte Zahl der Mitgliedssterne

Klass.: Haufenklassifikation nach Julius Robert TRÜMPLER
LJ: Lichtjahre
pc: Parsec
Alter: Alter des Haufens in Millionen Jahren

Die Sterne der Plejaden

Bezeichnung	Eigenname	Scheinbare Helligkeit	Spektraltyp	Bemerkungen
η Tau	Alcyone	$2^{m}{,}8$	B7 III	hellster Plejadenstern, liegt im Zentrum, Vierfachstern
16 Tau	Celaeno	5,5	B7 IV	
17 Tau	Elektra	3,7	B6 III	
18 Tau	–	5,7	B8 V	
19 Tau	Taygeta	4,3	B6 IV	
20 Tau	Maia	3,9	B7 III	
21 Tau	Asterope	5,8	B8e V	
22 Tau	–	6,4	B9 V	
23 Tau	Merope	4,2	B6 IV	
27 Tau	Atlas	3,6	B8 III	
28 Tau (= BU Tau)	Pleione	4,8–5,5	B8e V	eruptiv Variabler, unregelmäßiger Lichtwechsel

dener Masse unterschiedlich schnell entwikkeln.
Offene Sternhaufen sind im Gegensatz zu den Kugelsternhaufen junge Gebilde, in denen sich häufig interstellare Staub- und Gasmassen finden. Schon aus dynamischen Gründen werden offene Sternhaufen nicht alt. Ihnen laufen die Sterne weg, sie zerstreuen sich mit der Zeit. Denn die Gravitationswirkung eines offenen Haufens ist nicht groß genug, um die Sterne längere Zeit an den Haufen zu fesseln. Infolge der differentiellen Milchstraßenrotation werden die offenen Haufen zudem auseinandergerissen. Offene Haufen sind im Unterschied zu den Kugelhaufen zur Milchstraßenhauptebene hin konzentriert. Offene Haufen werden auch als **galaktische Haufen** angesprochen.
Die Hyaden sind mit rund 800 Millionen Jahren relativ alt. Praesepe (M 44) im Krebs ist etwa 300 Millionen Jahre alt, die Plejaden sind mit 60 Millionen Jahren recht jung – vor allem wenn man bedenkt, daß unsere Sonne 5000 Millionen Jahre, Kugelhaufensterne 10000 Millionen Jahre alt sind.
Die beiden benachbarten Sternhaufen h und χ im Perseus zählen mit nur fünf Millionen Jahren zu den jüngsten offenen Haufen, während NGC 188 im Kepheus mit einer Milliarde Jahre einer der ältesten ist.

Kugelförmige Sternhaufen

Zu den in größeren Teleskopen eindrucksvollsten Himmelsobjekten zählen zweifelsohne die kugelförmigen Sternhaufen, meist kurz Kugelhaufen genannt. Ihr markantester Vertreter am nördlichen Himmel ist der Kugelhaufen M 13 im Herkules. Mit bloßen Augen allenfalls als mattes Lichtfleckchen erspähbar, zeigt sich im Teleskop eine riesige Anzahl von Sternen, die einen kugelförmigen Haufen bilden. Die Sternenkonzentration nimmt zur Mitte hin zu. Im Zentrum stehen die Sterne so dicht, daß man sie im Gegensatz zu einem offenen Sternhaufen nicht mehr einzeln erkennen kann. Man sieht dort den gemeinsamen Lichtschein vieler Sterne.
In den Randpartien dagegen lassen sich Zehntausende von Sternen als einzelne Lichtpünktchen beobachten. Kugelhaufen sind sternenreiche Gebilde. In einem sphärischen (kugelförmigen) Raum von nur rund 150 Lichtjahren Durchmesser drängen sich im Schnitt etwa eine Million Sterne! Die Sternendichte ist damit in einem Kugelhaufen rund tausendmal höher als in der Sonnenumgebung. Nahe dem Zentrum eines Kugelhaufens steigt die Dichte sogar auf das Zehntausendfache und mehr der Sternendichte in der Nachbarschaft unserer Sonne an.
Kugelhaufen sind am irdischen Firmament

nicht gleichförmig verteilt, sondern befinden sich fast alle nur in einer Hälfte des Himmels. Aus der asymmetrischen Verteilung der Kugelhaufen und ihren großen Entfernungen schloß Harlow SHAPLEY (1885–1970), daß die Sonne nicht im Zentrum der Milchstraße, sondern ziemlich weit außen steht, rund 28000 Lichtjahre vom Milchstraßenmittelpunkt entfernt.

SHAPLEY hatte richtig erkannt, daß die Kugelhaufen nicht zur Milchstraßenhauptebene konzentriert sind. Sie nehmen vielmehr einen sphärischen Raum ein, den sogenannten Milchstraßenhalo. Der Schwerpunkt des Systems der Kugelhaufen ist mit dem Zentrum der Milchstraße identisch.

Die Entfernungsbestimmung der Kugelhaufen geschieht mit Hilfe photometrischer Parallaxen der RR Lyrae-Sterne, die in den Randpartien von Kugelhaufen zahlreich zu finden sind. Nimmt man als Mittelwert für die absolute Helligkeit der RR Lyrae-Variablen 0^M, so ergibt sich aus der beobachteten scheinbaren Helligkeit (m) die Entfernung (r) in Parsec:

$$\lg r = \frac{m}{5} + 1$$

Kugelhaufen sind die fernsten Objekte, die man in unserer Milchstraße beobachtet. Sie sind zigtausende Lichtjahre weit entfernt (siehe Tabelle Kugelhaufen Seite 146).

So ist M 13 beispielsweise 23000 Lichtjahre entfernt, M 15 im Pegasus 33000 und der wohl fernste Kugelhaufen, Palmor 3 im Sextanten, 300000 Lichtjahre.

Kugelhaufen werden manchmal „Ahnen des Universums" genannt. Sie enthalten nämlich die ältesten bekannten Sterne. Sie sind mindestens zehn Milliarden Jahre und somit doppelt so alt wie unsere Sonne. Manche Altersbestimmungen geben sogar Werte von 15 Milliarden und mehr Jahre an.

Nach Walter BAADE gehören die Sterne in den Kugelhaufen der Population II an, also einer anderen Sternenbevölkerung als die Nachbarschaft unserer Sonne, die zur Population I zählt. Die Sterne der Kugelhaufen zeigen eine chemische Zusammensetzung, in der schwerere Elemente als Helium kaum vorkommen. Die Population II ist metallarm (für die saloppen Astrophysiker ist alles, was ein höheres Atomgewicht als Helium hat, ein „Metall", also auch Kohlenstoff, Sauerstoff und Stickstoff). Die Metallarmut ist ein Hinweis auf das hohe Alter der Population-II-Sterne, denn in der primordialen Elementenverteilung fehlen höhere Atomgewichte. Kurz nach dem Urknall gab es fast nur Wasserstoff und Helium. Schwerere Elemente wurden erst in Sternen zusammengebacken und durch Sternexplosionen oder Abblasen in den Weltraum „entlassen". Erst die jüngeren Sterne der Population I haben bei ihrer Bildung aus interstellarer Materie einige Prozent schwererer Elemente („Metalle") erhalten.

Im Durchschnitt sind die Kugelhaufensterne röter als die Sterne in der galaktischen Scheibe (Population I). Auch findet man keine Gas- und Staubwolken in den Kugelhaufen – sie sind frei von interstellarer Materie. Teils wurde sie beim Pendeln der Kugelhaufen durch die Milchstraßenhauptebene weggefegt, teils wurde sie vom Sternenwind roter Riesen hinausgeblasen. Neue Sterne entstehen in Kugelhaufen somit keine mehr.

In neuerer Zeit hat man in den Magellanschen Wolken auch „blaue" Kugelhaufen entdeckt, wobei sich herausgestellt hat, daß die Metallhäufigkeit über einen relativ großen Bereich streut, was zu Konsequenzen bei der Altersbestimmung führt. Entstehen vielleicht heute noch in manchen Bereichen des Weltalls neue Kugelsternhaufen? Aus den Zentren einiger Kugelhaufen kommt eine hochenergetische Röntgenstrahlung. Eine Zeitlang glaubte man, sie stamme von gewaltigen Schwarzen Löchern, die Materie aus ihrer Umgebung aufsaugen. Inzwischen hat sich herausgestellt, daß diese Röntgenstrahlung von engen Doppelsternen stammt, bei denen der eine Partner sich zu einem Roten Riesen aufbläht; dadurch kann Materie auf den Begleiter herabregnen, der entweder ein Weißer Zwerg oder ein Neutronenstern ist (siehe Seite 137, Kataklysmische Variable und Symbiotische Sterne).

Erstaunlich ist die offensichtlich große Stabilität von Kugelhaufen. Häufiges Pendeln durch die galaktische Ebene überstehen sie schadlos, auch nach Milliarden Jahren haben sie sich nicht aufgelöst.

Auch in anderen Galaxien findet man die stabilen Kugelhaufen in großer Zahl. Allein in der

Kugelhaufen

Katalog-bezeichnung		Sternbild	α (2000.0)	δ (2000.0)	Helligkeit	Scheinbarer Durchmesser	Entfernung in Lichtjahren	Entfernung in kpc
47 Tuc	NGC 104	Tukan	$0^h24^m,1$	$-72°05'$	$4^m,0$	31′	15000	4,6
M 53	NGC 5024	Coma	13 12,9	+18 10	7,7	13	56000	17,2
ω Cen	NGC 5139	Centaurus	13 26,8	−47 29	3,6	36	17000	5,2
M 3	NGC 5272	Jagdhunde	1342,2	+28 23	6,3	16	32000	9,9
M 5	NGC 5904	Schlange (Kopf)	15 18,6	+ 2 05	5,7	17	25000	7,6
M 4	NGC 6121	Skorpion	16 23,6	−26 32	5,9	26	7000	2,1
M 13	NGC 6205	Herkules	16 41,7	+36 28	5,9	17	23000	7,2
M 12	NGC 6218	Schlangenträger	16 47,2	− 1 57	6,6	14	18000	5,5
M 10	NGC 6254	Schlangenträger	16 57,1	− 4 06	6,6	15	14000	4,4
M 62	NGC 6266	Schlangenträger	17 01,2	−30 07	6,6	14	20000	6,0
M 19	NGC 6273	Schlangenträger	17 02,6	−26 16	7,2	13	36000	10,6
M 92	NGC 6341	Herkules	17 17,1	+43 08	6,5	11	25000	7,8
M 14	NGC 6402	Schlangenträger	17 37,6	− 3 15	7,6	12	33000	10,2
M 28	NGC 6626	Schütze	18 24,5	−24 52	6,9	11	20000	6,1
M 22	NGC 6656	Schütze	18 36,4	−23 54	5,1	24	10000	3,1
M 15	NGC 7078	Pegasus	21 30,0	+12 10	6,4	12	31000	9,4
M 2	NGC 7089	Wassermann	21 33,5	− 0 49	6,5	13	37000	11,3
M 30	NGC 7099	Steinbock	21 40,4	−23 11	7,5	11	27000	8,2

Aufgeführt sind alle Kugelhaufen heller als 8^m und nördlich von −30° Deklination.
(Ausnahme: die beiden hellen Kugelhaufen 47 Tuc und ω Cen).
Die Entfernungen der Kugelhaufen sind meist nur auf 10% Genauigkeit bekannt.

Andromedagalaxie (M 31) wird ihre Zahl nach neuen Messungen auf 700 bis 2800 geschätzt. Die Sterne in Kugelhaufen laufen auf rosettenförmigen Bahnen um das Zentrum. Wie umfangreiche Computersimulationen gezeigt haben, verlassen die schnellsten Sterne einen Kugelhaufen – sie diffundieren ins All. Als Folge davon (Verlust an kinetischer Energie) kontrahiert ein Kugelhaufen. Thermodynamisch gesehen „heizt" er sich auf, die Sterne werden schneller. Deshalb entweichen immer mehr Sterne, während der Kern dichter wird. Zwar werden solche Dichtekonzentrationen in Kugelhaufenzentren beobachtet, aber nach den ersten Simulationsrechnungen müßten inzwischen fast alle Kugelhaufen kollabiert sein. Wesentlich verbesserte Modellrechnungen lassen erkennen, daß ein Kollaps durch Bildung von engen Doppelsternen verhindert wird. Solche Sternenpärchen absorbieren nämlich einen Teil der Kontraktionsenergie.

In unserer Milchstraße sind rund 150 Kugelhaufen bekannt, man schätzt ihre Gesamtzahl auf etwa 800. In der elliptischen Riesengalaxie M 87 hat man über 1000 Kugelhaufen identifiziert.

Bewegungshaufen

Während man offene Sternhaufen und Kugelhaufen allein durch ihre höhere Sternkonzentration durch bloßes Betrachten finden kann, fallen die Bewegungshaufen nicht unmittelbar ins Auge. Die Zusammengehörigkeit ihrer Mitglieder wird erst durch die gemeinsame Raumgeschwindigkeit erkennbar. Im Grunde genommen handelt es sich bei Bewegungshaufen um einen in Auflösung begriffenen offenen Sternhaufen, dessen Dichtekonzentration bereits soweit abgenommen hat, daß sie mit den Feldsternen in diesem Gebiet vergleichbar ist und der Haufen durch synoptische Betrachtung nicht mehr auffällt.

Der Verdacht auf einen Bewegungshaufen ergibt sich meist schon, wenn Sterne in einem Areal gemeinsame Eigenbewegungen erkennen lassen. So hat Richard Anthony PROCTOR (1837–1888) festgestellt, daß fünf der sieben Wagensterne eine nach Betrag und Richtung gleiche Eigenbewegung aufweisen, nämlich β (Mirak), γ (Phecda), δ (Megrez), ε (Alioth) und ζ (Mizar) Ursae Maioris. Alkor, das Reiterlein, gehört auch dazu. Eine Ausnahme bilden nur α (Dubhe) und η (Benetnasch) UMa am Ende der Deichsel. Bald darauf bestimmte William HUGGINS (1824–1910) die Radialgeschwindigkeiten dieser Sterne, wobei sich die gemeinsame Raumgeschwindigkeit ergab. Die aufgeführten Sterne im Großen Bären gehören somit einem Bewegungshaufen an.

Bis 1958 wurden etliche weitere Sterne gefunden, die die gleiche Raumgeschwindigkeit aufweisen wie die Sterne des Bewegungshaufens im Großen Bären. Zu ihnen gehören unter anderem Sirius (α CMa), Gemma (α CrB), Menkalinan (β Aur) und Zozma (δ Leo). Da eine größere Zahl der hellen Sterne dieses Bewegungshaufens im Großen Bären liegt, spricht man vom Bärenstrom oder Ursa-Maior-Bewegungshaufen. Weil die Mitglieder des Bärenstromes teilweise einander am Himmel gegenüberstehen (Sirius und die Wagensterne), befindet sich unsere Sonne mitten in diesem Sternhaufen, ohne jedoch Mitglied des Bärenstromes zu sein. Heute sind etwa 150 Mitglieder des Bärenstromes bekannt, wobei allerdings nur bei 70 Sternen ihre Mitgliedschaft sicher bestimmt worden ist. Der Durchmesser dieses Bewegungshaufens ist mit rund 450 Lichtjahren relativ groß im Vergleich zu den üblichen Durchmessern von offenen Sternenhaufen.

Der **Vertex** (Ziel- oder Konvergenzpunkt) der Bewegung der Bärenstromsterne liegt in den östlichen Gebieten des Schützen, an der Grenze zum Sternbild Microscopium ($\alpha = 20^h24^m$, $\delta = -37°$. Nach neueren Untersuchungen beträgt die mittlere Raumgeschwindigkeit der Mitglieder 15 km/s, während ältere Kataloge fast doppelt so große Werte enthalten. Ferner hat sich gezeigt, daß man zwischen einem kleineren Bärenbewegungshaufen und einem größeren Bärenstrom unterscheiden kann.

Der Bewegungshaufen nimmt einen ellipsoidischen Raum von 30 Lichtjahren Längs- und 18 Lichtjahren Querdurchmesser ein und ist 80 Lichtjahre von der Sonne entfernt. Der größere Bärenstrom hat, wie erwähnt, 450 Lichtjahre Durchmesser und beherbergt mittendrin die Sonne als Fremdstern. Während der kleinere Haufen nur Hauptreihensterne enthält, zählt der größere Strom auch helle gelbe und rote Riesen zu seinen Mitgliedern. Gemäß seiner weiteren Zerstreuung ist auch das Entwicklungsalter der Sterne im Strom größer.

Ein weiterer, relativ naher Bewegungshaufen liegt im Perseus.

Sternassoziationen

Der Begriff „Assoziation von Sternen" wurde im Jahre 1947 von dem armenischen Astronomen Viktor Amasaspowitsch AMBARZUMJAN (*1908) eingeführt. Er bedeutet soviel wie „Vereinigung von Sternen". AMBARZUMJAN fiel auf, daß die Veränderlichen vom Typ T Tauri und die artverwandten RW Aurigae-Sterne nicht gleichmäßig über die Himmelskugel verstreut sind, sondern in bestimmten Gebieten gehäuft vorkommen. Da T Tauri- und RW Aurigae-Sterne recht junge Objekte sind, schloß AMBARZUMJAN auf einen gemeinsamen Ursprung der Sterne in diesen Gruppierungen. Er nannte sie **T-Assoziationen**. Ähnliche Gruppierungen finden sich bei den sehr heißen, massereichen, bläulich-weiß leuchtenden Sternen der Spektralklassen O und B. Die O- und B-Sterne scheinen bestimmte Gebiete des Himmels zu bevorzugen. Diese Ansammlungen von O- und B-Sternen heißen **OB-Assoziationen**.

O- und B-Sterne sind ebenfalls recht junge Objekte, ihr Alter beläuft sich auf wenige Millionen Jahre. Sie sind damit rund tausendmal jünger als unsere Sonne.

Sowohl die T- als auch die OB-Assoziationen sind in relativ dichte Staub- und Gaswolken eingebettet, das Ursprungsmaterial, aus dem sich die Mitgliedssterne vor kurzem gebildet haben. Auch aus dynamischen Gründen läßt sich schließen, daß Assoziationen junge Sternansammlungen sind. Assoziationen expandieren nämlich, sie verlieren ihre Sterne und lösen sich in wenigen Millionen Jahren auf. Die von AMBARZUMJAN postulierte Expansion der Assoziationen konnte anfangs nur an

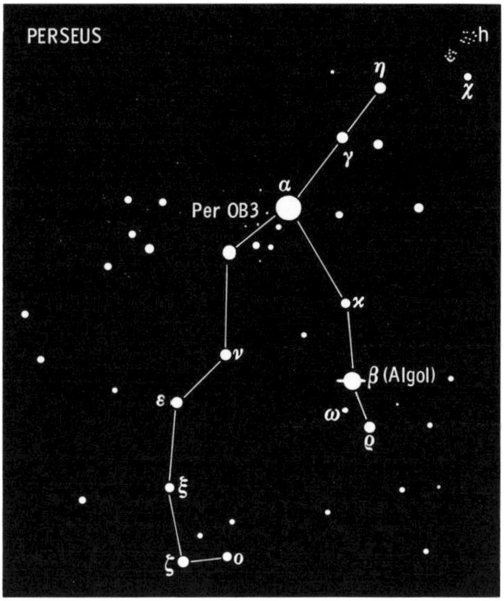

Die OB-Assoziation Per OB3 (alte Bezeichnung Per III) im Sternbild Perseus.

wenigen Beispielen nachgewiesen werden, da von Entfernungen und Raumgeschwindigkeit der einzelnen Mitglieder nur unsichere Meßwerte vorlagen. So war man zunächst nicht allgemein von der AMBARZUMJANschen Hypothese der Expansion überzeugt und bezeichnete die O-, B-Sterngruppierungen als **Sternaggregate**. Nur bei nachgewiesener Expansion sprach man von einer Assoziation. Im Jahre 1967 wies Hans-Ulrich KELLER nach, daß alle Sternaggregate aus kinematischen Gründen expandieren und Sternaggregate nicht alt werden können. Die AMBARZUMJANsche Idee war damit glänzend bestätigt.

Inzwischen sind einige Dutzend Assoziationen bekannt. Ihre Durchmesser betragen im Mittel einige hundert Lichtjahre. Assoziationen sind somit viel größer als offene Sternhaufen. Die Mitgliederzahlen schwanken zwischen nur wenigen und einigen Dutzend Sternen.

Die einst gebräuchliche Bezeichnungsweise wie Per III oder Ori I für Assoziationen wurde durch Per OB3 oder Ori OB1 abgelöst. Per OB3 bedeute 3. OB-Assoziation im Sternbild Perseus.

OB-Assoziationen scheinen zahlreicher zu sein als T-Assoziationen. Das liegt an einem Auswahleffekt. T Tauri-Sterne sind wesentlich lichtschwächer als O-Sterne, so daß OB-Assoziationen noch in viel größeren Entfernungen zu entdecken sind als T-Assoziationen. Die allernächsten OB-Assoziationen enthalten auch T Tauri-Sterne. O- und T-Assoziationen sind also korreliert. Bei fernen OB-Assoziationen findet man nur deshalb keine Tauri-Sterne, weil diese zu lichtschwach sind, um erkannt zu werden.

Bei vereinzelt stehenden O- und B-Sternen, die nicht zu einer Assoziation zu gehören scheinen, handelt es sich fast immer um „Ausreißer" **(run-away-stars)**. Aufgrund ihrer hohen Raumgeschwindigkeit haben sie das eigentliche Assoziationsgebiet längst verlassen. Sie sind ihrer Mutterassoziation entflohen.

OB-Assoziationen

Bezeichnung		Lage des Zentrums		Entfernung in
neu	alt	α (2000.0)	δ	Lichtjahren
Per OB3	Per III	$3^h27\overset{m}{,}9$	+49°54′	550
Cam OB1	Cam I	3 31,6	+58 38	3000
Per OB2	Per II	3 42,0	+33 25	1300
Aur OB1	Aur I	5 21,7	+33 52	4300
Ori OB1	Ori I	5 31,4	− 2 41	1500
Mon OB2	Mon II	6 37,0	+ 4 50	5000
CMa OB1	CMa I	7 06,9	−10 28	4300
Cyg OB1	Cyg I	20 17,7	+37 38	5900
Cep OB2	Cep II	21 47,9	+61 04	2700
Cep OB3	Cep III	23 00,4	+64 03	3100

Ein Paradebeispiel ist die Assoziation Ori OB1. Im sogenannten Wehrgehänge unterhalb der drei Gürtelsterne des Orion, die ebenfalls zur Ori OB1-Assoziation gehören, wimmelt es von heißen, bläulich-weißen Sternen, die im Orion-Nebel (M 42) eingebettet sind. Auch das berühmte Trapez gehört mit seinen vier Sternen zu Ori OB1.
Eine weitere gut beobachtbare Assoziation ist Per OB3. Zwischen α Per und δ Per findet man etliche hellere, blauweiße Sterne, die ein Areal von 5° Durchmesser einnehmen. Per OB3 ist etwa vier Millionen Jahre alt. Die Assoziationen sind zur galaktischen Hauptebene hin konzentriert. Man schätzt, daß weit über tausend OB-Assoziationen unsere Galaxis bevölkern. Wegen der interstellaren Absorption bleiben die meisten jedoch unsichtbar.

Interstellare Materie

Das Weltall ist nicht völlig leer zwischen den Sternen, es herrscht dort kein absolutes Vakuum. Riesige Wolken aus Gas und Staub schweben in unserer Milchstraße. Diese interstellare Materie ist zum Teil der Baustoff zur Bildung neuer Sterne, teils der Rest explodierter Sterne oder von starken Sternwinden abgeblasener Sternmaterie.
Die Dichte der interstellaren Materie ist im Vergleich zur irdischen Luft außerordentlich gering. In der galaktischen Scheibe kommt im Schnitt auf eine Million Kubikkilometer nur ein Milligramm Materie oder auf das Volumen der Erdkugel nur ein Kilogramm. Dies ist allerdings nur ein grober Durchschnittswert. Es gibt Gebiete fast absoluter Leere, in anderen Bezirken wieder ist mit hundertmal höherer Dichte zu rechnen.
Zu 99% besteht die interstellare Materie aus **Gas**, nur 1% entfällt auf den **Staub**. Die Gaskomponente setzt sich vornehmlich aus Wasserstoff (70 bis 80%) und Helium (rund 20%) zusammen. Im wenige Prozent großen Rest finden sich schwerere Elemente wie Kohlenstoff, Sauerstoff, Neon, Silizium, Kalzium, Schwefel, Eisen, Nickel usw.
Die interstellare Materie macht sich auf vielfache Weise bemerkbar: als **Dunkelwolken, Reflexions-** und **Emissionsnebel**, im infraroten Wellenlängenbereich sowie durch Radiostrahlung, vornehmlich bei 21 cm Wellenlänge. Auch durch systematische Sternzählungen (Stellarstatistik) fällt die interstellare Absorption der Staubkomponente auf.
Schon mit bloßen Augen erkennt man in der Milchstraße dunkle Stellen, scheinbar sternleere Gegenden, gewissermaßen sternarme Inseln im Sternenmeer unserer Milchstraße. In diesen Gebieten ist die reale Sterndichte nicht geringer, vielmehr verschlucken sogenannte **Dunkelwolken** das Licht fernerer Sterne. Die allgemeine Absorption des Sternenlichtes wird durch den interstellaren Staub bewirkt.
Der Staub schwächt das Sternenlicht auch dort, wo keine auffälligen Dunkelwolken zu sehen sind. Auf eine Distanz von 3000 Lichtjahren beträgt die Absorption rund eine halbe Größenklasse. Außerdem wird das Sternenlicht durch Streuung an den Staubkörnchen verfärbt, die Sterne erscheinen röter, als es ihrem Spektraltyp entspricht.
Ein Maß für die Rötung gibt der **Farbexzeß**, die Differenz zwischen dem individuellen Farbindex eines bestimmten Sternes und dem mittleren Farbindex (einer Spektralklasse).
In der Nähe heller Sterne werden die Staubwolken beleuchtet. Sie reflektieren das meist bläuliche Sternenlicht – man spricht von **Reflexionsnebel**. Ein schönes Beispiel ist M 42, der Große Orionnebel knapp südlich der drei Gürtelsterne. Mit bloßen Augen als helles Lichtfleckchen erkennbar zeigt sich im Teleskop die fasrige Struktur der Staubmassen im M 42. Anschauliche Beispiele für Dunkelwolken sind der Pferdekopfnebel im Orion und der sogenannte Kohlensack im Sternbild Kreuz des Südens.
Aber auch in Gegenden, wo scheinbar keine Wolken direkt auffallen, gibt es oft absorbierende Schichten, die pro 3000 Lichtjahren Entfernung das Sternenlicht um ein bis zwei Größenklassen schwächen. Max WOLF (1863–1932) hat ein Verfahren angegeben, auch solche Dunkelwolken aufzuspüren. Die Zahl der Sterne pro Quadratgrad wird um so größer, je geringer ihre scheinbare Helligkeit ist. Statistisch gesehen sind lichtschwächere Sterne weiter entfernt als hellere. Trägt man die Sternenzahl pro Quadratgrad gegenüber

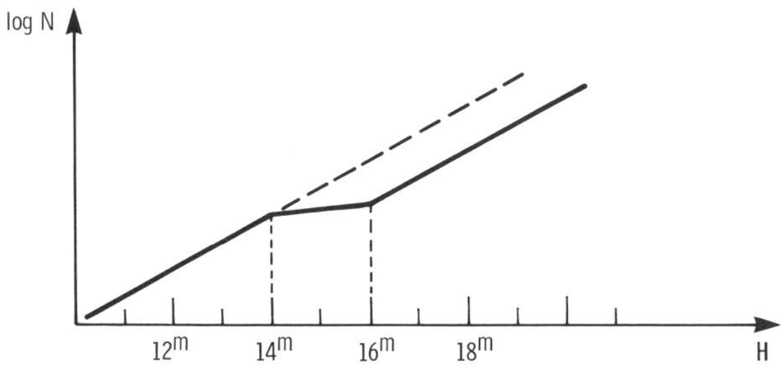

WOLF-Kurve. N: Anzahl der Sterne pro Flächeneinheit; H: Helligkeit; gestrichelter Teil: theoretischer Verlauf der Kurve ohne Absorption durch eine Dunkelwolke; durchgezogener Teil: realer Verlauf mit Knick bei 14^m und 16^m durch eine absorbierende Staubwolke, die die dahinter liegenden Sterne um 2^m schwächt.

der scheinbaren Helligkeit in ein logarithmisches Diagramm ein, so erhält man eine ansteigende Gerade. Dieser Anstieg wird manchmal unterbrochen, ab einer bestimmten Helligkeit nimmt die Sternenzahl nicht weiter zu. Dann, nach ein bis zwei Größenklassen, steigt die Zahl der Sterne wieder mit abnehmender Helligkeit an. Ursache für diese Abweichung ist eine interstellare Staubwolke in einer bestimmten Entfernung. Sie schwächt das Licht aller hinter ihr liegender Sterne gleichmäßig um einen bestimmten Betrag – die sogenannte **Wolf-Kurve** erscheint parallel verschoben. Die gestrichelte Linie in der Abb. oben zeigt den theoretischen Verlauf ohne absorbierende Wolke.

Außer Rötung und Absorption macht sich der interstellare Staub durch Polarisierung des Sternenlichtes bemerkbar. Daraus läßt sich schließen, daß die Teilchen länglich, vielleicht nadelförmig sind. Sie werden durch das **galaktische Magnetfeld** parallel ausgerichtet. Das allgemeine Magnetfeld der Milchstraße ist außerordentlich schwach: Es erreicht nur etwa 1/100000 der irdischen Magnetfeldstärke. Aber es ist in der Lage, die interstellaren Staubpartikel auszurichten.

Die Staubkörner sind recht klein, zwischen einem zehntausendstel und einem tausendstel Millimeter. Ihre Temperatur beträgt nur wenige Kelvin, also nur einige Grad über dem absoluten Nullpunkt (0 K = −273° C). Nur in der unmittelbaren Nachbarschaft von Sternen wird der Staub erhitzt, teilweise verdampft.

Die interstellaren Partikel bestehen zum Teil aus Siliziumverbindungen wie die Gesteine der Erde, teils aus Graphit (Kohlenstoff), teils aus Eisen-Nickel-Verbindungen. Etliche dürften von einem Eispanzer umgeben sein.

Die Staubteilchen dürften sich um interstellare Moleküle als Kondensationskerne aufbauen. Nach rund 100 Millionen Jahren sind die Körner dann auf 1/1000 Millimeter angewachsen. Galaktisch gesehen eine kurze Zeitspanne, nicht einmal die Dauer eines halben Sonnenumlaufes um das Milchstraßenzentrum. In allen Wolken haben die Staubteilchen ähnliche Größen, sie werden kaum größer als ein tausendstel Millimeter – vermutlich würden sie sonst zu leicht verdampfen.

Die Entstehung von Planetensystemen ist ohne interstellaren Staub nicht möglich. Da er jedoch in vielen Gebieten der Milchstraße vorkommt, ist zu vermuten, daß unsere Sonne nicht der einzige Stern mit einem Planetensystem ist.

Die Staubwolken sind stets mit interstellarem Gas korreliert. Fotografiert man den Orion-Nebel mit rotempfindlichem (Farb-)Film, so erkennt man die roten Gebiete des glühend heißen Wasserstoffgases (Balmer-Linie Hα). Während der Staub das bläulich-weiße Licht der heißen Sterne reflektiert, wird das interstellare Gas durch die kurzwellige, intensive UV-Strahlung der heißen O- und B-Sterne zum Selbstleuchten angeregt, eine Fluoreszenzerscheinung gewissermaßen. Die UV-Strahlung heizt das Wasserstoffgas und die anderen chemischen Elemente auf rund 10000 °C auf, wodurch das Gas ionisiert wird. Solche Wasserstoffwolken werden **H II-Regionen** genannt, während in den **H I-Regionen** fernab heißer Sterne der kühle Wasserstoff (um −220 °C) elektrisch neutral, also nicht ionisiert ist.

Die Spektren der H II-Gebiete lassen Emissionslinien erkennen, die auf ein heißes Gas mit jedoch geringer Dichte hindeuten. Die

leuchtenden Gasnebel werden deshalb auch als **Emissionsnebel** bezeichnet. Neben den Balmer-Linien des Wasserstoffs findet man auch kräftige Emissionslinien des einfach und doppelt ionisierten Sauerstoffs (O II und O III), die unter irdischen Bedingungen gar nicht auftreten („verbotene Linien"), sondern nur in extrem dünnen, aber heißen Gasen entstehen.
Nachstehende Tabelle gibt an, bis zu welcher Distanz ein Stern durch seine energiereiche UV-Strahlung (unter 912 Å!) das interstellare Gas aufheizt und ionisiert.

Stern	Radius des H II-Gebietes
O 5	100 pc
B 0	20 pc
A 0	0,5 pc

Man erkennt, daß nur die heißesten und leuchtkräftigsten Sterne vom Spektraltyp O und B größere H II-Gebiete erzeugen.
Staub- und Gasmassen sind in den interstellaren Wolken meist gemischt, so daß man Emissions- und Reflexionsnebel zusammen beobachtet. Diese oft bizarr aussehenden Wolken sind in der Regel Sternentstehungsnester.
Auch fernab von heißen Sternen kann man das kühle, interstellare Gas registrieren. Man sieht es zwar nicht direkt, aber es hinterläßt seine Spuren wie Fingerabdrücke in den Spektren. Schon im Jahre 1904 fand Johannes HARTMANN im Spektrum von δ Orionis eine Ca II-Absorptionslinie, die nicht die gleiche Dopplerverschiebung infolge der Radialgeschwindigkeit von δ Orionis zeigte wie alle übrigen Spektrallinien. HARTMANN sprach von der „ruhenden" Kalziumlinie und schloß richtig, daß sie nicht in der Sternatmosphäre von δ Ori entsteht, sondern eine interstellare Absorptionslinie ist, die von den ionisierten Kalziumatomen des interstellaren Gases erzeugt wird.
Inzwischen kennt man eine Fülle von interstellaren Absorptionslinien, die vor allem im ultravioletten Bereich liegen. Sie geben Aufschluß über die Natur des interstellaren Gases. Je größer die Distanz eines Sternes ist, desto kräftiger sind in der Regel die interstellaren Absorptionslinien. Ferner sind die Linien recht scharf und entsprechen niedrigen Anregungszuständen der Atome, was auf ziemlich kühles und extrem dünn verteiltes Gas hindeutet. Schließlich ist häufig die Aufspaltung der interstellaren Absorptionslinien zu beobachten. Dies deutet darauf hin, daß das Sternenlicht auf dem Weg zu uns mehrere Gaswolken durchquert hat, die sich mit unter-

Der große Orionnebel – eine interstellare Gaswolke in rund 1700 Lichtjahren Entfernung (Aufnahme GUTZEIT/IDLER)

Der Trifid-Nebel (M 20) im Sternbild Schütze

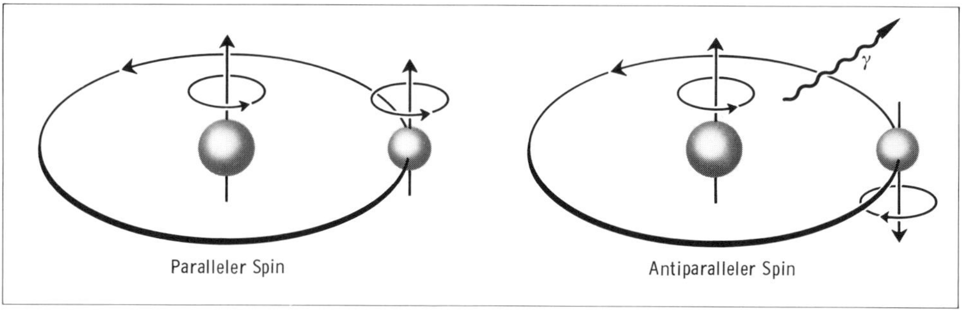

Die beiden Grundzustände des Wasserstoffatoms. Nähere Erläuterungen siehe Text.

schiedlichen Radialgeschwindigkeiten bewegen.
Der kühle, neutrale Wasserstoff sendet zwar kein sichtbares Licht aus, er kann aber im Radiofrequenzbereich bei 1420,4 MHz (entsprechend einer Wellenlänge von 21,1 cm) beobachtet werden. Diese **21-cm-Radiostrahlung** wurde bereits 1945 von Hendrik C. VAN DE HULST (geb. 1918) vorausgesagt und bald darauf entdeckt. Sie entsteht durch spontanen Übergang vom Grundzustand des neutralen H-Atoms bei parallelem Spin (Proton und Elektron haben gleichen Drehsinn) zum energetisch etwas tieferen Niveau mit antiparallelem Spin (siehe Abb. oben).
Zwar ist die Übergangswahrscheinlichkeit sehr gering – im Mittel nur alle zehn Millionen Jahre klappt bei einem einzelnen H-Atom der Spin um. Da aber die Zahl der interstellaren H-Atome ungeheuer groß ist, kommt durchaus eine meßbare Strahlung zustande. Mit Hilfe dieser 21-cm-Emissionslinie des neutralen Wasserstoffs konnte die Milchstraße ausgelotet, konnten ihr Aufbau, ihre Struktur und ihre differentielle Rotation ermittelt werden.
Im Radiowellenbereich, hauptsächlich im Millimeter- und Submillimeter-Bereich, wurden in der interstellaren Materie recht komplexe Mo-

Interstellare Moleküle (Auswahl)

Wasserstoff	H_2	Schwefeldioxid	SO_2
Hydroxyl	OH	Ammoniak	NH_3
Kohlenstoff	C_2	Formaldehyd	HCHO
Cyan	CN	Isocyansäure	HNCO
Kohlenstoffmonoxid	CO	Cyanamid	NH_2CN
Stickstoffmonoxid	NO	Ameisensäure	HCOOH
Kohlenstoffmonosulfid	CS	Methanol	CH_3OH
Siliciummonoxid	SiO	Methylcyanid	CH_3CN
Schwefelmonoxid	SO	Formamid	NH_2CHO
Siliciumsulfid	SiS	Methylamin	CH_3NH^2
Wasser	H_2O	Ethanal	CH_3CHO
Blausäure	HCN	Dimethylether	$(CH_3)_2O$
Schwefelwasserstoff	H_2S	Ethanol	CH_3CH_2OH
Natriumhydroxid	NaOH	Methylvinylether	CH_3OCH_2CH

leküle, vornehmlich Kohlenwasserstoffe, entdeckt. Einzelne Molekülbanden wurden auch im sichtbaren und im ultravioletten Spektralbereich aufgespürt. Die **interstellaren Moleküle** sind vor allem in den dichten Gas- und Staubwolken zu finden, die als Sternentstehungsnester bekannt sind (Orion-Nebel u. a.). Unter anderem wurden Blausäure, Ameisensäure, Methylalkohol, Äthylalkohol, Formamid, Vinylcyanid und weitere komplizierte Verbindungen gefunden. Die Entdeckung organischer Moleküle im interstellaren Raum läßt erkennen, daß die Eigenschaft der Materie, komplexe Strukturen zu bilden, nicht auf die Erde beschränkt ist. Dies ist ein deutlicher Hinweis, daß das Leben wohl nicht nur auf der Erde entstanden ist, sondern die biologische Evolution vermutlich auch an anderen Plätzen im Universum stattgefunden hat.

Das Milchstraßensystem

Die vielen Sterne, die man am klaren, nachtdunklen Firmament sieht, einschließlich dem Tagesgestirn, unserer Sonne, gehören zu einem riesigen Sternensystem, das „unsere" Milchstraße genannt wird; „unsere" deshalb, weil es zahlreiche ähnliche Sternsysteme gibt, die man ebenfalls als „Milchstraßen" bezeichnet, besser jedoch als Galaxien. Das Wort „Galaxie" leitet sich vom Altgriechischen τὸ γαλὰ – die Milch, ab; ὁ ὅδος γαλάκτος ist die Milchstraße. Unter „Galaxis" versteht man unsere Milchstraße, „Galaxie" ist irgendein Milchstraßensystem, „galaktisch" bezieht sich auf unsere Milchstraße, die „extragalaktischen" Sternsysteme liegen außerhalb der Galaxis. Galaktische Haufen sind Sternhaufen in unserer Milchstraße, der Raum, in dem sich die Sterne der Galaxis aufhalten, ist der interstellare Raum, während die riesigen Gebiete zwischen den Galaxien als intergalaktischer Bereich anzusehen sind.

Als Milchstraße wird zunächst das zartschimmernde Lichtband am Sternenhimmel bezeichnet, das sich in großem Bogen entlang eines Großkreises an der Himmelskugel hinzieht. Die Bezeichnung hat ihren Ursprung in folgender Sage aus der klassischen Mythologie: Der Göttervater Zeus wollte dem von ihm mit der sterblichen Königstochter Alkmene gezeugten Herkules die Unsterblichkeit zukommen lassen. Er legte ihn deshalb seiner schlafenden Gattin Hera an die Brust. Herakles saugte aber so heftig, daß Hera erwachte und ihn erbost wegstieß. Dabei spritzte Milch in hohem Bogen – und ließ so die Milchstraße entstehen. Einer anderen Sage nach stellt die Milchstraße die feurige Schleifspur des verunglückten Sonnenwagens dar, mit dem Phaethon zu Tode kam. Die Indianer sehen in der Milchstraße das Rückgrat der Nacht. Nach PHILOLAOS (5. Jh. v. Chr.) ist die Milchstraße ein Riß im Himmelsgewölbe, durch den das „Zentralfeuer" hindurchscheint.

Die richtige Erklärung für das Phänomen Milchstraße gab wohl als erster der ionische Naturphilosoph DEMORKIT VON ABDERA (470–380 v. Chr.), der behauptete, das Lichtband der Milchstraße werde durch ungeheuer viele, weitentfernte Sterne erzeugt. Nach Erfindung des Fernrohrs (1609) konnte man sich davon überzeugen, daß DEMOKRITS Vermutung zutraf.

Sorgfältige Sternzählungen ließen erkennen,

Querschnitt unserer Milchstraße nach Vorstellungen von Wilhelm Herschel.

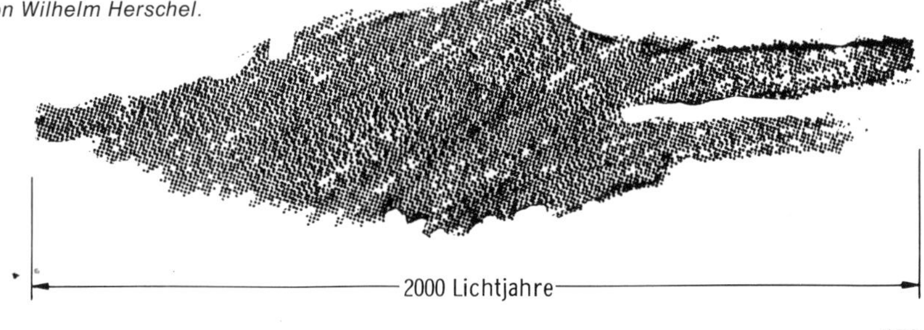

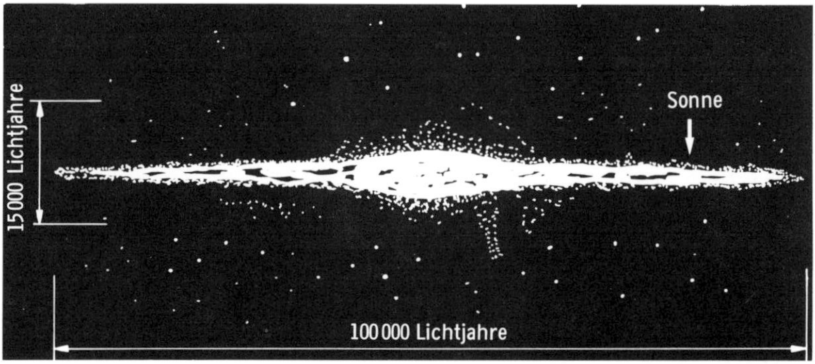

Unsere heutige Vorstellung vom Querschnitt der Milchstraße. Die Sonne steht nicht im Zentrum, sondern im äußeren Drittel.

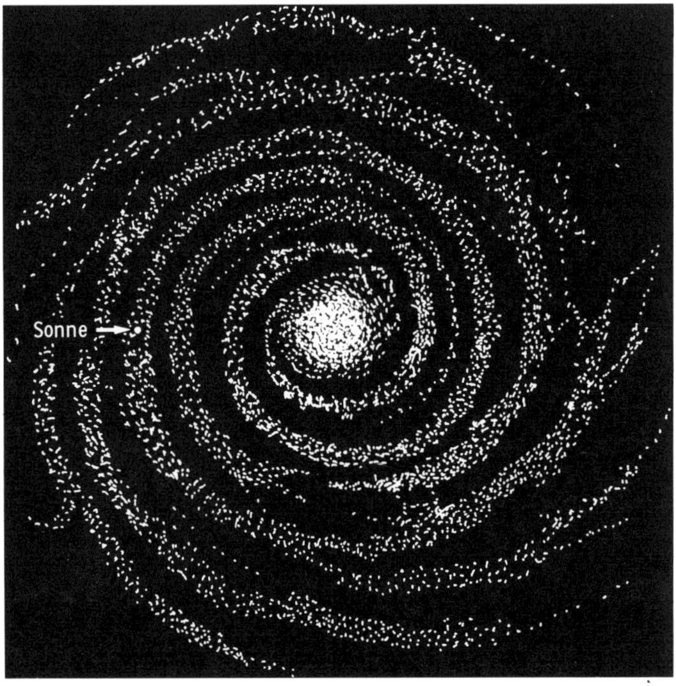

Könnte man senkrecht von weit außerhalb auf unsere Milchstraße blicken, so sähe man die spiralige Struktur unseres Sternensystems. Man beachte die Lage der Sonne in einem Spiralarm!

daß die Milchstraße und all die vielen Sterne am Himmel zu einem riesigen Sternensystem gehören. Thomas WRIGHT (1711–1786) hat bereits die Ansicht vertreten, das Milchstraßensystem habe die Form eines großen Mühlsteins. Langwierige stellarstatistische Untersuchungen von Friedrich Wilhelm HERSCHEL (1738–1822) und später von Jacobus KAPTEYN (1851–1922), der zahlreiche Eichfelder („KAPTEYNsche Felder") nach gleichen Kriterien durchmusterte, ließen die Gestalt unseres Milchstraßensystems immer klarer hervortreten: ein riesiges, linsenförmiges Gebilde aus Sternen. Allerdings war man sich lange über die wahre Größe der Galaxis nicht im klaren. Noch zu Beginn unseres Jahrhunderts nahm man den Durchmesser mit 2000 Lichtjahren viel zu klein an. Außerdem glaubte man da-

mals noch, die Sonne stünde im oder doch nahe dem Zentrum. Die Milchstraße schätzte man deswegen zu klein, weil in Richtung der Hauptebene das Licht fernerer Sterne durch Staub- und Gaswolken verschluckt wird. Die interstellare Materie läßt uns nur die nähere Umgebung (wenige tausend Lichtjahre) im sichtbaren Licht überblicken.
Erst die Arbeiten von Harlow SHAPLEY über die Entfernungen und Verteilung der Kugelhaufen (siehe Seite 144) ließen die wahren Dimensionen der Galaxis erkennen: Eine gewaltige, diskusförmige Scheibe mit rund 100000 Lichtjahren Durchmesser und einer senkrechten Ausdehnung im zentralen Bereich von knapp 15000 Lichtjahren (siehe Abb. links).
Die Struktur und Rotation der Milchstraße konnte erst mit Hilfe radioastronomischer Methoden erforscht werden, deren Grundlage auf die Untersuchungen von Karl Guthe JANSKY (1905–1950) und Grote REBER (*1911) zurückgehen, den Pionieren der Radioastronomie. Vor allem die 21-cm-Radiostrahlung des zur Milchstraßenhauptebene konzentrierten, neutralen Wasserstoffs in den H I-Regionen ermöglichte es, die Spiralstruktur unserer Galaxis zu erkennen und die Tiefen der Milchstraße auszuloten.
Die Sonne steht keineswegs im Mittelpunkt der Milchstraße, sondern im äußeren Drittel. Ihre Entfernung vom Zentrum beträgt dabei etwa 28000 Lichtjahre. Sie befindet sich nur 50 Lichtjahre nördlich der galaktischen Hauptebene.
Die Sonne ist einer von rund 100 Milliarden Sternen der Milchstraße. Sie nimmt an der galaktischen Rotation teil, wobei sie in 240 Millionen Jahren einmal um das Zentrum wandert.

Galaktische Koordinaten

Die galaktischen Koordinaten orientieren sich nach der Milchstraßenhauptebene, deren Schnitt mit der Himmelssphäre den **galaktischen Äquator** ergibt. In der Ebene des galaktischen Äquators wird die **galaktische Länge** (l) gezählt, senkrecht dazu die **galaktische Breite** (b). Die Senkrechte auf der galaktischen Äquatorebene (= Milchstraßenhauptebene) durchstößt die Himmelssphäre **im galaktischen Nordpol** (b = 90°) und im **galaktischen Südpol** (b = −90°).

Der Nullpunkt der galaktischen Koordinaten (l = 0, b = 0) ist durch die Richtung zum **galaktischen Zentrum** (Sagittarius A*) festgelegt. Dieser Punkt hat die äquatorialen Koordinaten ($\alpha = 17^h42^m\!.4$ und $\delta = -28°55'$(für 1950.0)). Die äquatorialen Koordinaten des **galaktischen Nordpols** lauten:

$$\alpha = 12^h49^m\!.0 \quad \delta = 27°24'\!.0 \qquad (1950.0)$$

Die Neigung des galaktischen Äquators zum Himmelsäquator beträgt:

$$i = 62°36'\!.0$$

Vor 1960, als die Lage des galaktischen Zentrums noch nicht so genau bekannt war, wurde der Schnittpunkt des aufsteigenden galaktischen Äquators mit dem Himmelsäquator als Nullpunkt der galaktischen Längenzählung genommen („alte galaktische Koordinaten" oder „System I"). Die galaktische Länge des Nullpunktes der alten Koordinaten mißt $l = 32\overset{\circ}{,}31$ ($\hat{=}\ l^I = 0°$). Außerdem ist der neue galaktische Äquator gegenüber dem alten um $1\overset{\circ}{,}4$ gekippt. Im alten System hat das galaktische Zentrum (l = 0, b = 0) die galaktische Breite $b^I = -1\overset{\circ}{,}40$ und die galaktische Länge $l^I = 327\overset{\circ}{,}69$.

Aufbau des Milchstraßensystems

Da wir uns mitten im Sternengewimmel des äußeren Drittels der galaktischen Scheibe aufhalten, war es schwierig, Aufbau und Struktur der Milchstraße zu ermitteln. Erst Beobachtungen in anderen Spektralbereichen als dem sichtbaren Licht, im Radiowellenbereich, im Infraroten und auch im Röntgenbereich ermöglichten, Form und Materieverteilung der Galaxis zu erforschen.
Die Galaxis ist eine flache Scheibe aus Sternen und interstellarer Materie. Die Zentralregion zeigt eine deutliche Verdickung (≈ 20000 Lichtjahre) gegenüber der sonst recht flachen Scheibe (≈ 5000 Lichtjahre). Das eigentliche **Zentrum** von nur wenigen Lichtjahren Durchmesser weist eine hohe Sterndichte und Massenkonzentration auf. Umgeben ist die galaktische Scheibe von einem sphärischen Raum, in dem sich die Kugelhaufen und auch vereinzelte Sterne (vornehmlich vom Typ RR Lyrae) aufhalten. Dieser kugelförmige Bereich wird **galaktischer Halo** genannt. Einge-

bettet ist das gesamte Milchstraßensystem in ein sehr heißes, aber sehr dünnes Wasserstoffplasma, das die **Milchstraßenkorona** bildet. Der Koronadurchmesser liegt bei 300000 Lichtjahren, ist also dreimal größer als die Scheibe.
Die galaktische Scheibe besitzt eine ausgeprägte **Spiralstruktur**, die in der weiteren Sonnenumgebung auch aus Beobachtungen im sichtbaren Spektralbereich (offene Haufen, Assoziationen, H II-Gebiete) zu ermitteln ist. Die Sonne befindet sich dabei im Orionarm, während der weiter außen liegende Perseusarm genannt wird. Der innere Arm (in Richtung Zentrum) heißt Sagittariusarm. Die mittlere Distanz der Arme voneinander beträgt rund 6000 Lichtjahre.
Je jünger die Sterne sind, desto stärker sind sie zur galaktischen Ebene konzentriert. In der Scheibe findet man OB- und T-Assoziationen, offene Sternhaufen und H I- und H II-Gebiete. Ältere Hauptreihensterne sowie rote Riesen zeigen keine so hohe Konzentration zur Scheibenmitte. Überhaupt keine Konzentration zur Scheibenmitte zeigen die Kugelhaufen und RR Lyrae-Sterne. Walter BAADE (1893–1960) hat die Sterne der Milchstraße grob in zwei Bevölkerungsgruppen eingeteilt: Die Population I enthält jüngere Sterne einschließlich dem „Mittelalter“ wie unsere Sonne. Die Population I ist mit interstellarer Matere korreliert, die Sterne zeigen einen höheren Anteil an schwereren Elementen, sind also „metallreich“. Die Sterne der Population I findet man in der galaktischen Scheibe.
Die Population II umfaßt die älteren Sterne, vornehmlich die der Kugelhaufen. Sie sind „metallarm“ und nicht mit der interstellaren Materie korreliert. Die Population II findet man im galaktischen Halo sowie in der Zentralregion der Milchstraße. Genauere Untersuchungen lassen erkennen, daß man zwischen fünf Populationen differenzieren kann. Nachstehendes Schema gibt eine grobe Übersicht zu den aktuellen Populationen:

	Population	Vertreter	typisches Alter in Jahren
Population II	Halo-Population II	Kugelhaufen RR Lyrae-Sterne	$> 6 \times 10^9$
	Intermediäre Population II	Schnell-Läufer langperiodische Variable	5×10^9
	Scheibenpopulation	Novae, Planetarische Nebel, Sterne der galaktischen Scheibe, Bewegungshaufen, Offene Sternhaufen	3×10^9
Population I	Ältere Population I	„Metallreiche“ Sterne	10^9
	Extreme Population I	OB- und T-Assoziationen, H II-Gebiete, heiße Riesen	10^8

Je jünger eine Sternpopulation ist, desto stärker ist die Konzentration zur galaktischen Hauptebene.
Die Entstehung der Spiralstruktur erklärt am besten die **Dichtewellentheorie**. Die heißen und massereichen jungen Sterne finden sich zumeist an den Vorderkanten der Spiralarme. Der Raum zwischen den Armen ist allerdings nicht völlig frei von Sternen und interstellarer Materie. Man stellt sich vor, daß Dichtewellen in bestimmten Zonen das Gas komprimieren. In Gebieten der Wellenberge (= Dichtemaxima der interstellaren Materie) ist die Sternentstehungsrate am höchsten. Man sieht dort die jungen und hellen Sterne aufflammen. Die exakte mathematische Durchrechnung der Dichtewellentheorie läßt aber noch manche Frage offen.

Die Rotation der Milchstraße

Die Milchstraße rotiert als Gesamtsystem ähnlich einem Feuerrad. Die Rotation der Milchstraße erfolgt dabei nicht starr wie bei einem Wagenrad, also nicht mit konstanter Winkelgeschwindigkeit, sondern differentiell. Das heißt, die Umlaufzeit der Sterne um das galaktische Zentrum ist abhängig von ihrer Entfernung. Die Umlaufbewegungen der Sterne erfolgen gemäß den KEPLERschen Gesetzen. Während jedoch in unserem Sonnensystem die innersten Planeten am schnellsten laufen, da die Sonne fast die gesamte Masse in sich vereint, ist das Gravitationsfeld der Galaxis wesentlich komplizierter. Die Umlaufsgeschwindigkeit nimmt zunächst mit der Entfernung vom Zentrum zu, da bei weiter außen laufenden Sternen mehr Masse innerhalb der Umlaufsbahn eingeschlossen ist (siehe Tabelle unten). Bei etwa sechs Kiloparsec Distanz vom Zentrum ist die höchste Kreisbahngeschwindigkeit erreicht, anschließend nimmt sie wieder ab.

Abstand vom Zentrum in Kiloparsec (kpc)	Lineare Kreisbahngeschwindigkeit in km/s	Umlaufdauer in 10^6 Jahren
0,84	137	38
1,90	174	67
2,93	196	92
3,90	209	115
6,13	225 (Maximum!)	168
8,20	217	234
10	195	316
12	179	422
15	150	616
20	127	980

Da die Sonne etwa 8,5 kpc vom Zentrum entfernt ist, braucht sie 240 Millionen Jahre für einen Umlauf. Voraussetzung ist, daß sie sich auf einer (fast) kreisförmigen Bahn bewegt. Dies trifft auf die meisten Sterne auch zu. Ein nicht unerheblicher Teil der Sterne läuft jedoch auf langgestreckten Ellipsen um das Zentrum. Es sind metallarme, ältere Sterne (Population II), denen die Sonne gewisserma-

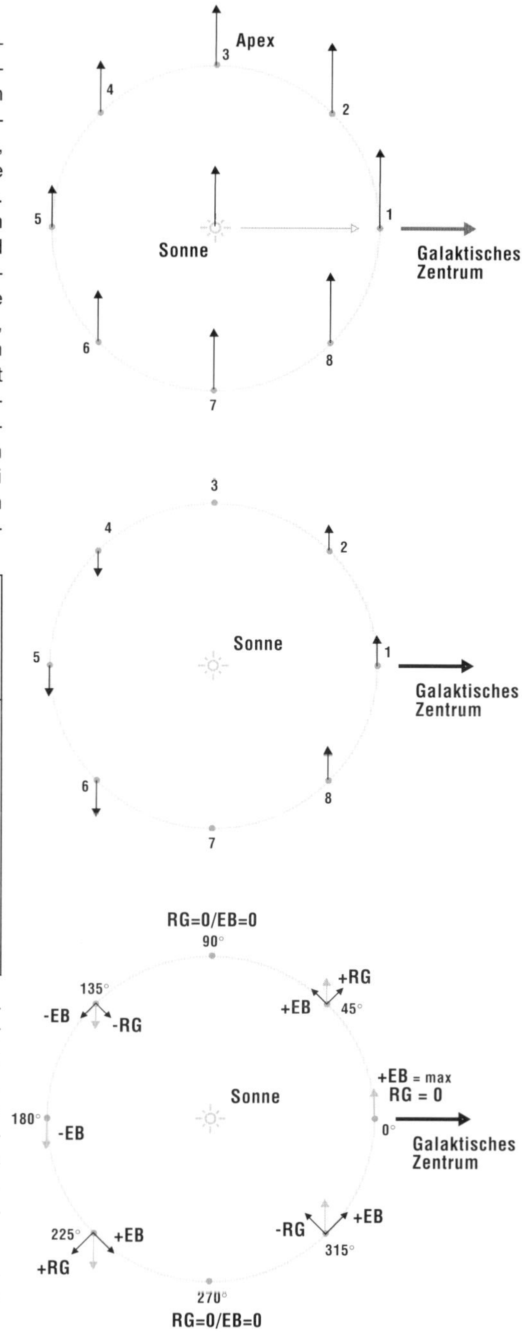

Zur Entstehung der Eigenbewegungs- und Radialgeschwindigkeitskurven infolge der differentiellen Milchstraßenrotation

ßen begegnet. Dadurch scheinen sie sich relativ zur Sonne schnell zu bewegen **(„Schnell-Läufer“)**. Genaugenommen sind sie jedoch Langsamläufer, was ihre Bewegung in Richtung der Milchstraßenrotation (tangentiale Komponente) betrifft.
Sterne in der weiteren Nachbarschaft der Sonne, die näher am Zentrum sind, überholen die Sonne auf Innenbahnen. Sterne in größerem Abstand bleiben jedoch von der Sonne aus gesehen in Rotationsrichtung zurück, sie werden von der Sonne überholt. Sterne, die in Rotationsrichtung vor oder hinter der Sonne stehen, laufen mit gleicher Geschwindigkeit wie die Sonne, ihr relativer Abstand zur Sonne ändert sich nicht.
Zerlegt man die Raumgeschwindigkeiten der Sonnennachbarsterne in ihre Eigenbewegungs- und Radialkomponente, so läßt sich ein systematischer Effekt erkennen, der den pekuliaren Bewegungen überlagert ist. Sowohl die Eigenbewegungen als auch die Radialgeschwindigkeiten der Sterne zeigen eine systematische Abhängigkeit von der galaktischen Länge und von ihrer Sonnenentfernung. Es ergibt sich für beide Bewegungskomponenten eine charakteristische Doppelwelle im Diagramm „Geschwindigkeit – Galaktische Länge“. Jan Hendrik OORT (1900–1992) hat aus diesem Effekt die nach ihm benannten Formeln zur Milchstraßenrotation abgeleitet.

OORTsche Rotationsformeln

Ist RG die Radialgeschwindigkeit und EB die Eigenbewegung eines Sternes sowie r seine Entfernung von der Sonne und l seine galaktische Länge, so gelten folgende Relationen:

$$\begin{aligned} RG &= A \cdot r \cdot \sin 2 \cdot l \\ EB &= A \cdot r \cdot \cos 2 \cdot l + B \cdot r \end{aligned}$$

A und B sind die **OORTschen Konstanten**. Sie müssen aus systematischen Beobachtungen der Eigenbewegungen und Radialgeschwindigkeiten der Sonnenumgebungssterne ermittelt werden. Die von der IAU empfohlenen Werte für A und B lauten:

$$\begin{aligned} A &= 15 \text{ km/(s} \cdot \text{kpc)} \\ B &= -10 \text{ km/(s} \cdot \text{kpc)} \end{aligned}$$

Nimmt man an, daß ein Objekt an der Milchstraßenrotation teilnimmt, so läßt sich aus der gemessenen Radialgeschwindigkeit die Entfernung von der Sonne errechnen. Insbesondere bei den Wolken des neutralen, kalten Wasserstoffs (H I-Gebiete) konnte mit Hilfe der 21-cm-Linie und deren radialgeschwindigkeitsbedingten Verschiebungen die Struktur der Milchstraße erforscht werden.

Das Zentrum der Milchstraße

Das Zentrum unserer Milchstraße liegt in Richtung des Sternbildes Schütze. Im Gebiet Schütze (Sagittarius) und Schild (Scutum) leuchten die Milchstraßenwolken besonders hell. Dies hat aber nichts mit dem Zentrum zu tun. Das Licht dieser Wolken stammt ausschließlich von Vordergrundsternen, die höchstens wenige tausend Lichtjahre entfernt sind. Das Zentrum hingegen ist rund 28000 Lichtjahre von uns entfernt. Im sichtbaren Licht ist uns, wie vorhin erwähnt, der Blick zum Zentrum durch die Absorption der interstellaren Materie versperrt (Absorption rund 25^m!). Im Radio- und Infrarotbereich sind diese fernen Bezirke einer Beobachtung jedoch zugänglich.
Im Schützen fand man eine nahezu punktförmige Quelle intensiver Radiostrahlung, **Sagittarius A** oder kurz Sgr A genannt. Sgr A gehört zu den intensivsten Radioquellen am Himmel. Inzwischen wurden weitere, allerdings schwächere punktförmige Radioquellen im Gebiet um Sgr A gefunden.
Sgr A sendet nicht nur eine starke Radiostrahlung aus, sondern leuchtet auch intensiv im infraroten Licht. Der Durchmesser dieser Infrarotquelle beträgt nur knapp 50 Lichtjahre. Hier befindet sich der eigentliche **Kern** der Milchstraße, im Vergleich zu den Dimensionen der gesamten Milchstraße ein winzig kleines Objekt. Das „klein“ bezieht sich auf den Durchmesser. Im Kernbereich der Milchstraße verbergen sich immerhin etwa 500 Millionen Sonnenmassen. Die Dichte liegt dort bei einer Million Sternen pro Kubiklichtjahr. In der Sonnenumgebung hingegen ist sie kleiner als ein Stern pro Kubiklichtjahr.
Im Kernbereich sind die Sterne jedoch nicht gleichmäßig verteilt, sondern die Dichte nimmt zur Mitte hin rapide zu. Am Rande des Kernbereichs findet man etwa 200 Sterne pro

Kubiklichtjahr, in fünf Lichtjahren Entfernung vom Mittelpunkt schon über 1000 und in einem halben Lichtjahr schließlich 100000. Die Dichte steigt weiter an und erreicht im Zentrum (im „zentralen Parsec“) weit über zehn Millionen Sonnenmassen pro Kubiklichtjahr. Das eigentliche Zentrum des Kernbereichs dürfte kaum eine Lichtwoche groß sein, das entspricht etwa dreißigmal der Entfernung Sonne – Pluto. In einem solch kleinen Raumbereich haben kaum Millionen Sterne Platz. Die gewaltige Masse muß in anderer Form vorhanden sein. Im Jahre 1974 wurde mit extrem hochauflösender Radiointerferometrie eine Radioquelle (Sgr A-West) mit nur 0,"001 Winkeldurchmesser gefunden. Dies entspricht einer linearen Ausdehnung von zehn AE, oder dem Durchmesser der Jupiterbahn.

Aus dynamischen Untersuchungen (Rotationsbewegungen) schließt man, daß dieses Zentralobjekt einige Millionen Sonnenmassen beherbergt. Vermutlich handelt es sich hier um einen supermassereichen Stern, der außerordentlich schnell rotiert. Ohne Rotation würde das Objekt einen Gravitationskollaps erleiden. Manche vermuten, daß ein solcher Schwerkraftkollaps schon stattgefunden hat. Das zentrale Objekt wäre dann das massereichste Schwarze Loch unserer gesamten Galaxis. Die aus dem Zentrum kommende intensive Röntgenstrahlung scheint die Annahme eines riesigen, supermassereichen Schwarzen Lochs zu bestätigen.

Um das zentrale Objekt wirbelt eine gewaltige, heiße Gas- und Staubscheibe (Akkretionsscheibe). Mit Hilfe der Infrarotspektroskopie konnte man genaue Geschwindigkeitsprofile ermitteln, insbesondere durch die Beobachtung der 2,2-µm-Emissionslinie des ionisierten Neongases. Die Umlaufgeschwindigkeit des heißen Gases in der Akkretionsscheibe liegt bei 230 Kilometer pro Sekunde. Ferner zeigen die dichten interstellaren Wolken nahe dem Zentrum heftige Turbulenzen mit Geschwindigkeiten um 100 Kilometer pro Sekunde.

Expandierende Gasringe deuten auf gewaltige, explosionsartige Vorgänge im Kern der Milchstraße hin, die sich von Zeit zu Zeit ereignen. Aus radioastronomischen Untersuchungen ließ sich ein Ring aus Gasmolekülen in etwa 8000 Lichtjahren Entfernung vom Zentrum feststellen, der sich mit 130 Kilometer pro Sekunde ausdehnt. Die auslösende Explosion fand vor rund zwölf Millionen Jahren statt. Ausgeschleuderte Materieschläuche deuten auf weitere Explosionen hin, die im Abstand von etwa 50000 bis 100000 Jahren stattgefunden haben.

Die intensive Strahlung vom „zentralen Objekt“ stammt in erster Linie aus der auf Millionen Kelvin aufgeheizten Akkretionsscheibe um das supermassereiche Schwarze Loch. Die Zuführungsrate an Materie ist jedoch vergleichsweise gering.

Das Schwarze Loch im Zentrum muß gewissermaßen „hungern“. In anderen Galaxien geht es teilweise im Zentrum wesentlich heftiger zu (siehe auch: **„Aktive galaktische Kerne“**), hier stürzt wesentlich mehr Materie pro Zeiteinheit in das zentrale Schwarze Loch.

Die Milchstraße in Zahlen	
Spiralgalaxie vom HUBBLE-Typ	Sb
Durchmesser der Hauptebene	34 kpc
Durchmesser senkrecht zur Hauptebene („Dicke“)	
des Kernbereichs	5 kpc
der Scheibe	1 kpc
Durchmesser des Halos	50 kpc
Durchmesser der Korona	100 kpc
Abstand der Sonne vom Zentrum	8500 pc
Nördlicher Abstand der Sonne von der Hauptebene	15 pc
Gesamtmasse	$1{,}5 \times 10^{12}$
Gesamtzahl der Sterne etwa	10^{11}
Gesamthelligkeit (M_B)	$-20^{M}{,}3$
Gesamtleuchtkraft	$2 \times 10^{10} L_{\odot}$
Umlaufgeschwindigkeit der Sonne	220 km/s
Umlaufdauer	$2{,}4 \times 10^{8}$ Jahre
Richtung	$l = 90°$
Apex der Pekuliarbewegung	
$\alpha = 18^h$ $l = 56°$; $\delta = +30°$ $b = 23°$	Her
Pekuliargeschwindigkeit: $v_{\odot} = 20$ km/s	

Extragalaktische Sternsysteme

Andromeda-Galaxie

Sternengesellschaften außerhalb unserer Milchstraße werden als **Galaxien** oder Milchstraßensysteme bezeichnet (siehe auch Seite 153). Viele Galaxien zeigen ähnliche Dimensionen wie unser eigenes Milchstraßensystem, andere sind dagegen erheblich kleiner (Zwerggalaxien). Ferner gibt es Galaxien, die durch ein besonders strahlungsaktives Zentrum auffallen. Zu ihnen gehören auch die erst in den 60er Jahren entdeckten **Quasare**.
Noch zu Beginn unseres Jahrhunderts wurde von namhaften Astronomen die Ansicht vertreten, die zahlreichen länglichen (elliptischen) oder spiralförmigen Nebel seien allesamt Objekte in unserer Milchstraße, die das einzige Gebilde ihrer Art im Kosmos sei. Die Existenz extragalaktischer Sternsysteme schien zweifelhaft. Zwar hatten schon Immanuel KANT (1724–1804) und Alexander von HUMBOLDT (1769–1859) behauptet, daß die elliptischen und kreisförmigen Nebelscheibchen am Sternenhimmel Sternsysteme ähnlich unserer Milchstraße seien. A. v. HUMBOLDT prägte den treffenden Ausdruck „Welteninseln", der heute noch im Gebrauch ist. Beweisen konnten sie aber nicht, daß die Nebelfleckchen tatsächlich Sternsysteme sind.
Das bekannteste extragalaktische Sternsystem auf der Nordhalbkugel ist der große **Andromedanebel** (M 31), gewissermaßen unsere Nachbarmilchstraße. Einen Hinweis auf die extragalaktische Natur des Andromedanebels erhielt man im Jahre 1885, als nahe seinem Zentrum eine Nova aufleuchtete. Zehn Jahre später wurde im Nebel NGC 5253 im Sternbild Centaurus ebenfalls eine Nova gesichtet. Die Zahl der Nova-Entdeckungen in Nebeln nahm bald zu. Einige Astronomen vertraten jedoch die Meinung, daß gerade die Nova-Erscheinungen bestätigten, daß die Nebel echte Gaswolken in unserer Milchstraße wären. Man glaubte, hier die Geburt von Sternen aus interstellaren Gasmassen zu beobachten, also echte neue Sterne. Andererseits deuteten die ersten Spektren darauf hin, daß viele der Nebel aus Sternen bestehen müssen.
Der Nachweis, daß sich der Andromedanebel (M 31) aus Sternen zusammensetzt, gelang schließlich Edwin Powell HUBBLE (1889–1953). HUBBLE beobachtete in den 20er Jahren mit dem 2,5-m-Reflektor des Mt.-Wilson-Observatoriums, dem damals größten Teleskop der Welt. Mit ihm konnte er die Randpartien von M 31 in einzelne Sterne auflösen. Dabei fand er auch zahlreiche Cepheiden, aus deren Periodenlänge auf die absolute Helligkeit zu schließen ist (Perioden-Leuchtkraft-Beziehung, siehe Seite 134). HUBBLE bestimmte aus der Differenz zwischen scheinbarer Helligkeit der Cepheiden und ihrer aus der Blinkperiode ermittelten wahren Leuchtkraft die Distanz der Andromedagalaxie zu 800000 Lichtjahren. Damit war aber klargestellt: Der Andromedanebel ist ein Sternensystem weit außerhalb unserer Milchstraße. Allerdings wußte man damals nicht, daß es zwei Typen von Cepheiden

gibt. Man hatte die wahre Helligkeit der Cepheiden im M 31 zu gering eingeschätzt. Bei Cepheiden der Population I ist bei gleicher Periodenlänge die Leuchtkraft viermal größer als die der Population II. Auch lag seinerzeit die Nullpunkteichung noch im argen. Die extragalaktische Entfernungsskala mußte zu Beginn der 50er Jahre daher mehr als verdoppelt werden. Die Entfernung der Andromedagalaxie beträgt nach neueren Erkenntnissen somit knapp zweieinhalb Millionen Lichtjahre.

Entfernungsindikatoren der Galaxien

Die **primären Entfernungskriterien** für Galaxien sind im Prinzip photometrische Parallaxen. Man sucht nach Objekten, deren wahre Leuchtkraft bekannt ist. Aus der Differenz zwischen beobachteter scheinbarer Helligkeit und absoluter Helligkeit (Entfernungsmodul: m-M) ergibt sich die Entfernung (siehe auch Seite 28). Als Entfernungsindikatoren eignen sich RR Lyrae-Sterne, Cepheiden, Novae, Kugelhaufen, H II-Gebiete und Supernovae.
Einzelsterne lassen sich nur in den allernächsten Galaxien orten. Nova-Ausbrüche geschehen nur gelegentlich. Man geht davon aus, daß die mittlere Maximalhelligkeit einer Nova in allen Galaxien gleich ist. Diese Methode hat allerdings den Nachteil, daß nur in den seltenen Fällen einer Nova-Erscheinung die Distanz einer Galaxie bestimmt werden kann. Ähnliches gilt für Supernovae, die ebenfalls recht selten sind. Supernovae kann man jedoch in wesentlich größeren Distanzen noch beobachten als Novae.
Um etliche Galaxien kann man einen Halo aus Kugelhaufen erkennen. Auch hier nimmt man an, daß die mittlere Helligkeit der Kugelhaufen nicht allzusehr streut. Kugelhaufen mit im Schnitt über einer Million Mitgliedssternen gehören zu den hellsten Objekten einer Galaxie. Sie sind noch in relativ weit entfernten Galaxien zu erkennen. Ähnliches gilt für die heißen und zum Leuchten angeregten interstellaren Gaswolken (H II-Gebiete), die ebenfalls recht helle Gebilde sind und von denen man ebenfalls annimmt, daß die größten Wolken in allen Milchstraßensystemen ähnliche Dimensionen aufweisen.
Bei weiter entfernten Galaxien kann man keine einzelnen Objekte wie Kugelhaufen oder H II-Gebiete mehr erkennen. Die Milchstraßensysteme erscheinen nur als winzige, spindelförmige, strukturlose Gebilde. Hier behilft man sich mit der Annahme, daß die mittlere absolute Helligkeit und der mittlere Durchmesser der größten Galaxien in einer ganzen Gruppe etwa gleiche Werte besitzen. Aus der beobachteten scheinbaren Helligkeit und dem scheinbaren Winkeldurchmesser schließt man dann auf die Entfernungen der Galaxien bzw. der ganzen Gruppe.
Nachstehende Tabelle gibt für einzelne Objekte die Reichweite an, bis zu der sie als primäre Entfernungsindikatoren verwendet werden können. Die RR Lyrae-Sterne sind nur in unmittelbarer Umgebung unserer Milchstraße als „Meilensteine" einsetzbar.

Primäre Entfernungsindikatoren

Objekt	Absolute Helligkeit (M)	Reichweite in Mpc
RR Lyrae-Sterne	0,6	0,2
Klassische Cepheiden	−2 bis −7	2
Novae	−6 bis −9	4
Kugelsternhaufen	−5 bis −10	15
H II-Regionen	−10 bis −15	30
Supernovae	−15 bis −20	100

Die HUBBLE-HUMASON-Relation

Die von Edwin P. HUBBLE und seinem Kollegen Milton HUMASON (1891–1972) entdeckte Beziehung zwischen spektraler Rotverschiebung und Entfernung der Galaxien gehört zu den **sekundären Methoden** der Entfernungsbestimmung von Galaxien. Sie muß an den primären Entfernungskriterien geeicht werden.
Die Spektrallinien in den Galaxienspektren sind um so mehr nach dem roten Ende verschoben, je kleiner und lichtschwächer die

Galaxien erscheinen, je weiter sie also von uns entfernt sind. Deutet man diese **Rotverschiebung** als DOPPLER-Effekt, was bisher die physikalisch einzige sinnvolle Erkärung ist, dann ist die positive Radialgeschwindigkeit um so größer, je weiter die Galaxien entfernt sind: Die Galaxien „fliehen" also vor uns, und zwar um so schneller, je weiter sie entfernt sind. Das Weltall dehnt sich aus.

Völlig unabhängig von der Interpretation der Rotverschiebung als Fluchtbewegung ist sie ein Maß für die Entfernungen der Galaxien. Da sie an den primären Entfernungsindikatoren geeicht werden muß, die selbst nur grobe Abschätzungen der Galaxien zulassen, ist die Bestimmung des sogenannten HUBBLE-Parameters ein schwieriges Unterfangen. Abgesehen davon streuen die individuellen Werte ganz erheblich. Der allgemeinen Expansionsbewegung sind die pekuliaren Radialgeschwindigkeiten überlagert. So nähert sich der Andromedanebel mit rund 300 km/s unserer Galaxis, die Spektrallinien der Sterne in M 31 sind also blauverschoben. Bei näheren Galaxien kann die Rotverschiebung nicht als Entfernungsindikator verwendet werden. Am geeignetsten ist sie für Galaxienhaufen, weil die individuellen Streuungen der Einzelgalaxien gemittelt werden (siehe Abb. unten und rechts). Bei sehr weit entfernten Objekten wie Quasaren ist die HUBBLE-HUMASON-Relation die (im wesentlichen) einzige Möglichkeit, die Distanzen zu schätzen.

Gibt $\Delta\lambda$ die Differenz zwischen beobachteter Wellenlänge und Laborwellenlänge an und bezeichnet man $z = \Delta\lambda/\lambda$ als (relative) Rotverschiebung, so ergibt sich die Entfernung r (in Mpc) einer Galaxie zu

$$r = z \cdot \frac{c}{H}$$

c ist die Lichtgeschwindigkeit und H der HUBBLE-Parameter, der die Dimension einer reziproken Zeit hat; z ist eine dimensionslose Zahl.

Interpretiert man die Rotverschiebung als Doppler-Effekt, so ergibt sich die Radialgeschwindigkeit (v_{RG}) einer Galaxie zu

$$v_{RG} = H \cdot r$$

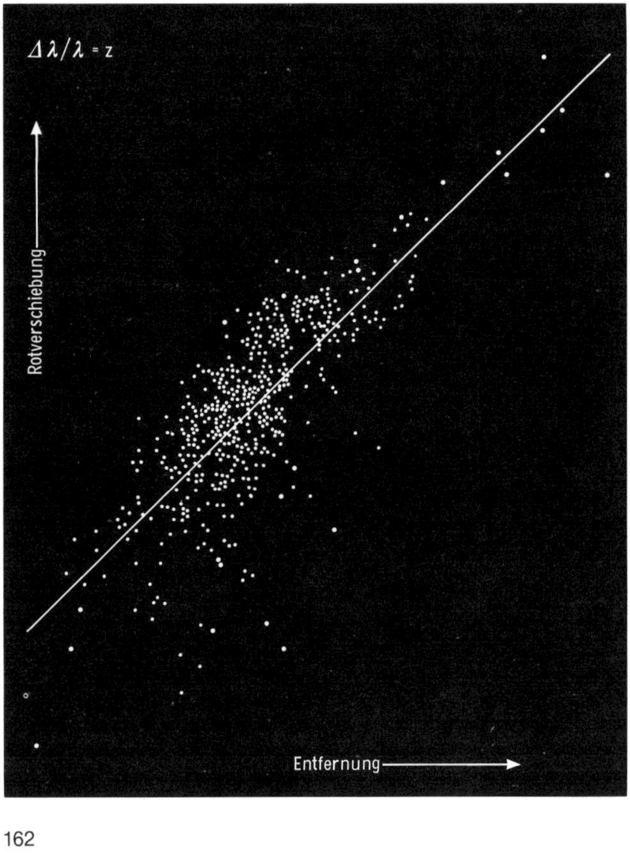

Entfernungs-Rotverschiebungs-Diagramm der Galaxien

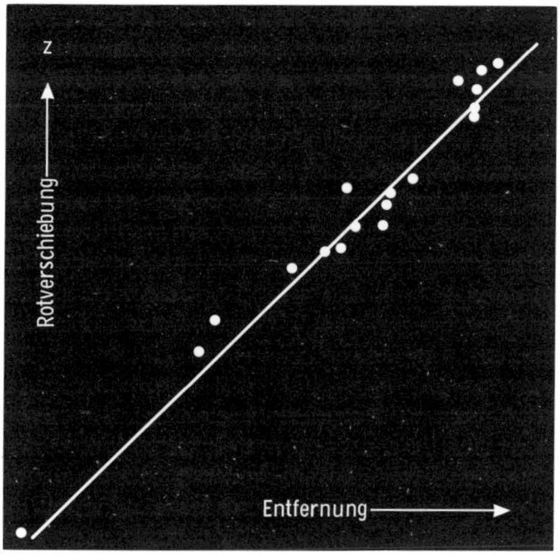

Entfernungs-Rotverschiebungs-Diagramm einiger Galaxienhaufen

Der erste von HUBBLE selbst bestimmte Wert von H lag bei 580 Kilometer pro Sekunde pro Megaparsec. Da der reziproke Wert von H das maximale Weltalter angibt (1/H = A), so hätte dieser Wert ein Weltalter von knapp zwei Milliarden Jahren bedeutet, ein absurdes Ergebnis, wenn man bedenkt, daß allein unser Sonnensystem gut fünf Milliarden Jahre alt ist. Durch die vorhin beschriebene Verdoppelung der Entfernungen der Galaxien infolge des Cepheiden-Problems wurde der HUBBLE-Parameter zunächst einmal halbiert. Heute hat er nur mehr den zehnten Teil des ursprünglichen Wertes, was einem (HUBBLE-)Weltalter von zwanzig Milliarden Jahren entspricht. Der gegenwärtig verwendete Wert von H (nach Bestimmungen von Allan SANDAGE und Gustav A. TAMMANN) lautet:

$$H = 55 \text{ km/(s} \cdot \text{Mpc)} = 1{,}8 \times 10^{-18}\,\text{s}^{-1}$$

Bei sehr großen Geschwindigkeiten (etwa ab 10% der Lichtgeschwindigkeit) bzw. großen Rotverschiebungen (z > 0,1) sind statt der oben angegebenen klassischen Formeln nachstehende relativistische zu verwenden:

$$r = z \cdot \frac{c}{H}\left(1 + \frac{z}{2}\right)$$

$$z = \frac{\sqrt{1 + v/c}}{\sqrt{1 - v/c}} - 1$$

Die Entfernungsbestimmung mittels der HUBBLE-MUMASON-Relation setzt voraus, daß der HUBBLE-Parameter zeitlich konstant ist

Entfernungen einiger bekannter Galaxien

Galaxie	NGC	Entfernung in kpc	Entfernung in Mio. LJ	Anmerkung
Andromeda-Nebel M 31	224	700	2,3	
Triangulum-Nebel M 33	598	720	2,4	
Sculptor-System	253	2450	8	
M 81 in UMa	3031	3100	10	
M 82 in UMa	3034	3100	10	
M 83 in Hya	5236	4600	15	
Centaurus A	5128	4900	16	
M 101 in UMa	5457	6100	20	
M 51 in CVn	5194	6700	22	
M 64 in Com	4826	8600	28	
M 66 in Leo	3627	9200	30	
M 74 in Psc	628	9800	32	
Virgo A M 87	4501	15300	50	1)
M 77 in Cet	1068	17000	55	
Fornax-System	1398	18000	60	

1) Entfernung sehr unsicher; elliptische Riesengalaxie im Zentrum des Virgo-Haufens.

(dH/dt = 0). Dies ist in der Realität allerdings nicht zu erwarten. Die im Weltall vorhandenen Massen bremsen die Expansion. Bei großen Entfernungen, die einem Blick zurück in eine ferne Vergangenheit entsprechen, sollte man einen größeren H-Wert vermuten. Man versucht umgekehrt aus der Abweichung von der linearen HUBBLE-HUMASON-Relation den **Abbremsungsparameter** (q = dH/dt) zu bestimmen. Dazu ist es aber erforderlich, die Distanzen von weit entfernten Galaxien unabhängig von der HUBBLE-HUMASON-Relation zu bestimmen. Dies ist eines der fundamentalen Beobachtungsprobleme der Kosmologie.

Ein von der kosmologischen Rotverschiebung unabhängiges, sekundäres Entfernungskriterium, das auch zur Eichung der HUBBLE-HUMASON-Relation dient, ist das **TULLY-FISHER-Verfahren**. Es wurde im Jahre 1976 von R.B. TULLY und J.R. FISHER eingeführt, nachdem sie entdeckt hatten, daß die Intensität und Halbwertsbreite der 21-cm-Emissionslinie des neutralen Wasserstoffs mit der absoluten Helligkeit einer Galaxie im blauen Spektralbereich (B-Helligkeit im UBV-System von JOHNSON) korreliert ist. Aus der Differenz zwischen beobachteter scheinbarer Helligkeit und wahrer Leuchtkraft (Entfernungsmodul: $m_B - M_B$) ergibt sich die Distanz der Galaxie.

Quasare und entfernteste Galaxien

Objekt	Sternbild	Typ	Entfernung		z	Anmerkung
			in Mpc	in Mio. LJ		
3C 433	Vul	G	490	1600	0,102	
3C 273	Vir	Q	730	2400	0,158	a)
3C 123	Tau	G	970	3200	0,218	
3C 48	Tri	Q	1500	4900	0,367	
3C 279	Vir	Q	2000	6600	0,536	
3C 295	Boo	G	1800	5900	0,461	
3C 147	Aur	Q	2000	6700	0,545	
3C 286	CVn	Q	2700	8900	0,849	
PG 1241 + 176	Com	Q	3400	11000	1,273	
PKS 2204–573	Ind	Q	4300	14100	2,725	
Q 2313–423	Gru	Q	4500	14700	3,360	
Q 1159 + 124	Com	Q	4500	14800	3,510	
PKS 2000–330	Sgr	Q	4600	14900	3,780	
4C 41.17	Aur	G	4600	14950	3,8	b)
Q 0046–293	Scl	Q	4620	15050	4,01	
Q 0910 + 564	UMa	Q	4620	15070	4,04	
Q 0101–304	Scl	Q	4620	15080	4,07	
Q 0000–263	Scl	Q	4630	15100	4,11	
Q 2203 + 292	Peg	Q	4660	15200	4,40	
Q 0051–279	Scl	Q	4670	15230	4,43	

Anmerkungen: a) nächster Quasar; b) fernste Galaxie.

Die erste Spalte enthält die Katalognummer, die zweite das Sternbild, in dem das Objekt liegt, die dritte den Typus (G: Galaxie, Q: Quasar).

Die vierte und fünfte Spalte enthält die Entfernung in Megaparsec bzw. in Millionen Lichtjahren. Die sechste Spalte gibt die Rotverschiebung an.

Die Entfernung hängt von den gewählten kosmologischen Parametern ab. In obenstehender Tabelle wurde für die HUBBLE-Konstante H = 60 km/(s · Mpc) und für den Beschleunigungsparameter dH/dt = 0 gewählt.

Hubble-Klassifikationsschema der Galaxien

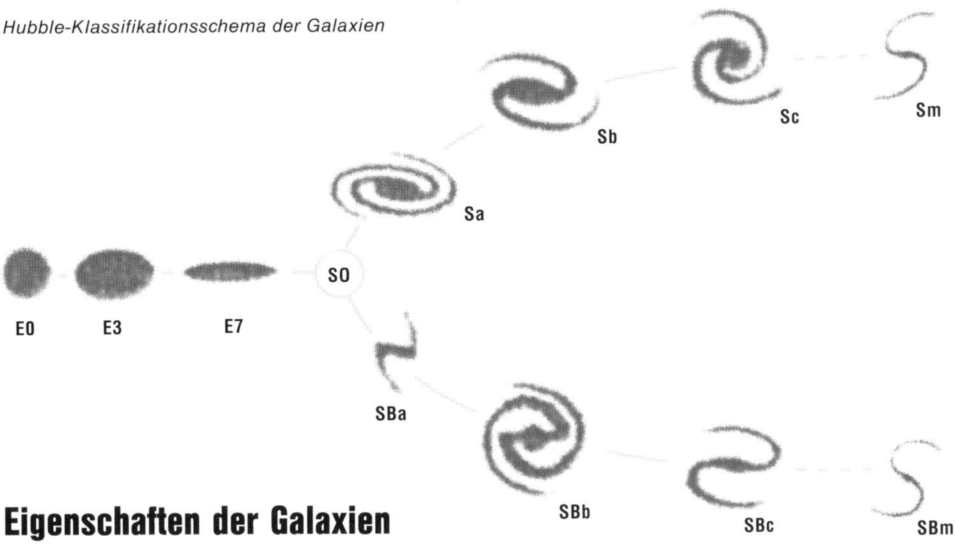

Eigenschaften der Galaxien

Nach der Nebelstatistik von HUBBLE, die 43000 extragalaktische Objekte enthält, zeigt sich eine „nebelfreie“ Zone entlang des Milchstraßenbandes **(„Zone of avoidance“)**. Sie ist irregulär und mehr als 10° breit. Hervorgerufen wird sie durch die interstellare Absorption in der Hauptebene unseres Milchstraßensystems. Ebenfalls durch Absorption bedingt nimmt die Zahl der Galaxien mit wachsender galaktischer Breite zu. Nach HUBBLE ist die Zahl der beobachtbaren Galaxien vom Kosekans der galaktischen Breite abhängig. Das HUBBLEsche Kosekansgesetz lautet:

$$\lg N = \lg N_b + A \cdot \operatorname{cosec} b$$

Dabei ist N_b die beobachtete und N die wahre Zahl der Galaxien pro Flächeneinheit. Die Konstante B variiert von Feld zu Feld und liegt zwischen 0,15 und 0,35. Als Mittelwert wird meist 0,25 eingesetzt; b gibt die galaktische Breite an.

Das HUBBLE-Klassifikationsschema

Die Milchstraßensysteme zeigen sehr unterschiedliche Formen und Gestalten. Viele erscheinen als mehr oder minder ovale, langgestreckte Lichtfleckchen, andere zeigen Spiralformen („Spiralnebel“), manche sind völlig unregelmäßig geformt. Nach E.P. HUBBLE und A. SANDAGE kann man die Galaxien in **Elliptische Systeme** (E), **Normale Spiralen** (S), **Balkenspiralen** (SB) und **irreguläre Systeme** (Irr) einteilen. Bei den Spiralen wird dabei noch nach Öffnung der Arme in drei Gruppen a, b und c unterteilt; ähnliches gilt für die Balkenspiralen (siehe Schema in der Abb. oben). Bei Sa erscheint ein großer Kern mit eng geschlungenen, wenig ausgeprägten Armen. Sb zeigt einen mittelgroßen Kern und ausgeprägtere Arme, bei Sc ist der Kern nur schwach ausgeprägt, die Arme hingegen sind kräftig und relativ weit geöffnet. Während bei den normalen Spiralgalaxien die Arme unmittelbar an dem fast runden Kernbereich ansetzen, besitzen die SB-Typen einen geraden Balken, der nach den Enden zu dünner und lichtschwächer wird und im Zentrum am breitesten erscheint. Manchmal gewinnt man den Eindruck eines langgestreckten Zentrums ohne kugelförmige Verdickung. An den beiden Balkenenden setzt je ein Spiralarm rechtwinklig an. Bei der Untergruppe SBa erscheinen beide Arme eng geschlungen, sie sind fast ringförmig geschlossen. Beim Typ SBb ist der Kern nicht so ausgeprägt, die Arme jedoch dicker und nicht so eng, sondern weiter geöffnet. Typ SBc schließlich bezeichnet eine Balkenspirale mit zwei weit geschwungenen Spiralarmen und einem kaum erkennbaren Kern. Die Bezeichnung „Spiralnebel“ bezieht sich stets auf spiralförmige Galaxien, die zu den größten extragalaktischen Sternsystemen gehören.

Die elliptischen Galaxien teilt man nach ihrer Elliptizität in Untergruppen von E0 bis E7 ein. Die Zahl gibt die erste Stelle der numerischen Exzentrizität an. E0 sind somit sphärische Galaxien, E7 hingegen langgestreckte Objekte (e = 0,7). Einen Sondertypus stellen die S0-Galaxien dar, deren Kern und äußere Form den S und SB-Typen ähnelt, die Spiralarme fehlen allerdings.

Die Galaxien vom E-Typ zeigen eine hohe Dichtekonzentration zum Zentrum hin, innere Strukturen sind kaum auszumachen. Interstellare Materie kommt bei ihnen in erheblich geringeren Mengen vor als in Spiralen. Insgesamt erscheinen elliptische Galaxien röter als Spiralnebel.

Ursprünglich glaubte man, in den verschiedenen Galaxientypen einzelne Entwicklungsstadien zu erkennen. Noch heute nennt man E0-Galaxien „frühe“ Typen und Sc bzw. SBc-Systeme „späte“ Typen. Mit Sicherheit entwickeln sich Galaxien jedoch nicht von den E-Typen zu den Spiralen. Im Gegenteil: Die Häufigkeit der interstellaren Materie nimmt von E0 bis Sc/SBc stark zu.

Nicht in das HUBBLE-Schema passen die irregulären Systeme und die Zwerggalaxien, deren Zahl viel größer zu sein scheint als bislang vermutet. Die Zwerggalaxien werden durch ein vorangestelltes D für dwarf (engl. Zwerg) gekennzeichnet. DE0 ist eine sphärische kompakte, elliptische Zwerggalaxie.

Bei den irregulären Systemen unterscheidet man zwischen zwei Typen. Typ I, zu dem auch die beiden Magellanschen Wolken gehören, zeigt typische Eigenschaften der Sternpopulation I, also junge und heiße Sterne in großer Zahl (neben den alten Sterngruppierungen) sowie einen hohen Anteil an interstellarer Materie. Diese Galaxien besitzen kein ausgeprägtes Zentrum und keine Symmetrie in ihrem Aufbau.

Typ II-Galaxien zeigen eher Eigenschaften der Population II, von ihren Formen her sind sie eher Abweichungen der regulären HUBBLE-Typen. Man spricht auch von „amorphen Galaxientypen“. Insgesamt gesehen sind die irregulären Galaxien erheblich kleiner als die normalen HUBBLE-Typen, ihre Durchmesser erreichen im Mittel nur 30% der E- und S- bzw. SB-Galaxien.

Statistisch gesehen sind die normalen Spiralen (Sa, Sb, Sc) mit fast 60% am häufigsten vertreten. Die E-Typen sind mit 14%, die Balkenspiralen mit 11% und die S0-Klasse mit rund 10% vertreten. Im Rest finden sich die unregelmäßigen und amorphen Typen. Diese Verteilung entspricht jedoch nur dem Erscheinungsbild am Firmament, denn die Spiralgalaxien sind wegen ihrer gewaltigen Größe und enormen Leuchtkraft überproportional vertreten. Die wahre Verteilung pro Volumeneinheit sieht anders aus: Nur 19% sind Spiralen oder Balkenspiralen, 56% elliptische Systeme, und 25% gehören zu den irregulären Typen. Nicht berücksichtigt sind dabei die Zwerggalaxien, über deren Häufigkeit und Verteilung nur wenig bekannt ist.

Durchmesser, Leuchtkräfte und Massen der Galaxien

Die Bestimmung der Größe von Galaxien stößt auf Schwierigkeiten. Einmal sind die ermittelten scheinbaren Durchmesser stark von der Beobachtungsmethode abhängig (wo ist der Rand einer Galaxie?), zum anderen sind die Distanzen oft nur ungenau bekannt. So zeigt der Andromedanebel (M 31) bei visuell-mikrometrischer Beobachtung eine Ausdehnung von $40' \times 160'$, auf langbelichteten Aufnahmen erscheint er jedoch $230' \times 270'$ groß!

Insgesamt zeigt sich aber, daß die großen Systeme – vor allem die Spiralgalaxien – in ihren Dimensionen mit unserer Milchstraße vergleichbar sind. Die wahren Durchmesser der allermeisten Galaxien liegen zwischen 0,3 und 50 kpc (zwischen 1000 und 160000 Lichtjahren). Die relativ große Spannweite ist auf die zahlreichen Zwerggalaxien (meist vom elliptischen Typ DE) zurückzuführen. Die mittlere Größe der Spiralgalaxien liegt bei 30 kpc (etwa 100000 Lichtjahre).

Die absoluten Helligkeiten der normalen Galaxien liegen zwischen -15^M und -20^M. Der

Streubereich ist hier viel kleiner als bei Sternen. Extrem helle Galaxien haben Leuchtkräfte von -22^M (NGC 6166) und im Einzelfall darüber. Zwerggalaxien erreichen oft nur $-8\overset{M}{,}5$ absolute Helligkeit. Damit sind sie kaum heller als die hellsten Kugelhaufen.

Nach Sidney VAN DEN BERGH kann man die Galaxien ähnlich wie die Sterne in **Leuchtkraftklassen** einteilen:

Leuchtkraft-klassen	Absolute Helligkeit von M_B	bis M_B	Beispiel
I Überriesen-galaxien	−20,2	−22	Cen A
II Helle Riesen-galaxien	−19,4	−20,2	
III Normale Riesengalaxien	−18,2	−19,4	M 31, Milchstr.
IV Unterriesen-galaxien	−17,3	−17,8	
V Zwerggala-xien	−14,5	−16,1	NGC 221

Da es noch erheblich lichtschwächere Zwerggalaxien als $-14\overset{M}{,}5$ gibt, ist es sinnvoll, die weitere Klasse VI für die (eigentlichen) Zwerggalaxien von $-8\overset{M}{,}5$ bis etwa -14^M einzuführen.

Die mittlere Farbe der meisten Galaxien entspricht der Spektralklasse G bis F im MKK-System der Sterne. Dabei sind bei den großen Spiralgalaxien die Kerne eindeutig röter, die Arme jedoch erheblich blauer. Ebenso sind die irregulären Galaxien vom Typ I blauer als die vom Typ II (Irr I: B-V $\sim 0\overset{m}{,}4$ / Irr II: B-V $\sim 0\overset{m}{,}8$).

Farben der Galaxien

Typ	Mittlere Spektralklasse
E0–E7	G3,6
Sa/SBa	G3,4
Sb/SBb	G1,8
Sc/SBc	F 8,8

Der mittlere Spektraltyp aller Galaxien bis zu einer scheinbaren Helligkeit von 13^m wurde zu G2,5 bestimmt.

Aus obiger Tabelle ist ersichtlich, daß die „frühen" Typen röter sind als die „späten". Dies ist auch in Einklang mit der Beobachtung, daß die Häufigkeit der interstellaren Materie mit „späteren" Typen zunimmt. Die Farbbestimmung bezieht sich in der Tabelle bei den Spiralgalaxien allerdings nur auf die Nebelkerne. Die Arme sind stets blauer als die Kerne.

Ein besonderes Problem ist die Massenbestimmung der Galaxien. Die „leuchtende" Materie, also Sterne und H II-Gebiete, bildet nur einen Bruchteil der Gesamtmasse einer Galaxie. Aus „Sternzählungen" kann daher die Masse einer Milchstraße nicht bestimmt werden. Wo und vor allem in welcher Form sich die unsichtbare Masse der Galaxien verbirgt, ist ein ungelöstes Rätsel der Astronomie **(„missing-mass-problem")**.

Grundsätzlich ist die Masse von Galaxien entweder aus ihrer Rotation oder aus der Geschwindigkeitsverteilung in Galaxienhaufen nach dem **Virialtheorem** ableitbar.

Der Nachweis der Rotation einer Galaxie erfolgt durch Radialgeschwindigkeitsmessungen. Da die Drehachse der Galaxienrotation senkrecht auf der Hauptebene steht, ist die Radialgeschwindigkeitskomponente um so größer, je flacher man auf die Galaxie sieht. Bei Kantenstellung erhält man die Gesamtgeschwindigkeit in der Radialkomponente, bei senkrechter Aufsicht auf die Spirale ist die Radialkomponente Null. Außerdem rotieren Galaxien differentiell wie unsere Milchstraße (siehe Seite 157). Die äußersten Sterne, die in KEPLERbahnen das Galaxienzentrum mit der Geschwindigkeit v umrunden, lassen die Masse innerhalb ihrer Bahn abschätzen (siehe auch Abb. nächste Seite). Es gilt

$$\mathfrak{M} = \frac{v^2 \cdot R}{G}$$

Dabei ist $\mathfrak{M}$ die innerhalb des Kreises mit dem Radius R (Abstand vom Zentrum) befindliche Masse und G die Gravitationskonstante. Die Kreisbahngeschwindigkeit v ermittelt sich aus der Radialgeschwindigkeit v_{RG} und der Neigung i der Hauptebene zur Visierlinie nach $v = v_{RG} \cdot \cos i$.

Sieht man auf die Kante einer Galaxie, so ist $i = 0°$ und $\cos i = 1$. Damit ist $v = v_{RG}$. Beim Blick senkrecht auf die Spirale ($i = 90°$, $\cos i = 0$) wird die Radialkomponente $v_{RG} = 0$. In diesem Fall ist die Massenbestimmung aus

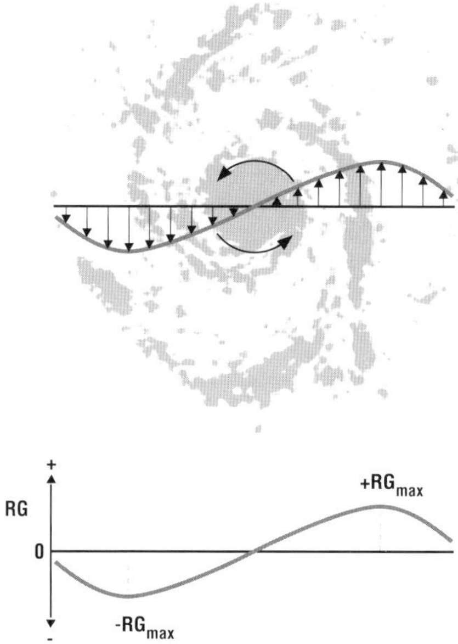

Zur Entstehung der Radialgeschwindigkeitskurve als Folge der differentiellen Milchstraßenrotation

der Rotation nicht möglich. Leider kann i in den meisten Fällen nur grob geschätzt werden.
Die Massen der meisten Galaxien liegen zwischen 10^{10} und 10^{12} Sonnenmassen ($\mathfrak{M}_\odot$).
Aus der rotationsbedingten Verbreiterung der 21-cm-Emissionslinie des neutralen Wasserstoffs (H I-Gebiete) lassen sich ebenfalls ähnliche Massenwerte ableiten.
Aus der statistischen Streuung der Geschwindigkeiten von Galaxien in Haufen läßt sich nach dem Virialtheorem die Haufenmasse abschätzen. Dividiert man die Gesamtmasse des Haufens durch die Zahl der einzelnen Mitgliedsgalaxien, so erhält man die **durchschnittliche** Masse einer Galaxie.

Mittlere Galaxienmassen

Typ	Masse in 10^{10} $\mathfrak{M}_\odot$
E, S0	0,36–350
Sa	1,0 – 20
Sb	1,2 – 34
Sc	0,13– 27
Irr	0,07– 13
DE (Zwerggalaxien)	0,0001

Als besonders massereiche Galaxie ist M 87 (= NGC 4486) zu erwähnen, eine elliptische Riesengalaxie im Sternbild Jungfrau. Ihre Masse wurde zu 4×10^{12} Sonnenmassen bestimmt. M 87 bildet das Zentrum des Virgo-Galaxienhaufens und ist auch als starker Radiostrahler (Vir A) bekannt. Kurzbelichtete Aufnahmen lassen einen Jet (Strahl) erkennen, der aus dem Zentrum hinausgeschleudert wird. In der Umgebung von M 87 sind über 2000 Kugelsternhaufen identifiziert worden.
Die wohl massereichste Galaxie, die bisher aufgespürt wurde, ist mit $1{,}4 \times 10^{13}$ Sonnenmassen NGC 6166. In ihr zeigen sich vier Kerne. Außerdem ist einer der Kerne von einer leuchtkräftigen Hülle umgeben.

Masse-Leuchtkraft-Verhältnis der Galaxien

Auch für Galaxien gibt es eine charakteristische Beziehung zwischen ihrer Leuchtkraft (absolute Helligkeit) und ihrer Masse. Das Masse-Leuchtkraft-Verhältnis ist abhängig vom Galaxien-Typ.

Typ	Masse ($\mathfrak{M}_\odot$)/Leuchtkraft ($L_\odot$)
E, S0	10 bis 80
Sa	3,6
Sb	1,2 bis 8,4
Sc	0,4 bis 20
Irr	2 bis 11

Die MAGELLANschen Wolken

Von unseren Breiten aus unbeobachtbar findet man tief am Südhimmel etwas abseits der südlichen Milchstraße zwei schimmernde Lichtwölkchen, die Große und die Kleine MAGELLANsche Wolke. Die Bezeichnung erinnert an den portugiesischen Seefahrer und Welt-

umsegler Ferñao DE MAGELLAN (1480–1521), der sie in seinen Reiseberichten erwähnt. Die größere Wolke steht im Sternbild Dorado bei −69° und die kleinere im Sternbild Tucana bei −73° Deklination. Beide Wolken sind etwa 22° voneinander entfernt.
Die beiden MAGELLANschen Wolken sind extragalaktische Sternsysteme, Begleitgalaxien unserer Milchstraße. Sie gehören zur **Lokalen Gruppe**, einer Galaxienvereinigung, zu der auch der Andromedanebel zählt, der allerdings über zehnmal soweit entfernt ist.
Häufig werden für diese beiden Zwerggalaxien die Abkürzungen LMC (Large Magellanic Cloud) und SMC (Small Magellanic Cloud) verwendet. Am Firmament erscheint LMC in einer Ausdehnung von etwa 8° × 10°, SMC hingegen mit nur 4° Durchmesser. Früher wurde die Kleine MAGELLANsche Wolke etwas näher geschätzt als die Große. Neue Entfernungsbestimmungen lassen jedoch erkennen, daß beide Minigalaxien gleich weit, nämlich rund 170000 Lichtjahre (∼ 50 kpc) von uns entfernt sind.
Die MAGELLANschen Wolken gehören zu den irregulären Galaxien (Typ: Irr I), was ihre Form betrifft. Neue Untersuchungen lassen jedoch vermuten, daß die Große Wolke mehr einer Balkenspirale ähnelt (Typ: SB). Die Wolken sind reich an interstellarer Materie sowie an heißen, jungen und massereichen Sternen vom Spektraltyp O und B. Etliche Sterne mit mehr als -9^M Leuchtkraft, also echte Superriesen, wurden gefunden. Eine Brücke aus neutralem Wasserstoffgas zwischen beiden Wolken wurde radioastronomisch nachgewiesen, was auf starke gegenseitige Wechselwirkung schließen läßt; die Durchmesser der MAGELLANschen Wolken sind im Radiofrequenzbereich erheblich größer als im Optischen.
Die LMC ist für eine Zwerggalaxie ein recht großes Gebilde. Der maximale lineare Durchmesser beträgt etwa 50000 Lichtjahre (15 kpc), allein der Balken im Zentrum hat 6 kpc Länge. Die Gesamtmasse liegt bei 2,5 $\times 10^{10}$ Sonnenmassen. Die SMC hat eine Ausdehnung von rund 30000 Lichtjahren (9 kpc) und enthält etwa 4×10^9 Sonnenmassen.
Allein in der LMC wurden bisher 415 Emissionsnebel, 900 Sternhaufen und 95 Planetarische Nebel registriert. Der hellste Emissionsnebel trägt die Bezeichnung Tarantelnebel (30 Doradus bzw. NGC 2070); er umfaßt mindestens 3000 Sonnenmassen.

Galaxienhaufen

Die Galaxien sind nicht völlig regellos über das Firmament verstreut, sondern scheinen in manchen Gebieten verdichtet aufzutreten. Solche lokalen Anhäufungen wurden schon früh erkannt. So beschreibt Heinrich Louis D'ARREST bereits 1865 den **Coma-Haufen**, eine Galaxienansammlung im Sternbild Haar der Berenike. Weitere bekannte Haufen finden sich in der Nördlichen Krone, im Herkules und in der Jungfrau (Virgo-Haufen). Auch unsere Milchstraße gehört zu einem Galaxienhaufen, zur sogenannten **Lokalen Gruppe**. Typischerweise haben Galaxienhaufen einige Dutzend bis manchmal weit über 10000 Mitglieder. Die meisten Haufen enthalten einige hundert Mitgliedsgalaxien. Bei Ansammlungen von weniger als zehn Galaxien spricht man von einer Galaxiengruppe.
Die Galaxienhaufen zeigen die Tendenz, noch größere Strukturen, sogenannte **Superhaufen**, zu bilden. So gehört die Lokale Gruppe mit unserer Milchstraße zum **Virgo-Supercluster** (von engl.: cluster = Haufen). Im Zentrum des Virgo-Superclusters liegt der Virgo-Haufen, von dem über 6000 Mitglieder katalogisiert sind.
Fritz ZWICKY (1898–1974) und Mitarbeiter haben im „Catalogue of Galaxies and Clusters of Galaxies“ 31350 Galaxien und 9700 Haufen verzeichnet. Nach ihrer morphologischen Erscheinung teilt ZWICKY die Nebelhaufen in drei Klassen ein.
1. Kompakte Cluster: Sie sind deutlich sphärisch, die hellsten Galaxien sind zur Mitte hin konzentriert, und im Zentrum findet sich meist eine überdimensionale E-Galaxie.
2. Mittelkompakte Cluster: Sie zeigen keine ausgeprägte Konzentration und erscheinen auch weniger symmetrisch.
3. Offene Cluster: Bei ihnen ist keine zentrale Verdichtung erkennbar und auch keine symmetrische Gestalt; die Galaxiendichte pro Quadratgrad ist lediglich fünfmal höher als im umliegenden Feld.

Ein Verzeichnis von 2712 Galaxienhaufen hat G.O. ABELL aufgestellt, in dem er nach der Mitgliederzahl sechs „Reichtumsklassen“ unterscheidet (**ABELLsche Haufenklassen** 0 bis 5).

Die meisten Galaxien gehören einem Haufen an. Reine „Feldgalaxien“ gibt es vergleichsweise wenige.

Bei den kompakten Clustern ist die Dichte in der Zentralregion so groß, daß es im Mittel alle 500 Millionen Jahre zu Kollisionen zwischen zwei Haufenmitgliedern kommt. Dabei wird die interstellare Materie gravitationsbedingt „hinausgefegt“, während Sternzusammenstöße extrem selten sind. Manche große Galaxien verleiben einen Teil der Sterne des kleineren Kollisionspartners in sich ein **(„galaktischer Kannibalismus“)**.

Die mittlere Größe von Galaxienhaufen liegt zwischen zehn und dreißig Millionen Lichtjahren. Aus dynamischen Untersuchungen (Radialgeschwindigkeitsmessungen und Anwendung des Virialtheorems) ergibt sich, daß die Haufen wesentlich massereicher sind, als die einzelnen leuchtenden Galaxien vermuten lassen. Im Schnitt ist die Masse eines Haufens zehnmal größer als die Massensumme der einzelnen Mitgliedsgalaxien. Selbst wenn man richtig vermutet, daß viele Zwerggalaxien in den großen Haufen noch unentdeckt sind, so ist noch weitgehend unbekannt, wo sich die nicht sichtbare Masse verbirgt („dunkle“ Materie, „missing-mass-problem“). Sie gibt Anlaß zu zahlreichen Spekulationen.

Wie groß die Zahl der Galaxienhaufen im überschaubaren Universum ist, ist noch nicht bekannt. Allein im Palomar Observatory Sky Survey (POSS; fotografischer Himmelsatlas) sind schätzungsweise über zehntausend Haufen auszumachen.

Mit Röntgenteleskopen konnte nachgewiesen werden, daß die Galaxien eines Haufens in extrem dünnes, aber sehr heißes **intergalaktisches Gas** eingebettet sind. Dieses intergalaktische Gas setzt sich hauptsächlich aus ionisiertem Wasserstoff zusammen, stellt also ein Plasma aus freien Elektronen und Protonen bei Temperaturen um 100 Millionen Kelvin dar.

Wie angedeutet, bilden Galaxienhaufen noch größere Einheiten, die **Superhaufen** oder **Supercluster**. Rund ein Dutzend Galaxienhaufen bilden einen Supercluster. Es gibt jedoch eine Reihe von Superhaufen mit wesentlich mehr Mitgliedern. Die Durchmesser der Superhaufen liegen im Schnitt zwischen 50 und 100 Millionen Lichtjahren (15 bis 30 Mpc).

In noch größeren Raumdimensionen zeigt das Weltall eine waben- und blasenartige Struktur. Manchmal wird diese großräumige Struktur mit Seifenschaum verglichen.

Die Oberflächen der einzelnen Blasen bezie-

Einige Galaxienhaufen

Bezeichnung	Anzahl der helleren Mitglieder	Scheinbarer Durchmesser	Entfernung in Mio Lichtjahren	Entfernung in Mpc	Wahrer Durchmesser in Mio Lichtjahren
Virgo	2500	12°	70	20	15
Herkules	100	2°	170	52	6
Pegasus I	100	1°	220	70	4
Perseus	500	2°	310	95	11
Coma Berenices	1000	3°	350	110	19
Ursa Maior I	300	0°40′	880	270	10
Leo	300	0°35′	1000	300	10
Corona Borealis	400	0°30′	1250	380	11
Gemini	200	0°30′	1250	380	11
Bootes	150	0°26′	2300	700	14
Ursa Maior II	200	0°10′	2500	770	7
Hydra	–	–	3300	1000	–

hungsweise die Wände oder „Mauern“ der Zellen werden dabei von Galaxienhaufen und Superclustern gebildet. Die Blasen selbst stellen gewaltige, leere Raumbezirke dar, sogenannte **Voids** mit Durchmessern von einigen hundert Millionen Lichtjahren. In diesen Voids sind keine Galaxien anzutreffen. Die Blasen werden manchmal **HUBBLE-Bubbles** genannt. Die **Blasenstruktur** des Universums ist noch weitgehend unerforscht. Eine der größten Wände haben Margret GELLER und David HUCHRA in den 80er Jahren bei einer Radialgeschwindigkeits- (besser: Rotverschiebungs-) durchmusterung von Galaxien entdeckt. Diese als „Große Mauer“ bezeichnete Struktur ist eine Galaxienhaufenansammlung, die sich über rund 600 Millionen Lichtjahre erstreckt und am Firmament von 8^h bis 17^h Rektaszension in der Deklinationszone von $+25\overset{\circ}{,}5$ bis $+32\overset{\circ}{,}5$ reicht.
Die Dicke der Großen Mauer liegt dabei zwischen 10 und 15 Millionen Lichtjahren. Dies ist eine typische Größenordnung für die Blasenstruktur. Die Skalengrößen der Wände liegen bei einigen hundert Millionen Lichtjahren, die Wandstärken jedoch nur bei 10 bis 15 Millionen Lichtjahren.
Die Entstehung dieser Strukturen ist nur schwer erklärbar. Wie Messungen der Anisotropien in der kosmischen Hintergrundstrahlung durch den Satelliten COBE (**Co**smic **B**ackground **E**xplorer) gezeigt haben, sind die Keime für die Bildung der Blasenstruktur bereits in Inhomogenitäten vorhanden, die kurz nach dem Urknall entstanden. Eine der aktuellen Hypothesen macht die **kosmischen Strings** dafür verantwortlich, die bereits in der sehr frühen Phase des Universums zwischen 10^{-35} und 10^{-30} Sekunden entstanden sein könnten.

Die Lokale Gruppe

Unsere Milchstraße gehört mit der Andromedagalaxie (M 31) und dem Spiralnebel M 33 im Sternbild Dreieck (Triangulumgalaxie) zu einer Gruppe von rund dreißig Galaxien, die ein gemeinsames Raumgebiet von dreieinhalb Millionen Lichtjahren Durchmesser einnehmen. Erst in einem deutlichen Abstand von sieben bis zehn Millionen Lichtjahren Distanz finden sich weitere Galaxien. Man faßt deshalb die Milchstraßensysteme in der näheren Umgebung unserer Galaxis zu einer Gruppe zusammen, die man als „lokale Milchstraßengruppe“ oder kurz als „Lokale Gruppe“ bezeichnet. Die Lokale Gruppe wird offensichtlich durch die Gravitation zusammengehalten.

Lokale Gruppe

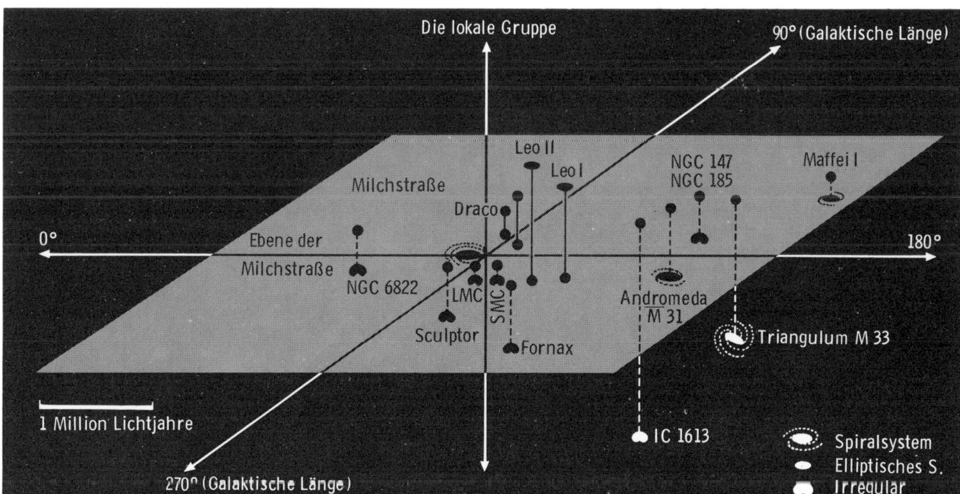

Ihre Mitglieder nehmen untereinander nicht an der allgemeinen Expansion des Universums teil. Dazu sind die Distanzen zu klein. Abgesehen von den drei großen Galaxien (unserer Milchstraße, M 31 und M 33) sind alle anderen Mitglieder der Lokalen Gruppe kleine Systeme, also Zwerggalaxien. Neben den Begleitern unserer Milchstraße, der Kleinen und der Großen MAGELLANschen Wolke gehören auch die beiden Begleiter von M 31, nämlich NGC 205 und NGC 221 (= M 32) dazu. NGC 205 ist eine elliptische Galaxie vom Typ E6, M 32 dagegen erscheint wie ein übergroßer kugelförmiger Sternhaufen. Kugelhaufen haben jedoch im Schnitt etwa eine Million Sterne und Durchmesser von rund 300 Lichtjahren. M 32 dagegen besitzt vier Milliarden Sterne, also zweitausendmal mehr als ein Kugelhaufen, und weist einen Durchmesser von 2000 Lichtjahren auf. Sowohl NGC 205, die elliptische Galaxie, als auch M 32, die kugelförmige, umkreisen die riesige Andromedamilchstraße in etwa 500 Millionen Jahren einmal. Sie sind echte Trabanten von M 31. Sie ziehen dabei ihre Bahnen so eng, daß die äußeren Sternfelder der Galaxien einander durchdringen.

Im Jahre 1937 fiel Harlow SHAPLEY im Sternbild Sculptor (Bildhauer) eine Sternenansammlung auf, die recht diffus und extrem lichtschwach ist. Es handelt sich um eine Galaxie vom damals noch unbekannten Zwergtypus. Wegen der geringen Sterndichte konnte diese Zwerggalaxie in Einzelsterne aufgelöst werden. Sie erhielt die Bezeichnung Sculptor-System. Die Entfernung des Sculptor-Systems beträgt etwa 360000 Lichtjahre. Ein Jahr später fand SHAPLEY im Sternbild Fornax (Chemischer Ofen) eine ähnliche Zwerggalaxie, die heute unter dem Namen Fornax-System bekannt ist. In den 50er Jahren wurden weitere Minigalaxien gefunden, die am Nordhimmel

Die Mitglieder der Lokalen Gruppe

Bezeichnung/ Katalog-Nr.	Typ	Entfernung in tausend LJ	Absolute Helligkeit	Durchmesser in tausend LJ	Masse in Mio. Sonnenmassen
Milchstraße – Galaxis	Sb	–	-20^{M}	120	200000
Große MAGELLANsche Wolke, LMC	Irr (SBc)	170	−18,5	21	10000
Kleine MAGELLANsche Wolke, SMC	Irr	170	−16,8	9,5	2000
Andromedanebel M 31, NGC 244	Sb	2300	−21,1	150	300000
M 32, NGC 221	E2	2300	−16,4	4	4000
NGC 205	E6	2300	−16,4	10	8000
Triangulum-Nebel M 33, NGC 598	Sc	2400	−18,9	70	33000
Sculptor-System	dE	360	−11,7	5	3
Fornax-System	dE	750	−13,6	10	20
Draco-System	dE	200	− 8,6	2	0,1
Leo I-System	dE	750	−11,0	4	4
Leo II-System	dE	750	− 9,4	2	1
IC 1613	Irr	2300	−14,8	13	300
NGC 6822	Irr	1600	−15,7	14	400
NGC 185	dE0	2300	−15,2	7	1000
Ursa Minor-System	dE	260	− 8,8	2	0,1
NGC 147	dE4	2200	−14,9	7	1000
Maffei 1	S0	3300	−20	–	200000

liegen: Die Systeme Leo I und Leo II, Ursa Minor und Draco. Das Draco-System hat nur eine absolute Gesamthelligkeit von $-8\overset{M}{,}6$, das entspricht etwa der Helligkeit der leuchtkräftigsten Einzelsterne. Unsere Milchstraße hat dagegen -20^{M}, die Andromedagalaxie über -21^{M} Leuchtkraft. Leuchtkräftiger als das Draco-System ist mit $-13\overset{M}{,}6$ das Fornax-System, in dem inzwischen auch fünf relativ kleine Kugelhaufen entdeckt wurden.
Die Entdeckung von mindestens sechs Zwerggalaxien in der Nachbarschaft unserer Galaxis führte zu einer systematischen Suche nach weiteren, ähnlichen Systemen. Tatsächlich konnte im Jahre 1972 Sidney VAN DEN BERGH vier schwache Begleitsysteme, And I bis And IV, nachweisen. Es scheint, als ob Riesengalaxien sich einen Hofstaat von Minisystemen halten. Die Ausdehnung von And III beträgt beispielsweise 1800 mal 3000 Lichtjahre.
Zwei weitere Mitglieder der Lokalen Gruppe sind die Zwerggalaxien NGC 6822 und IC 1613, die etwa 1,6 Millionen beziehungsweise 2,2 Millionen Lichtjahre entfernt sind. Beide Systeme gehören zu den irregulären Typen. Die Gesamtmasse von NGC 6822 beträgt nur 400 Millionen Sonnenmassen, das sind nur rund $^1\!/_{25}$ der Gesamtmasse der Großen MAGELLANschen Wolke.
Die Verteilung der Galaxien in der Lokalen Gruppe läßt zwei Haufen oder Untergruppen erkennen. Die eine Untergruppe hat unsere Galaxis als Zentrum, die anderen Galaxien scharen sich um M 31, den großen Spiralnebel in der Andromeda. Die Konzentration ist allerdings recht schwach ausgeprägt, die Galaxien sind recht locker gestreut.
Noch sind längst nicht alle Galaxien der Lokalen Gruppe gefunden. Vor allem in der Hauptebene unserer Milchstraße wird der Blick durch dichte Sternenvorhänge, vor allem aber durch interstellare Staubwolken getrübt. Im Infraroten kann man jedoch auch in der Milchstraßenebene aus unserer Galaxis hinausblikken. So hat Paolo MAFFEI im Jahre 1968 zwei Galaxien im Perseus entdeckt, die im visuellen Bereich unbeobachtbar bleiben, deren Infrarotstrahlung jedoch registriert werden kann. Die neuentdeckten Galaxien wurden MAFFEI 1 und MAFFEI 2 getauft. Das System MAFFEI 1 ist rund 3,3 Millionen Lichtjahre entfernt und gehört damit zur Lokalen Gruppe. An Leuchtkraft dürfte MAFFEI 1 mit unserer Milchstraße vergleichbar sein und somit das vierte große Mitglied der Lokalen Gruppe sein. MAFFEI 2 hingegen liegt mit 16 Millionen Lichtjahren Distanz außerhalb der Lokalen Gruppe.
Die Lokale Gruppe ist am Rande des Virgo-Superclusters angesiedelt. Der der Lokalen Gruppe nächstgelegene Galaxienhaufen ist der Sculptor-Haufen in etwa zehn Millionen Lichtjahren Entfernung. Der Sculptor-Haufen ist nicht mit dem Sculptor-System zu verwechseln, einer Zwerggalaxie in der Lokalen Gruppe.

Aktive Galaxien und Quasare

Galaxien zeigen Entwicklungstendenzen: Durch Rotation der Sternsysteme und durch die Entwicklung der Sterne selbst unterliegen sie im Laufe der Zeit Veränderungen. Allerdings sind die Zeitskalen, in denen sich Änderungen des Aussehens der Galaxien bemerkbar machen, in der Größenordnung von einigen Millionen bis Milliarden Jahren. Für den kurzen Augenblick der Menschheitsgeschichte sind Galaxien daher statische, unveränderliche Gebilde. Es gibt jedoch Galaxien, die in vergleichsweise kurzen Zeiträumen Helligkeitsänderungen unterworfen sind, die eine starke nicht-thermische Radiostrahlung aussenden, eine Reihe spektraler Besonderheiten aufweisen und häufig eine intensive Röntgenstrahlung abgeben. Solche Galaxien wurden entsprechend ihren Auffälligkeiten **Radiogalaxien**, **SEYFERT-Galaxien**, **MARKARIAN-Galaxien, Explodierende Galaxien, Sphärisch-Kompakt-Galaxien, N-Galaxien** usw. genannt. Heute faßt man alle diese Gruppen unter dem Begriff „Aktive Galaxien" zusammen. Zu ihnen gehören auch die lange rätselhaften **Quasare** und die **Lacertiden**. Nachdem sich herausgestellt hat, daß die Ursache aller Aktivitäten in den Zentren der Galaxien zu suchen ist, spricht man von AGNs. AGN steht dabei für **A**ctive **G**alactic **N**uclei. Tatsächlich scheinen alle aktiven Galaxien in ihrem Kern eine „zentrale Maschine" zu besitzen, die für alle Erscheinungsformen aktiver Galaxien verantwortlich ist.

Schon 1946 entdeckte John S. HEY im Schwan eine intensive Radioquelle (Cygnus A), die 1952 von Walter BAADE und Rudolph MINKOWSKI mit einer Galaxie identifiziert wurde. Bald wurden weitere Galaxien aufgespürt, die eine starke, nicht-thermische Radiostrahlung aussenden. Die Energieverteilung in den einzelnen Frequenzen, das Radiospektrum also, und die Polarisation weisen die Strahlung als Synchrotron-Strahlung aus. Synchrotron-Strahlung entsteht bei hoher Beschleunigung (bzw. Abbremsung) elektrisch geladener Teilchen, vornehmlich Elektronen, Protonen und Alpha-Teilchen, in starken Magnetfeldern. Die bei den Radiogalaxien ausgesandten Energiemengen im Bereich der Synchrotron-Strahlung sind so gewaltig, daß Radiogalaxien kurzlebige Objekte (um zehn Millionen Jahre) sein müssen. Bald vermutete man, daß sie ein kurzes Entwicklungsstadium einer normalen Galaxie darstellen.

Rätselhaft war auch, daß etwa 50% der Radiogalaxien Doppelquellen sind, wobei die Gebiete der Radiostrahlung („Radiolobes") weit außerhalb der optisch sichtbaren Galaxie liegen – allerdings symmetrisch zu ihrem Zentrum.

1953 wurde M 82 (= NGC 3034) als Radiogalaxie erkannt. Sie sendet ebenfalls eine hochenergetische Synchrotronstrahlung aus. Intensive, breite Hα-Emissionslinien in M 82 deuten auf heiße Gaswolken, die sich in turbulenten Bewegungen befinden, teilweise aber auch aus dem Kernbereich mit über 1000 km/s herausschießen. Bei anderen Galaxien wurden auch Materiestrahlen („Jets") auf fotografischen Aufnahmen entdeckt (Beispiel: M 87 = Radiogalaxie Virgo A, elliptische Riesengalaxie), die ebenfalls auf explosionsartige Vorgänge im Innern schließen lassen. Solche „explodierende Galaxien" zeigen in ihren optischen Spektren Hinweise dafür, daß sie Materie wegschleudern. Die Leuchtkraft ist sowohl im Optischen wie im Radio-, Infrarot- und Röntgenbereich kurzfristig variabel – in Zeitskalen von wenigen Stunden bis Jahren. Dies deutet darauf hin, daß sich die beobachteten Vorgänge in im Vergleich zur Gesamtgalaxie sehr kleinen Raumbereichen abspielen müssen. Die Lichtlaufzeit bestimmt nämlich die Größe des aktiven Gebietes. Sie sind allesamt erheblich kleiner als ein Lichtjahr im Durchmesser und haben damit nur ein Millionstel des Durchmessers einer durchschnittlichen Spiralgalaxie. Fast allen aktiven Galaxien gemeinsam ist ein hoher UV-Exzeß (übergroßer Anteil an UV-Strahlung).

SEYFERT-Galaxien: Im Jahre 1943 hat Carl SEYFERT eine Liste von zwölf Galaxien publiziert, die allesamt einen hellen, kompakten, sternförmigen Kern besitzen und durch ein starkes Emissionslinienspektrum („verbotene" Linien von O II, O III, N II, Ne IV, Fe VI) aufweisen. Aus der starken Verbreiterung der Linien (DOPPLER-Shift) ist auf interstellare Gasmassen hoher Geschwindigkeiten zu schließen, die aus den Zentren herausgeschleudert werden. Emissionsgeschwindigkeiten von 5000 km/s und mehr liegen dabei schon weit über der Entweichgeschwindigkeit dieser Galaxien. Heute sind über hundert SEYFERT-Galaxien bekannt, die durchweg Spiralsysteme sind.

MARKARIAN-, N- und Sphärisch-Kompakt-Galaxien: Galaxien mit großem UV-Exzeß ($U-B < -2{,}5$), die auch im blauen Bereich recht intensiv leuchten, werden nach einer Zusammenstellung von B.E. MARKARIAN entsprechend benannt. Häufig handelt es sich um kugelförmige Galaxien mit hohen Dichtekonzentrationen zum Kern hin, der von einem schwachen Halo umgeben ist – daher auch die Bezeichnung **sphärisch-kompakt**. Auf fotografischen Aufnahmen sind sie häufig nur durch ihren UV-Exzeß als Galaxien zu identifizieren. Ihr heller, punktförmiger Kern, der oft Helligkeitsschwankungen im Verlauf von wenigen Jahren zeigt, läßt sie wie Sterne auf den Platten erscheinen. Wegen ihres sternförmigen, hellen Kerns nennt man sie auch N-Galaxien (von **N**ucleus = Kern). Hohe Rotverschiebungen deuten auf große Entfernungen hin. Manche N-Galaxien zeigen auch starke nicht-thermische Radioemissionen (Synchrotron-Strahlung). Wegen der kurzfristigen Helligkeitsvariationen gehören sie zur Gruppe der AGNs.

Lacertiden (BL Lac-Objekte): Die Lacertiden führen ihren Namen nach dem Prototyp BL Lacertae, einem Objekt im Sternbild Eidechse, das im Jahre 1929 zunächst als veränderlicher Stern (12^m bis 15^m) entdeckt wurde. Im Radiobereich entpuppte sich BL Lac als sehr rasch veränderliche Quelle. Erst um 1970 wurde die extragalaktische Natur dieses Objektes erkannt. Die Entfernung von BL Lac wurde zu 1,2 Milliarden Lichtjahren ermittelt. Sehr schwierig war es, die Rotverschiebung zu bestimmen ($z = 0{,}069$), da kaum Emissionslinien im starken Kontinuum des Spektrums auszumachen sind. Das nicht-thermische Strahlungskontinuum – vom Radio- bis zum Röntgenbereich – ist schnell veränderlich und außerdem stark polarisiert (bis 30 %). Auf CCD-Aufnahmen ist um die sternförmigen Lacertiden öfters ein schwacher Lichtsaum erkennbar, der darauf schließen läßt, daß sie aktive Kerne mehr oder minder großer Galaxien sind. Lacertiden sind nach heutiger Kenntnis Verwandte der Quasare.

Quasare: Für gut zwanzig Jahre waren die Quasare überaus populäre, dafür aber um so rätselhaftere Objekte im Universum. Die Bezeichnung Quasar ist eine Abkürzung für **Qua**si-**Stel**l**ar** **R**adio Source, zu deutsch „sternähnliche Radioquelle". Sie wurde von Hong-Yee CHIU eingeführt, einem aus Formosa stammenden und in den USA forschenden Astronomen. Mit dem Fortschritt der radioastronomischen Beobachtungstechniken gelang es, punktförmige Radioquellen zu orten. Die beiden ersten Quasare, 3C 48 und 3C 273, wurden im Jahre 1960 mit zwei „Sternen" auf einer fotografischen Himmelsaufnahme identifiziert. Die Sternpünktchen waren unauffällig, die gewonnenen Spektren jedoch völlig rätselhaft. Bei einer Bedeckung von 3C 273 durch den Mond fand man einen kleinen Strahl (Jet), der von der Quelle weggerichtet ist. Maarten SCHMIDT gelang es schließlich 1963, die Quasar-Spektren richtig zu deuten: Sie weisen eine enorme Rotverschiebung auf, so daß Linien, die normalerweise im Ultravioletten liegen und unsichtbar bleiben, in den sichtbaren Teil des Spektrums rücken. Eine große Rotverschiebung bedeutet aber nach dem DOPPLER-prinzip eine hohe Geschwindigkeit, mit der sich die Quasare von uns entfernen. Inzwischen sind rund 2000 Quasare bekannt, wobei die höchsten Fluchtgeschwindigkeiten weit über 90 % der Lichtgeschwindigkeit erreichen. Solch hohe Geschwindigkeiten kommen aber nicht Objekten in unserer Milchstraße zu. Sie sind lediglich kosmologisch zu interpretieren, das heißt, auf die allgemeine Expansion des Weltalls zurückzuführen (HUBBLE-HUMASON-Relation). Auf die Quasare angewandt ergibt sich die Konsequenz, daß sie die fernsten Objekte sind, die man überhaupt beobachtet. Ihre Distanzen betragen demnach mehrere Milliarden Lichtjahre. Daß sie aber dennoch als vergleichsweise helle Objekte erscheinen (3C 273 hat im Visuellen 13^m), zwingt zu dem Schluß, daß die wahre Leuchtkraft der Quasare enorm groß sein muß. Im Schnitt leuchtet ein Quasar so hell wie hundert Galaxien. Die Strahlungsleistung eines Durchschnittsquasars beträgt 10^{40} Watt, dies entspricht etwa zehn Billionen Sonnen. Stünde der Quasar 3C 273 an Stelle der Wega (Distanz knapp 30 Lichtjahre), so würde er am Himmel so hell wie unsere Sonne leuchten! Im Gegensatz zu den Galaxien, die man als spiralige oder elliptische Sternsysteme am Firmament sieht, erscheinen Quasare punktförmig. Außerdem variiert die Helligkeit bei vielen von ihnen in wenigen Monaten, teilweise in nur einigen Wochen. Daraus folgt, daß Quasare nur Durchmesser von höchstens einigen Lichtwochen haben können und damit winzig klein sind im Vergleich zu den Zigtausende von Lichtjahre großen Durchmessern der Galaxien. Hätte ein Quasar den Durchmesser einer Erbse, so wäre eine durchschnittliche Galaxie so groß wie eine ganze Stadt.

Es kam zu einer hitzigen Kontroverse, ob Quasare wirklich in so großen Distanzen stehen oder nicht doch Mitglieder unserer Galaxis sind **(lokale Hypothese)**. Denn es war kein Mechanismus bekannt, der auf so engem Raum eine so gewaltige Strahlungsleistung von im Mittel 10^{40} Watt hervorbringen kann. In galaktischen Distanzen wäre die wahre Leuchtkraft der Quasare längst nicht so enorm hoch.

Aber bei dem Versuch, ihre Spektren und ihre Verteilung am Himmel mit der lokalen Hypothese zu erklären, tauchten noch größere, unüberwindbare Schwierigkeiten auf. Inzwischen nimmt niemand mehr ernsthaft an, Quasare seien Mitglieder unserer Milchstraße. Zudem gibt es außer der großen Rotverschiebung noch andere Hinweise auf ihre enormen Entfernungen. So hat man mit CCD-Detektoren leuchtende Hüllen um etliche Quasare gefunden, die darauf schließen lassen, daß Quasare Kerne von Milchstraßensystemen sind. Bei ferneren Quasaren zeigen sich außerdem im Spektrum etliche Absorptionslinien intergalaktischer Wasserstoffwolken („Lyman-Alpha-Forest"), die auf große Lichtlaufwege hindeuten. Inzwischen wurden etliche Quasare mit Rotverschiebungen von $z > 4$ entdeckt, die demnach in Distanzen bis 15 Milliarden Lichtjahren stehen. Quasare sind offensichtlich die aktivsten AGNs, die im Weltall vorkommen.

Das Problem ist, einen Mechanismus zu finden, der die gewaltige Energiefreisetzung auf relativ kleinem Raum plausibel erklären kann. Die in Sternen übliche Kernfusion ist für die Quasarleuchtkräfte viel zu wenig ergiebig.

Exotische Hypothesen zur Erklärung der gewaltigen Energiefreisetzung wie Materie-Antimaterie-Vernichtung, „Weiße Löcher" (Teile des Universums, die später als der Rest der Welt expandieren) oder das permanente Aufleuchten enorm vieler Supernovadetonationen kommen nicht in Betracht, da sie allesamt das inzwischen recht umfangreiche und detaillierte Beobachtungsmaterial nicht befriedigend erklären können.

Die gängigste Vorstellung ist heute, daß im Zentrum eines Quasars ein überdimensionales Schwarzes Loch sitzt, in das ständig Materie hineinstürzt. Ein Teil der Fallenergie, also Gravitationsenergie, wird dabei in Form von Strahlung freigesetzt. Dieser Mechanismus kann bis zehn Prozent der Ruhemasse ($E = mc^2$) in Strahlung umwandeln. Um das zentrale Schwarze Loch rotiert eine gigantische Akkretionsscheibe, die durch interne Reibung auf viele Millionen Kelvin aufgeheizt wird. Der Löwenanteil an Energie wird als Röntgenlicht abgestrahlt. Das zentrale Objekt muß nicht notwendig ein Schwarzes Loch sein, es kann auch ein schnell rotierender, supermassereicher Stern (10^5 bis 10^8 Sonnenmassen) sein.

Das Objekt muß allerdings eine hohe Rotationsgeschwindigkeit aufweisen, da nichtrotierende Objekte solcher Massen nicht stabil sind. Bei abnehmender Rotationsenergie unter einen bestimmten Grenzwert kommt es allerdings zum Gravitationskollaps. Solche supermassereiche, schnell rotierende Objekte werden **Spinare** genannt. Ein typischer Spinar mit rund hundert Millionen Sonnenmassen hätte einen Durchmesser von 70000 Sonnenradien und wäre demnach größer als das Sonnensystem (bis Plutobahn). Die Rotationsdauer läge bei einem halben Jahr. Der Gravitationskollaps eines solchen Spinars würde etwa 10^{62} erg freisetzen.

Die interstellare Materie jenseits der heißen Akkretionsscheibe bis zu 10000 Lichtjahre und mehr würde dann für die anderen spektralen Eigenschaften der Quasare sorgen. Die entsprechenden Wechselwirkungen der intensiven, kurzwelligen Strahlung mit der streuenden und absorbierenden Materie lassen sich recht gut bezeichnen. Im Plasma nahe dem Zentrum entstünden die stark verbreiterten Emissionen, weiter außen die Infrarotstrahlung, schließlich die hochfrequente Strahlung der punktförmig erscheinenden Radioquelle, noch weiter außen die relativ scharfen Emissionslinien, dann die „verbotenen" Absorptionslinien und schließlich die ausgedehnteren Gebiete der niederfrequenten Radioemissionen. Die durch die rotierende Akkretionsscheibe erzeugten Magnetfelder enormer Stärke würden als Richtungskollimatoren wirken. Entlang der Feldlinien könnte Materie mit hohen Geschwindigkeiten nach außen strömen (Bildung von „Jets" und Radiolobes). Die Akkretion an der Peripherie der Scheibe beträgt rund zehn Sonnenmassen pro Jahr für einen durchschnittlichen Quasar. Ungleichförmige Massenzuführung erklärt die Helligkeitsvariationen der Quasare. Die gewaltige Energieabstrahlung führt zu einer begrenzten Lebensdauer von einigen 100000 Jahren. Läßt die Massenzuführung nach, „verhungert" der Quasar. Möglicherweise haben die meisten Galaxien in ihrer Jugendzeit ein „Quasarstadium" mitgemacht, denn die Zahl der Quasare steigt mit zunehmender Entfernung überproportional an. Da ein Blick in die Ferne stets auch in die Vergangenheit geht, legt dies den Schluß nahe, daß es in der Frühphase des Universums pro Volumeneinheit mehr Quasare als heute gab. Im Laufe der Zeit „erloschen" die meisten Quasare. Vermutlich sitzt auch im Zentrum unserer Milchstraße ein verhungerter Quasar. Die anderen Typen der aktiven Galaxien (bzw. AGNs), wie Lacertiden, SEYFERT-Galaxien, MARKARIAN-, N-Galaxien, Radiogalaxien usw.) sind wahrscheinlich Übergangsstadien von Quasaren zu normalen Galaxien.

Noch sind die Modellrechnungen nicht im Stande, alle beobachteten Eigenschaften der Quasare zu erklären. Aber am grundsätzlichen Mechanismus der Quasare, dem Modell der zentralen Dynamomaschine, zweifelt heute kaum jemand mehr.

Kosmologie

Unter „Kosmologie“ versteht man die Lehre von der Welt als Ganzem. Die Kosmologie behandelt Aufbau, Struktur und Entwicklung des Universums in seiner Gesamtheit. Der Begriff Kosmologie leitet sich vom griechischen Wort ὁ κόσμος, was Schmuck, Ordnung, Weltordnung bedeutet im Gegensatz zum Chaos ὁ χάος. Die Fragen nach dem Weltganzen sind auch Gegenstand philosophischer Spekulationen und religiöser Lehrgebäude. Die wissenschaftliche Kosmologie ist ein Teilgebiet der Astronomie. Ihre Aufgabe ist es, mit Hilfe der bekannten physikalischen Gesetze die beobachtbare Welt zu beschreiben und zusätzlich eine Deutung der Welt über den beobachtbaren Teil hinaus sowohl in räumlicher als auch in zeitlicher Dimension zu versuchen. Damit hat die Kosmologie im Laufe der Wissenschaftsgeschichte verschiedenen Umfang besessen, je nach Größe der beobachtbaren Welt. In der Antike ging die Welt nur bis an die „Sphaira“ der Fixsterne, dahinter verbarg sich das Urfeuer.

Giordano BRUNO war wohl einer der ersten, der die Ansicht vertrat, das Weltall erstrecke sich in alle Richtungen unendlich weit. Unter anderem wegen dieser seinerzeit als ketzerisch angesehenen Behauptung wurde BRUNO im Jahre 1600 am Scheiterhaufen verbrannt.

Die wissenschaftliche Kosmologie hat davon auszugehen, daß die bekannten Naturgesetze im gesamten beobachtbaren Weltall gelten. Um Kosmologie zu betreiben, ist es ferner empfehlenswert, nur gesicherte physikalische Erkenntnisse anzuwenden. Ad hoc-Hypothesen sind zu vermeiden. Ohne diese beiden Voraussetzungen wird sonst jede Aussage über das Universum in seiner Gesamtheit zu reiner Spekulation und führt häufig zu Phantastereien (Hohlwelttheorie, Welteislehre u.ä.).

Durch die Selbstbeschränkung auf eine physikalische Beschreibung von Aufbau und Entwicklung des Universums wird allerdings nur ein Teilbereich des Seins einer erklärenden Beschreibung zugänglich. Dies muß klar gesehen werden. Die Kosmologie kann uns kein vollständiges Weltbild liefern und alle ontologischen Fragen beantworten. Typische kosmologische Fragen hingegen, die zumindest prinzipiell lösbar sind, lauten:

Ist die Welt endlich oder unendlich (hinsichtlich Raum und Masse)?

Gab es einen Weltanfang?

Wird es ein Weltende geben?

Aus Beobachtungen läßt sich vermuten, daß das Universum in hinreichend großen Raumbereichen homogen und isotrop ist. Kein Bereich des Weltalls ist besonders ausgezeichnet, die Materie ist gleichförmig verteilt, die Strahlungsdichte hat in jedem Raumpunkt den gleichen Wert – abgesehen von lokalen Variationen. Aus der Isotropie folgt auch die Mittelpunktlosigkeit des Kosmos, denn keine Richtung ist ausgezeichnet.

Diese Vermutung wird als **Homogenitätspostulat** oder **Kosmologisches Prinzip** bezeichnet. Wohlgemerkt: Das Homogenitätspostulat ist eine sinnvolle Annahme, aber keine denknotwendige Voraussetzung. Die Beobachtungen zeigen aber klar: Weder die Erde, noch die Sonne, noch unser Milchstraßensystem, noch die lokale Galaxiengruppe nehmen eine ausgezeichnete Position im Weltall ein. Galaxienhaufen bilden noch größere Einheiten, sogenannte Superhaufen. Diese wiederum bilden gewaltige Mauern oder Wände, zwischen denen riesige, fast stern- und galaxienleere Raumbezirke (engl.: **voids**) liegen. Auf Skalengrößen von einigen hundert Millionen Lichtjahren zeigt das Universum ein honigwabenartiges Aussehen. Noch größere Strukturen scheint es nicht zu geben, in den wahrhaft kosmischen Dimensionen der Wabenstruktur ist das Weltall homogen und isotrop.

Einen ersten Einwand gegen ein räumlich unendliches, gleichmäßig mit Sternen gefülltes Universum hat der Bremer Arzt und Planetoidenentdecker Wilhelm Heinrich OLBERS im

Jahre 1823 gebracht: Da es nachts dunkel wird, ist das Weltall offensichtlich nicht von unendlich vielen Sternen bevölkert **(OLBERS-Paradoxon)**. Die scheinbare Helligkeit der Sterne nimmt zwar mit dem Quadrat ihrer Entfernung ($1/r^2$) ab, die Zahl der Sterne nimmt aber mit zunehmender Entfernung um $r^2 dr$ zu. Berücksichtigt man noch die Abschattungen der ferneren Sterne durch Vordergrundsterne, so ergibt sich, daß die gesamte Himmelskugel so hell leuchten müßte wie die Sonnenoberfläche. Dies ist offensichtlich nicht der Fall.

Aus dem klassischen Gravitationsgesetz von Isaac NEWTON folgt, daß ein unendlich großes, mit Sternen und Galaxien einigermaßen gleichmäßig gefülltes Universum nicht stabil sein kann. Denn die Anziehungskräfte sind in einem solchen Weltall nach Betrag und Richtung unbestimmt. Jede noch so kleine lokale Störung bewirkt ein Zusammenfallen oder ein Ausdehnen des Universums. Albert EINSTEIN hat 1917 versucht, das Weltall zu stabilisieren, indem er das Gravitationsgesetz in der POISSONschen Form um das berühmte Λ-Glied erweiterte:

$$\Delta\Phi = -4\pi G \cdot \bar{\rho} + \Lambda(t)$$

Dabei ist Φ das Gravitationspotential, G die universelle Gravitationskonstante und ρ die mittlere Dichte der Materie im All. Das zeitabhängige Λ-Glied bewirkt eine zusätzliche Abstoßungskraft.

Doch das Universum ist gar nicht stabil, wie Edwin P. HUBBLE und Milton HUMASON in den zwanziger Jahren unseres Jahrhunderts erkannten. Sie fanden mit dem 2,50-m-Reflektor des Mt. Wilson-Observatoriums – damals das größte Teleskop der Welt – das nun nach ihnen benannte Rotverschiebungsgesetz der Galaxien. Das HUBBLE-HUMASON-Gesetz besagt, daß die Verschiebung der Spektrallinien in Richtung zu größeren Wellenlängen (im Sichtbaren also zum roten Ende des Spektrums) um so größer ist, je weiter eine Galaxie von uns entfernt ist. Diese Rotverschiebung kann als Effekt nach dem Doppler-Prinzip gedeutet werden. Danach bewegen sich die Galaxien von uns weg. Die Fluchtbewegung ist um so schneller, je weiter eine Galaxie von uns entfernt ist. Das Weltall dehnt sich aus. Aus der Expansion folgt, daß das Universum früher kleiner war und wahrscheinlich einen Anfang hatte. Vornehmlich aus weltanschaulichen Gründen sträubten sich manche, an einen solch singulären Zustand, an einen Beginn der Welt zu glauben. Etliche andere Hypothesen (**Steady-State-Theorie** von Hermann BONDI und Thomas GOLD, erweitert von Fred HOYLE) tauchten auf, die die Vorstellung von einem statischen Weltall mit ewig gleichem Anblick retten wollten.

Mit der Entdeckung der Flucht der Galaxien war das Einsteinsche Λ-Glied nicht mehr notwendig, die Welt ist nicht stabil. EINSTEIN soll die Einführung des Λ-Gliedes später als „große Eselei" bezeichnet haben. Tatsächlich hat man das λ-Glied lange gleich Null gesetzt ($\Lambda(t) = 0$). Doch in der modernen Kosmologie spielt ein $\Lambda(t) \neq 0$ wieder eine Rolle bei der Erklärung der großräumigen Struktur des Kosmos und der Vermeidung der **Urknallsingularität**. Λ besitzt zwar einen sehr kleinen Zahlenwert ($\approx 10^{-56}$!), ist aber eben doch nicht verschwindend klein.

Der Urknall

Der Geburtsakt des Weltalls wird gerne Urknall oder Big Bang (engl.) genannt. Freilich fehlt uns jeder anschauliche Vergleich für dieses Elementarereignis, für die Schöpfung des Universums. Nicht nur die ungeheure Gewalt dieser Urexplosion ist unvorstellbar. Auch die Tatsache, daß Raum und Zeit ebenfalls erst mit dem Urknall entstanden, macht uns Kopfzerbrechen. Es gab kein „außen", niemand und nichts konnte den Urknall als Unbeteiligter beobachten, wie wir etwa eine Atombombenexplosion oder eine Supernovadetonation erleben können. Die Zeit wurde erst mit dem Urknall geboren. Die Frage wird damit überflüssig, was vor dem Urknall geschah.

Außer der Expansion des Universums gibt es noch zwei weitere markante Hinweise dafür, daß sich das Weltall vor etwa zwanzig Milliarden Jahren in einem extrem heißen und superdichten Zustand befand.

Einmal deutet die primäre Verteilung der leichten Elemente auf einen heißen Urzustand der Welt hin. Aus dem Vorkommen der leichtesten Elemente in den ältesten Sternen, die

Abnahme der Temperatur des Feuerballs vom Urknall mit zunehmendem Alter der Welt

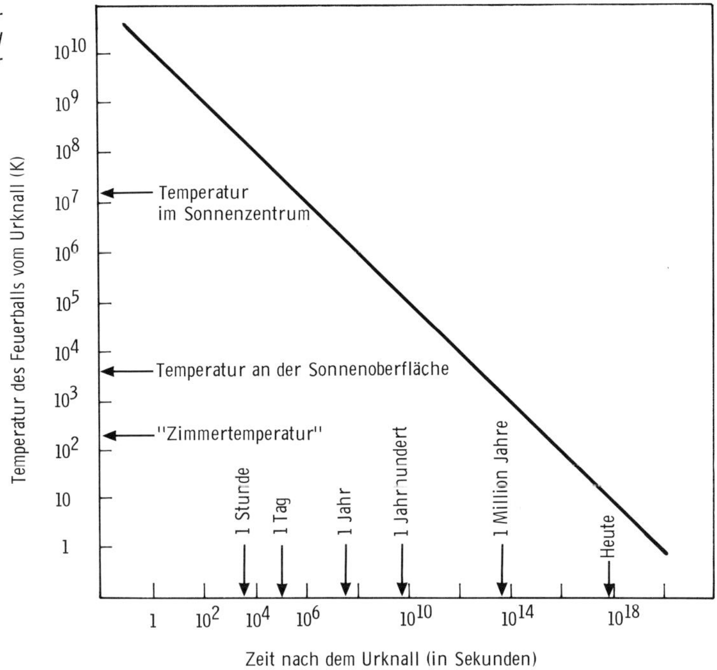

man in Kugelhaufen findet, insbesondere aus dem Verhältnis von Helium zu Wasserstoff, läßt sich auf einen heißen Beginn des Kosmos schließen. Es entspricht nämlich genau jenem, das die Theorie vom Urknall als Ergebnis der thermonuklearen Reaktionen in den ersten drei Minuten vorhersagt.

Zum anderen kann man den schwachen Rest des Strahlungsblitzes beim Urknall noch orten. Die Existenz einer **Kosmischen Hintergrundstrahlung** wurde schon in den vierziger Jahren von George GAMOW (1904–1968) vorhergesagt. Tatsächlich konnte das Echo des primordialen Feuerballs durch Zufall im Jahre 1965 gefunden werden. Die beiden Physiker einer amerikanischen Telefongesellschaft, Arno PENZIAS und Robert WILSON, entdeckten mit einem Radioteleskop eine gleichmäßig aus allen Richtungen einfallende Strahlung, die der PLANCKschen Strahlung eines Körpers von nur 3 Grad über dem absoluten Nullpunkt (3 Kelvin = −270° Celsius) entspricht.

Besonders genau wurde die 3K-Hintergrundstrahlung von dem Satelliten COBE vermessen. COBE (**Co**smic **B**ackground **E**xplorer) wurde 1989 gestartet. Aus den Schwankungen im Mikrowellenhintergrund der 3K-Strahlung von im Mittel 15 Mikrokelvin kann man auf Dichtefluktuationen in der Frühphase des Weltalls schließen. Diese Anisotropie in der kosmischen Hintergrundstrahlung vermag die großräumige, honigwabenartige Struktur des heute beobachtbaren Universums einigermaßen plausibel zu erklären. Die großräumige Struktur des Weltalls muß nämlich schon zu einem sehr frühen Zeitpunkt ihren Ursprung gehabt haben. Zur Zeit der Bildung von Galaxien und Sternen konnte sie nicht mehr entstehen.

Das Urknallszenario

Der wesentliche Parameter für die Beschreibung der Vorgänge in der Frühphase des Universums ist die Temperatur, die die durchschnittliche Teilchenenergie angibt. Sie bestimmt, welche Elementarteilchen wann existieren und wie sie miteinander reagieren. Die

Urknalltheorie beschreibt weitgehend befriedigend die Entstehung und Entwicklung der Bausteine der Materie sowie die Entkopplung der einzelnen Naturkräfte (Gravitation, Schwache Wechselwirkung, Elektromagnetismus, Kernkraft) durch eine Reihe von **Symmetriebrechungen** (Phasenübergänge) in dem sich schnell abkühlenden und expandierenden Ursubstrat.

Die Beschreibung des Urknallszenarios beginnt bei 10^{-43} Sekunden nach dem Zeitpunkt **NULL**. Was davor geschah, entzieht sich unserer Kenntnis. Man nennt den Zeitraum vom Beginn des Universums bis 10^{-43} Sekunden die PLANCK-Ära nach dem Physiker und Nobelpreisträger Max PLANCK (1858–1947). Zum Zeitpunkt 10^{-43} Sekunden betrug die Temperatur 10^{32} Kelvin, die Dichte des Urbreis 10^{92} g/cm^3 und die Ausdehnung des Universums (Skalengröße des Ereignishorizontes) 10^{-33} cm (sogenannte PLANCK-Länge, siehe auch Tabelle unten). Das Ursubstrat („Urbrei") bestand aus den hypothetischen X-Partikeln (Higgs-Bosonen), Photonen, Neutrinos, Elektronen, Gluonen und Quarks. Mit Ende der PLANCK-Ära entkoppelte sich die Gravitation von den übrigen drei Naturkräften (Kernkraft, elektromagnetische Kraft und Schwache Wechselwirkung), die zu diesem Zeitpunkt noch als einheitliche Kraft in Erscheinung treten (GUT). Das Auftreten verschiedener Elementarpartikel mit fallender Temperatur sowie das Entkoppeln einzelner Kräfte ist eine Folge von Symmetriebrechungen. In der PLANCK-Ära herrschte ein maximaler Grad an Symmetrie. Es gab nur eine einzige Kraft (Superkraft, Urkraft, Superforce) und vermutlich nur eine einzige Teilchensorte, nämlich virtuelle Black Holes, die Teilchen und Feldquanten gleichzeitig waren. Bei der Abkühlung entstand eine winzig kleine Asymmetrie ($1:10^9$) zwischen Quarks und Antiquarks, die die Bildung von Materie ermöglichte, die Entstehung von Antimaterie aber verhinderte.

Nach der ersten tausendstel Sekunde in der Geschichte des Universums hatten sich fast alle Quarks und Antiquarks durch Kollision in Strahlungsblitze (Photonen) verwandelt. Nur etwa jedes Milliardste Quark fand kein Antiquark. Dieser Quark-Rest bildete in dem immer kälter werdenden Urbrei die Protonen.

Etwa drei Minuten nach dem Urknall war die Temperatur schließlich auf knapp eine Milliarde Grad gesunken. Eine Reihe wesentlicher Vorgänge war abgeschlossen: Neutrinos hatten sich von den übrigen Teilchen entkoppelt, Protonen und Neutronen waren entstanden, und zwar im Verhältnis 4:1, die Zahl der Elektronen entsprach nun der der Protonen, die elektrische Gesamtladung des Weltalls war null, die Positronen waren durch Zusammenprall mit Elektronen vernichtet.

In den folgenden Minuten bildeten sich Alphateilchen (Heliumkerne), noch freie Neutronen zerfielen in Protonen, Elektronen und Neutrinos. Genaue Kalkulationen ergaben, daß dreißig Minuten nach dem Urknall etwa 77 Prozent der Urmaterie aus Wasserstoffatomkernen und 23 Prozent aus Heliumatomkernen bestanden. Im Laufe der nächsten 100000 Jahre kühlte sich das Universum auf wenige tausend Grad ab, die Atomkerne fingen Elektronen ein, es bildeten sich Wasserstoff- und Heliumatome. Schließlich wurde das Universum durchsichtig und – dunkel. Die gleißend helle Welt des primordialen Feuerballs wich infolge sinkender Temperaturen einer unsichtbaren Strahlung im Mikrowellenbereich. Nach rund einer Milliarde Jahren entstanden die ersten Sterne und Galaxien.

PLANCK-Größen

$l_{Pl} = (Gh/c^3)^{1/2} \approx 1{,}6 \times 10^{-33}$ cm;

$t_{Pl} = l_{Pl}/c = (Gh/c^5)^{1/2} \approx 5{,}3 \times 10^{-44}$ s;

$m_{Pl} = (hc/G)^{1/2} \approx 2{,}2 \times 10^{-5}$ g;

$\varrho_{Pl} = m_{Pl}/l_{Pl}{}^3 = c^5 (G^2h) \approx 5 \times 10^{93}$ g cm^{-3}.

$G = 6{,}68 \times 10^{-8}$ g^{-1} cm^3 s^{-2} $\triangleq 1$

$c = 3 \times 10^{10}$ cm s^{-1} $\triangleq 1$

$\hbar = h/2\pi = 1{,}054 \times 10^{-27}$ g cm^2 sec^{-1}

Die Urknall-Singularität

Extrapoliert man die Werte wie Temperatur, Dichte, Raumgröße in die winzige Zeitspanne vor dem Ende der PLANCK-Ära, so erhält man für den Zeitpunkt **NULL** eine unendlich hohe Dichte, unendlich hohe Temperatur, unendlich große Raumkrümmung sowie eine unendlich kleine Ausdehnung des Weltalls. Ein solcher Zustand ist physikalisch unbestimmt, er entzieht sich einer naturgesetzlichen Beschreibung. Man nennt einen solchen einzigartigen Zustand eine **Singularität**. Singularitäten sind mathematische Objekte (Fiktionen), die in der Natur, also in der Realität nirgends vorkommen. So gab es auch die Urknall-Singularität nie. Um die Geschehnisse in der PLANCK-Ära, also im allerersten Augenblick des Kosmos, näher beschreiben zu können, ist eine Quantentheorie der Gravitation erforderlich. Noch steht ein solches Instrumentarium nicht zur Verfügung, aber die Grundsteine sind schon gelegt.

Eine Schlüsselrolle spielt bei der Entstehung des Universums „aus dem Nichts" die **Quantenvakuumfluktuation**. Sie ist eine direkte Folge der HEISENBERGschen Unschärferelation, dem Grundprinzip der Quantenmechanik. Eine Konsequenz dieser Unschärferelation ist die Verabschiedung von der Vorstellung eines absolut leeren Raumes und einer absolut ablaufenden Zeit. Ein Vakuum im Sinne der klassischen Physik gibt und gab es nicht. Damit gab es also auch kein „Nichts", aus dem sich das Universum hätte bilden können.

Vielmehr ist das physikalisch reale Vakuum ein Zustand niedrigster Energie, gefüllt mit virtuellen Partikeln, die sich ununterbrochen spontan bilden und entsprechend schnell wieder zerfallen. Spontan ist eine wichtige Eigenschaft: Virtuelle Teilchen bilden sich ohne Kausalbeziehung (Ursache – Wirkung) und sind damit unvorhersagbar. Sie zerfallen wieder innerhalb der eng gezogenen Grenzen der Unschärferelation ($\Delta E \cdot \Delta t \geqq h/2\pi$ wobei $h = 6{,}625 \cdot 10^{-27}$ erg · sec ist). Ein absolutes Vakuum dagegen wäre ein scharf definierter Zustand (Energie- und Materiedichte = 0,0....) – ein Widerspruch zur Quantenmechanik. Virtuelle Teilchen sind grundsätzlich physikalischen Messungen nicht zugänglich. Bei Vorhandensein extrem starker Schwerkraft- oder elektrischer Felder können aus virtuellen Partikeln plötzlich reale Teilchen werden. Solche spontanen Paarbildungen, wo plötzlich Elektronen und Positronen förmlich aus dem Nichts entstehen, kann man im Labor beobachten.

Für die winzigen Dimensionen der PLANCK-Größen (PLANCK-Länge 10^{-33} cm, PLANCK-Zeit 10^{-43} sec) ist die Unschärferelation auch auf Raum und Zeit selbst anzuwenden. Die Ortskoordinate irgendeines Ereignisses kann nicht genauer als auf 10^{-33} cm angegeben werden, sein Zeitpunkt nicht genauer als auf 10^{-43} sec. Daher ist es auch unmöglich, einen absoluten Zeitpunkt **NULL** festzulegen. Innerhalb der PLANCK-Größen verschmieren sich gewissermaßen die Dimensionen von Raum und Zeit. Raumartige und zeitartige Distanzen sind in jenen winzigen Bereichen nicht mehr unterscheidbar. Man spricht von der schaumartigen Struktur der Raum-Zeit. Eine Folge dieses Raum-Zeit-Schaumes ist die Unmöglichkeit, Ereignisse in ihrer zeitlichen Reihenfolge zu ordnen. Innerhalb der PLANCK-Zeit gibt es kein Vorher und Nachher – sie bleiben unbestimmbar. Der Zeitablauf setzte erst mit Beginn des Universums, im Augenblick der PLANCK-Ära ein.

Im **primordialen Quantenvakuum** mit perfekter Symmetrie ist auch die Zahl der Raumdimensionen beliebig groß und damit unbestimmt. Eine Zeit im herkömmlichen Sinne gibt es in einem solchen Zustand auch nicht. Ähnlich der Paarbildung aus virtuellen Teilchen kann durch spontane Brechung der Symmetrie aus einem beliebig-dimensionalen Raum ein zehndimensionaler Raum entstehen. Die heute beobachtbare und beschreibbare Welt weist vermutlich mindestens zehn Raumdimensionen auf. Vier dieser zehn Raumdimensionen begannen in der winzigen PLANCK-Ära infolge einer weiteren Symmetriebrechung zu expandieren und somit unser Universum mit drei Raum- und einer Zeitdimension aufzuspannen.

Sechs weitere Dimensionen verblieben in der submikroskopischen PLANCK-Größe. Sie sind gewissermaßen kompaktifiziert und für die Eigenschaften der heute existierenden Elementarteilchen verantwortlich. Unser Universum trat also aus einer Schwankung des ursprünglichen Quantenvakuums, aus einer **primordialen Quantenvakuumfluktuation**, ins Dasein, und zwar infolge einer Reihe spontaner Symmetriebrechungen ohne kausalen Hintergrund gemäß den Regeln der Quantenmechanik. Das Weltall ist durch einen Phasenübergang aus einem Vakuumzustand in einen anderen entstanden. Dies erklärt auch, warum die Ge-

samtenergie des Universums verschwindend klein ist, nämlich nahezu Null in den Grenzen der Unschärferelation. Vermutlich gibt es nicht nur unser Universum, sondern zahlreiche weitere, sogenannte **Paralleluniversen**.
Einen originellen Vorschlag zur Vermeidung der Urknallsingularität hat Wolfgang PRIESTER gemacht. Er vermeidet es, vom Urknall zu sprechen, sondern nennt die frühe Phase der primordialen Materiebildung (Quarks und Elektronen) den „Urblitz". PRIESTER schlägt eine singularitätsfreie Lösung der EINSTEINschen Feldgleichungen mit nicht verschwindendem Λ-Term vor. Danach herrscht in einem Raum mit sphärischer Metrik, also positiver Gesamtkrümmung, das Quantenvakuum ohne Anwesenheit von Materie. Als Folge der EINSTEINschen Gleichungen kommt es zu einer Kontraktion des Längenmaßstabes, was zu einer enormen Raumkrümmung führt. Die Kontraktion geht aber nicht bis zu einer Singularität mit unendlich kleinem Skalenfaktor und unendlich großer Raumkrümmung; vielmehr erfolgt bei einer minimalen Größe (etwa 10^{-28} cm) ein Rückprall, der **Big Bounce**. Der Skalenfaktor wächst wieder an, der Kosmos beginnt zu expandieren. In der Phase des minimalen Skalenfaktors und der maximalen Raumkrümmung, dem „Durchschwingen" (nach PRIESTER), bewirkt die schnelle Änderung der Raumkrümmung die Produktion reeller Elementarteilchen, der Quarks und der Elektronen sowie kurz darauf der baryonischen Materie, also der Protonen und Neutronen. Die weiteren Abläufe entsprechen dann dem klassischen Szenario der Urknalltheorie. Durch das von Null verschiedene λ-Glied läßt sich auch der zeitliche Verlauf des Weltalls strecken, womit die Bildung der großräumigen, honigwabenähnlichen Struktur des Universums besser zu erklären ist. Das Weltalter erreicht dann eine Größenordnung von rund dreißig Milliarden Jahren.

Die inflationäre Phase

Das klassische Urknallszenario versagt bei dem Versuch, folgende drei Probleme zu klären:
1. Wieso ist nach den Beobachtungen der Weltraum nahezu euklidisch (Flachheitsproblem)? Die Gesamtkrümmung des Universums ist nahezu Null, die Expansion verläuft nahe dem parabolischen Fall (Grenze zwischen geschlossenen, zeitlich endlichem und offenem, ewig expandierendem Kosmos).
2. Die offensichtlich extrem große Homogenität und Isotropie des Universums läßt sich nicht verstehen, da in der Frühphase ein kausaler Zusammenhang zwischen weiten Bereichen des Kosmos wegen der Endlichkeit der Lichtgeschwindigkeit nicht bestand. Das Weltall hatte in der zur Verfügung stehenden Zeit keine Möglichkeit, Inhomogenitäten auszugleichen. Wodurch wurden Materie und Energie so gleichmäßig über kausal nicht zusammenhängende Bezirke im All verteilt?
3. Nach der GUT (**G**rand **U**nification **T**heory) entstehen bei sehr hohen Energiedichten (etwa 10^{15} GeV), wie sie in der Hadronenära herrschten, sogenannte **magnetische Monopole** in großer Zahl. Bei derart großen Energien sind die drei Kräfte Elektromagnetismus, starke Wechselwirkung und elektroschwache Kraft zu einer Kraft vereinigt (daher „Große Vereinigungs-Theorie"). Solche magnetischen Monopole sind aber bisher kaum beobachtet worden.
Alan GUTH hat nun vorgeschlagen, diese Fragen durch die Annahme einer inflationären Phase zwischen etwa 10^{-35} und 10^{-33} Sekunden nach dem Urknall zu erklären.
Nach GUTH hat sich der Kosmos in nur 10^{-33} Sekunden exponentiell aufgebläht (Skalenfaktor $r_t = r_o \cdot e^{H \cdot t}$, wobei H ungefähr 10^{35} (!) ist. Diese Inflation bewirkt eine Volumenvergrößerung von 10^{90}fach.
Dadurch wäre der uns überschaubare Bereich des Weltalls [Beobachtungshorizont: Lichtgeschwindigkeit (c) mal Weltalter (t = 1/H)] praktisch flach, das heißt eine Raumkrümmung wäre kaum feststellbar, die Raummetrik wäre euklidisch. Die inflationäre Phase bewirkt ein offenes Universum mit dem Grenzfall parabolischer Expansion (Abbremsungsparameter $dH / dt = \dot{H} = q = \frac{1}{2}$). Das tatsächliche Universum mit der in unserem Bereich beobachteten mittleren Dichte und Raumstruktur wäre um ein Vielfaches größer als der überschaubare Bereich, der wegen der Endlichkeit der Lichtgeschwindigkeit (c = 300000 km/s) zum jetzigen Zeitpunkt einer Skalengröße von

20 Milliarden Lichtjahren ($R = 2 \times 10^{10}$ LJ) entspricht. Die Blase der inflationären Epoche hätte heute dann eine Ausdehnung von 10^{2000} Lichtjahren – das reale Weltall wäre unvorstellbar viel größer als der überblickbare Bereich von winzigen 10^{10} Lichtjahren!
Die Inflation beseitigt mit einem Schlage alle Inhomogenitäten, oder besser, läßt sie praktisch nicht zu. Das Homogenitätspostulat ist erfüllt – die Verteilung der Materie ist gleichmäßig. Schließlich bedingt die Inflation auch, daß die magnetischen Monopole extrem selten anzutreffen wären. Tatsächlich sucht man sie bisher vergebens.
Das plötzliche Aufblähen des Universums in der inflationären Phase darf man sich nicht als Explosion mit einer sich schnell ausbreitenden Schockfront vorstellen. Das inflationäre Anwachsen des Skalenfaktors (Weltradius) erfolgt mit vielfacher Überlichtgeschwindigkeit. Es handelte sich dabei **nicht** um einen Vorgang, bei dem Materie oder Energie, kurzum Elementarpartikel, seien es nun Bosonen oder Fermionen, transportiert wurden. Die Inflation in der Frühphase des Kosmos war vielmehr ein Phasenübergang von einem Vakuumzustand hoher Energiedichte („falsches Vakuum") zu einem niedrigerer Energiedichte („reelles oder richtiges Vakuum"). Ein solcher Phasenübergang verläuft spontan ohne kausale Ursache. Nur bei der räumlichen und damit zeitlichen Übertragung einer kausalen Wirkung stellt die Lichtgeschwindigkeit eine obere Schranke (Grenze) dar.
Es sei angemerkt, daß aus Symmetriegründen die Gleichungen auch raumartige Bereiche zulassen, in denen die Lichtgeschwindigkeit eine untere Schranke darstellt. Teilchen mit nichtverschwindender Ruhemasse bewegen sich dann stets mit Überlichtgeschwindigkeit ($v > c$, **Tachyonenuniversum**), während sie in unserem Weltall stets mit Unterlichtgeschwindigkeit ($v < c$) laufen **(Universum der Tardyonen)**. Ob einem uns prinzipiell nicht zugänglichen Tachyonenuniversum eine Existenz im ontologischen Sinne zugeschrieben werden kann, bleibt eine philosophische Frage. Bestenfalls die Metamathematik kann darüber eine Aussage machen, inwieweit mathematischen Objekten eine absolute Existenz immanent ist.

Die kritische Dichte

Bereits aus der NEWTONschen Mechanik folgt, daß die im Weltall vorhandenen Massen (einschließlich der Strahlungsenergiedichte, die ebenfalls Masse aufweist, nämlich $m = E/c^2$) die Expansion bremsen müssen. Der HUBBLE-Parameter kann zeitlich nicht konstant sein ($dH/dt \neq 0$), die Expansion verlief früher schneller. Damit stellt die Größe $1/H = t$ eine obere Grenze für das Weltalter dar **(HUBBLE-Weltalter)**. Das tatsächliche Weltalter ist in jedem Fall kleiner. Man spricht in diesem Falle vom **FRIEDMANN-Weltalter**. Die Frage ist nun, wie groß die Abbremsung und damit die Abnahme der Expansion mit der Zeit ist ($dH/dt = q = ?$). Die Größe des Abbremsungsparameters (Dezelerationsfaktor) q hängt von zwei Größen ab: Der mittleren Materiedichte $\overline{\rho}$ im Weltall und dem HUBBLE-Parameter ($H = dr/dt$). Beide Größen sind schwierig zu bestimmen, so daß es heute noch nicht möglich ist, zu entscheiden, ob die Expansion ewig anhalten wird (wenn auch stets abnehmend = hyperbolischer Fall) oder ob nach einer bestimmten Zeit die Ausdehnung des Alls zum Stillstand kommt und anschließend das Universum wieder kontrahiert, bis es den heißen Urzustand des primordialen Feuerballs in so

Zur Ableitung der kritischen Dichte

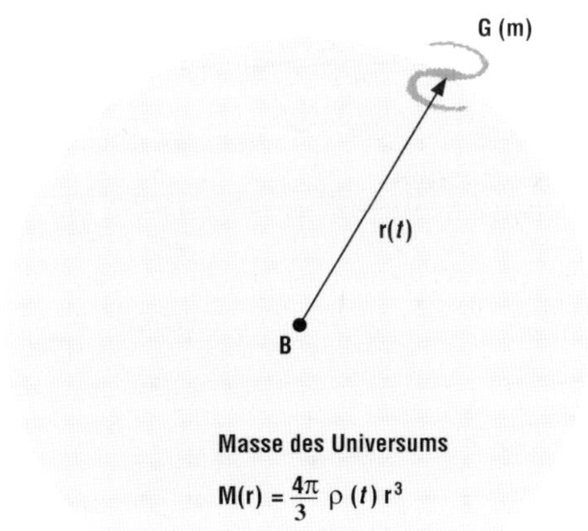

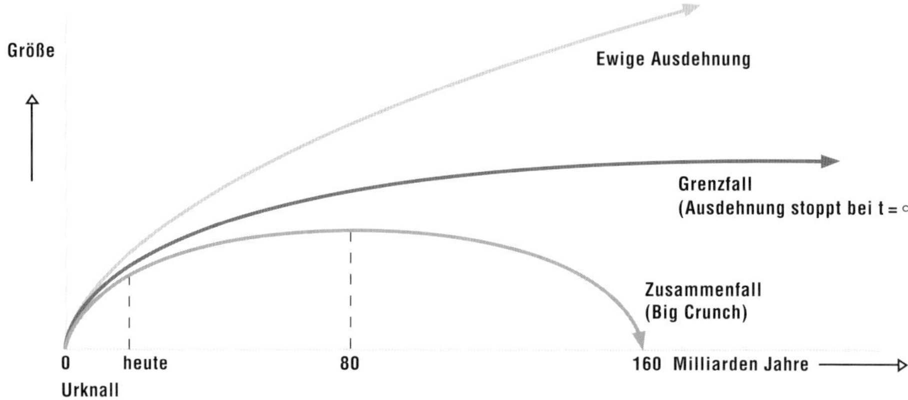

Zur Expansion des Universums (offenes bzw. geschlossenes Weltall)

genannten **Big Crunch** (= Endkrach) erreicht (elliptischer Fall).
Für ein gegebenes H läßt sich eine mittlere Dichte angeben, bei der das Weltall nach unendlich langer Zeit nicht mehr expandiert. Dies ist der parabolische Grenzfall, die zugehörige Dichte nennt man **kritische Dichte**.
Für eine am Rande des Weltalls (beobachtbarer Horizont) stehende Galaxie ergibt sich gemäß den Regeln der NEWTONschen Mechanik die Bewegungsgleichung

$$\frac{d^2r(t)}{dt^2} + \frac{4\pi}{3} G \cdot \overline{\rho}(t)r(t) = 0$$

Dabei ist r(t) die Distanz der Galaxie vom Beobachter, G die NEWTONsche Gravitationskontante und $\overline{\rho}$ die mittlere Dichte des Weltalls ($\overline{\rho} = M/\frac{4\pi}{3}r^3$). Ferner gilt das Gesetz der Massenerhaltung ($d(\overline{\rho}(t) \cdot r^3(t))/dt = 0$), das heißt, im Weltall treten keine neuen Massen auf und es verschwindet keine Masse. Berücksichtigt man, daß der Hubble-Parameter H = dr(t)/dt die Fluchtgeschwindigkeit der Galaxie in der Entfernung r angibt, und integriert die Bewegungsgleichung nach dr(t), so erhält man

$$H^2 = \frac{C}{R} - k \text{ und } R = r(t)$$

wobei $C = \frac{8\pi}{3} G\overline{\rho}(t) \cdot r^3(t)$ ist; k ist die auftretende Integrationskonstante. Ist sie positiv ($k > 0$), so kommt die Expansion nach endlicher Zeit zum Stillstand, anschließend folgt eine Kontraktion. Ist die Intergrationskonstante negativ ($k < 0$), dann expandiert das Weltall für alle Ewigkeit (offenes Weltall). $k = 0$ gibt offensichtlich den Grenzfall der parabolischen Expansion an. Dann folgt aus obiger Gleichung für $k = 0$:

$$\overline{\rho}_0 = \frac{3}{8\pi} \cdot \frac{H^2}{G}$$

$\overline{\rho}_0$ ist die kritische Dichte, bei der für ein gegebenes H die Expansion nach unendlich langer Zeit zum Stillstand kommt. Vorausgesetzt wird, daß sich die NEWTONsche Gravitationskonstante mit der Zeit nicht ändert ($\dot{G} = 0$). Die Entscheidung, ob das Universum offen (ewige Expansion) oder geschlossen (Zusammenbruch nach endlicher Zeit) ist, hängt nur von den beiden Größen mittlere Materiedichte $\overline{\rho}$ und dem HUBBLE-Parameter H ab. Beide Werte sind aber schwierig zu bestimmen und heute noch recht unsicher. Ist die reale Materiedichte größer als die kritische, dann leben wir in einem geschlossenen Weltall. Ist die reale Materiedichte jedoch gleich oder kleiner als die kritische, dann ist das Universum offen (positive Gesamtenergie bzw. Gesamtenergie = 0 für den parabolischen Fall).
Für H = 55 km/s · Mpc ergibt sich ein $\rho_c = 5{,}7 \cdot 10^{-30}$ g/cm^3, für H = 100 eine kritische Dichte von sogar $\rho_c = 1{,}9 \times 10^{-29}$ g/cm^3. Die bisher geschätzte mittlere Dichte des Universums liegt zwischen 10^{-31} und 10^{-30} g/cm^3. Danach ist das Weltall offen. Selbst wenn Neutrinos eine von Null verschiedene Ruhemasse haben und noch viel „dunkle" Materie verbor-

HUBBLE-Konstante, Weltalter und kritische Dichte

H [km s^{-1} Mpc^{-1}]	H [s^{-1}]	t_H = 1/H [a]	[ϱ_c cm^{-3}]
580 (HUBBLE, HUMASON)	$1{,}88 \times 10^{-17}$	$1{,}7 \times 10^{9}$	$6{,}3 \times 10^{-28}$
230	$7{,}45 \times 10^{-18}$	$9{,}8 \times 10^{9}$	$9{,}9 \times 10^{-29}$
100 (DE VAUCOULEUR)	$3{,}24 \times 10^{-18}$	$9{,}8 \times 10^{9}$	$1{,}9 \times 10^{-29}$
85 (IAU-Patras 1982)	$2{,}75 \times 10^{-18}$	$1{,}15 \times 10^{10}$	$1{,}4 \times 10^{-29}$
50 (TAMMANN, SANDAGE)	$1{,}62 \times 10^{-18}$	$1{,}96 \times 10^{10}$	$4{,}7 \times 10^{-30}$

gen ist, dürfte das Weltall dennoch auch in noch so ferner Zeit nicht zusammenbrechen. Alles deutet darauf hin, daß das Universum nahe dem parabolischen Grenzfall expandiert.

Die Zukunft des Universums

Es hat heute den Anschein, daß die reale mittlere Dichte des Universums fast gleich der kritischen Dichte ist. Somit nimmt das Weltall an einer parabolischen Expansion teil, die stets abnehmende Fluchtgeschwindigkeit erreicht nach unendlich langer Zeit den Wert Null. Von lokalen Abweichungen abgesehen ist der Weltraum euklidisch, wir leben in einem flachen, offenen Universum.

Die zukünftige Entwicklung des Universums läßt sich grob skizzieren. Dabei sind über die „nähere" Zukunft (bis etwa hundert Billionen Jahre) noch einigermaßen sichere Aussagen möglich, die fernere Zukunft verliert sich dann eher in einem Nebel von Spekulationen. Wie im allerersten Augenblick spielen in der sehr fernen Zukunft des Universums quantenmechanische Einflüsse der Gravitation eine entscheidende Rolle.

Gegenwärtig zeigt die Weltenuhr 20 (vielleicht auch 30) Milliarden Jahre nach dem Big Bang. Nach weiteren zehn Milliarden (= 10^{10}) Jahren sind die meisten der heutigen Sterne ausgebrannt und erloschen. Eine neue Generation von Sternen leuchtet.

Nach 100 Milliarden (10^{11}) Jahren liegt unsere Lokale Milchstraßengruppe ziemlich einsam im Kosmos. Die anderen Galaxienhaufen wären dann nur noch in sehr großen Teleskopen als schwache Lichtfleckchen erkennbar – die Ausdehnung des Alls hat sie in große Entfernung getragen. Schließlich sind alle interstellaren Gasmassen, der Baustoff der Sterne, aufgebraucht. Nach einer Billion (10^{12}) Jahren verlöschen die letzten Sterne. Das „Goldene Zeitalter der Sterne" geht zu Ende. Im Weltall wird es vollends dunkel, nur rote Zwergsterne glimmen noch eine Zeitlang düster vor sich hin.

Nach 100 Billionen (10^{14}) Jahren finden sich nur noch Staub und die kalten Reste erloschener Sterne, Schwarze Zwerge, Neutronensterne, Schwarze Löcher im Kosmos.

Um die erloschenen Sterne kreisen völlig erkaltete Planeten. In solch gewaltigen Zeiträumen geschehen auch Dinge, die extrem unwahrscheinlich sind, wie nahe Begegnungen von Sternen. In zehn Billiarden (10^{16}) Jahren haben solche Begegnungen jedoch so häufig stattgefunden, daß die meisten Planeten ihren Sternen entrissen sind und ungebunden durch die Weiten des Alls driften.

Die nahen Sternbegegnungen wirken außerdem als Gravitationsschleuder: Rund 90 % der Sterne werden dadurch aus den Galaxien hinauskatapultiert. Die restlichen 10 % werden in die immer dichter werdenden Zentren der Milchstraßensysteme hineingezogen. Nach

Zeittafel Universum

Ereignis	Jahre
Urknall (Big Bang)	0
Heutiges Universum	$\sim 1{,}8 \times 10^{10}$
Letzte Sterne verlöschen, im Universum wird es dunkel	10^{12}
Tote Sterne verlieren ihre Planeten	10^{16}
Galaxien aufgelöst, Kerne zu supermassereichen Schwarzen Löchern kollabiert	10^{19}
Letzte Planeten stürzen in erloschene Muttersterne	10^{20}
Die meisten Protonen sind zerfallen, Sterne glimmen nochmals auf	10^{33}
Letzte Protonen kollabieren und zerstrahlen	10^{46}
Stellare Schwarze Löcher verdampfen	10^{65}
Supermassereiche Schwarze Löcher detonieren	10^{100}
Materie verwandelt sich zu Eisenkugeln	10^{1500}
Eisenkugeln kollabieren zu Schwarzen Löchern	$10^{10^{26}}$
Eschatologische Schwarze Löcher detonieren	$10^{10^{26+x}}$

zehn Trillionen (10^{19}) Jahren haben sich die Galaxien aufgelöst, die Sternenleichen sind im Kosmos verstreut. Die Kerne der Galaxien sind zu supermassereichen Schwarzen Löchern zusammengebrochen.

Nach hundert Trillionen (10^{20}) Jahren stürzen auch die letzten Planeten, die nicht durch enge Sternbegegnungen entrissen wurden, in ihre längst erloschenen Muttersterne. Aufgrund der Gravitationsstrahlung beschleunigt bewegter Massen verliert ein Planet stets etwas an Energie und nähert sich deshalb in einer Spiralbahn ständig seinem Zentralkörper.

Nach 10^{20} Jahren enthält das stockfinstere Universum somit nur noch ausgebrannte Zwergsterne, Neutronensterne, stellare Schwarze Löcher sowie supermassereiche Schwarze Löcher, die Reste einst gewaltiger Galaxien. Hin und wieder blitzt Röntgenlicht auf, wenn eine Sternenleiche in ein Schwarzes Loch stürzt. 10^{20} Jahre – diese Zeitspanne umfaßt das Zehnmilliardenfache des heutigen Weltalters! Dennoch ist in dieser unvorstellbar fernen Zeit die Geschichte des Universums noch nicht zu Ende. Nach 10^{32} bis 10^{33} Jahren kommt es nach der GUT zum Zerfall der Protonen, die baryonische Materie stirbt. Durch den Protonenzerfall glühen die längst erloschenen Sterne infolge der freiwerdenden Zerfallsenergie nochmals im Infraroten auf. Dies ist aber noch reine Spekulation, da man noch nicht abschätzen kann, wie weit sich Sterne durch solch überaus langsame Prozesse aufheizen können – möglicherweise nur um einige Kelvin.

Nach 10^{46} Jahren brechen die letzten, bis dahin noch nicht zerfallenen Protonen durch quantenmechanischen Schwerkraftkollaps zu Schwarzen Minilöchern zusammen, die augenblicklich wieder zerstrahlen.

Schließlich verdampfen aufgrund quantenmechanischer Prozesse nach 10^{65} Jahren die stellaren Schwarzen Löcher. Nach 10^{100} Jahren folgen die supermassereichen Schwarzen Löcher, die Kerne einstiger Galaxien. Danach enthält das Universum nur noch Photonen, Neutrinos, Elektronen und Positronen in einer unglaublich dünnen Suppe. Nur alle Million Lichtjahre würde man auf ein solches Elementarteilchen stoßen.

Es gibt spekulative Vorstellungen, was in noch fernerer Zukunft passieren könnte. Auf dem Wege zur Ewigkeit ereignen sich auch Dinge, die extrem unwahrscheinlich sind. Doch die Zeitspannen werden immer länger, in denen überhaupt etwas geschieht. Das Universum nähert sich asymptotisch der zeitlosen Phase der Ewigkeit, einem Zustand also, in dem die Zeit aufhört zu existieren.

Anhang

Astronomische Symbole und Abkürzungen

Tierkreiszeichen mit ekl. Länge der Anfangspunkte

♈ Widder (Aries)	0°
♉ Stier (Taurus)	30°
♊ Zwillinge (Gemini)	60°
♋ Krebs (Cancer)	90°
♌ Löwe (Leo)	120°
♍ Jungfrau (Virgo)	150°
♎ Waage (Libra)	180°
♏ Skorpion (Scorpius)	210°
♐ Schütze (Sagittarius)	240°
♑ Steinbock (Capricornus)	270°
♒ Wassermann (Aquarius)	300°
♓ Fische (Pisces)	330°

Symbole der Planeten und Konstellationen

⊙ Sonne	♂ Mars
☾ Mond	♃ Jupiter
☿ Merkur	♄ Saturn
♀ Venus	⛢ Uranus
♁ Erde (auch ⊕)	♆ Neptun
	♇ Pluto
● Neumond	☺ Vollmond
☽ Erstes Viertel	☾ Letztes Viertel
☌ Konjunktion	
☍ Opposition	
□ Quadratur	

Zeit- und Winkelmaße

a	–	annus (Jahr)
d	–	dies (Tag)
h	–	hora (Stunde)
m	–	minuta (Zeitminute)
s	–	secunda minuta (Zeitsekunde)
°		Grad (Winkel-)
′		Bogenminute
″		Bogensekunde

Achtung: Häufig steht a auch für große Halbachse und m für magnitudo (Größenklasse) oder Meter.

AE	–	Astronomische Einheit (auch a.u. – astronomical unit)
LJ	–	Lichtjahr
pc	–	Parsec
kpc	–	Kiloparsec, Mpc – Megaparsec
eV	–	Elektronenvolt

Einheiten und physikalische Konstanten

SI-Grundeinheiten
SI – System International
(Internationales Einheitensystem für Maße, gültig seit 1. 1. 1978)

Physikalische Größe	Einheit	Abkürzung
Länge	Meter	m
Masse	Kilogramm	kg
Zeit	Sekunde	s (auch: sec)
Thermodyn. Temperatur	Kelvin	K
Elektr. Stromstärke	Ampère	A
Stoffmenge	Mol	mol
Lichtstärke	Candela	cd

Abgeleitete SI-Einheiten für bestimmte Größen

Physikalische Größe	Einheit	Abkürzung	Dimension
Kraft	Newton	N	$kg\ m\ s^{-2}$
Energie	Joule	J	$kg\ m^2\ s^{-2}$
Leistung	Watt	W	$kg\ m^2\ s^{-3}$
Elektrische Ladung	Coulomb	C	A s
Magnetische Flußdichte	Tesla	T	$kg\ s^{-2} A^{-1}$
Frequenz	Hertz	Hz	s^{-1}

Umwandlung einiger cgs-Einheiten in SI-Einheiten

1 dyn	$= 10^{-5}$ N
1 erg	$= 10^{-7}$ J
1 erg · s^{-1}	$= 10^{-7}$ W
1 Ångström (Å)	$= 10^{-10}$ m
1 Gauß (G)	$= 10^{-4}$ T
1 Gamma (γ)	$= 10^{-9}$ T
1 Kalorie (cal)	= 4,186 J
1 eV	$= 1{,}602189 \times 10^{-19}$ J

Längen

1 Meter	= Länge derjenigen Strecke, die das Licht im Vakuum während der Zeitspanne von $3{,}335\ 640\ 952 \times 10^{-9}$ s durcheilt
1 AE	$= 1{,}495\ 978\ 70 \times 10^{11}$ m
	= 499,004 782 Lichtsekunden
	≙ Sonnenparallaxe $\pi_{\odot} = 8''\!.79405$
1 pc	$= 3{,}085\ 678 \times 10^{16}$ m
	= 206 264,8 AE
	= 3,261 631 LJ
1 LJ	$= 9{,}460\ 536 \times 10^{15}$ m (Lichtlaufweg in einem Gregorianischen Jahr)
	= 63 239,8 AE
1 Nautische Meile	= 1852,0 m
	≙ 1′ eines Großkreises der Erde
1 Mittlerer Erdradius	$= 6{,}371\ 004 \times 10^{6}$ m
1 Bohrscher Radius	$= 5{,}29 \times 10^{-11}$ m
1 Klassischer Elektronenradius	$= 2{,}817\ 939 \times 10^{-15}$ m

Massen

1 Kilogramm	= Masse des internationalen Kiloprototyps aus Platin-Iridium in Paris
1 Erdmasse	$= 5{,}9742 \times 10^{24}$ kg
1 Sonnenmasse	$= 1{,}9891 \times 10^{33}$ kg
1 Atomare Masseneinheit (u) ($= C^{12}/12$)	$= 1{,}660\ 54 \times 10^{-27}$ kg
	$≙ 9{,}31\ 494 \times 10^{8}$ eV
1 Ruhemasse des Elektrons	$= 9{,}1094 \times 10^{-31}$ kg
	$≙ 0{,}510\ 999 \times 10^{6}$ eV
1 Ruhemasse des Protons	$= 1{,}672\ 62 \times 10^{-27}$ kg
	$≙ 938{,}27 \times 10^{6}$ eV
1 Ruhemasse des Neutrons	$= 1{,}674\ 93 \times 10^{-27}$ kg
	$≙ 939{,}57 \times 10^{6}$ eV

Ruhemasse einiger Atome:

^{1}H = 1,007 825 u	^{5}Li = 5,012 5 u	^{16}O = 15,994 915 u
^{2}D = 2,014 102 u	^{8}Be = 8,005 3 u	^{56}Fe = 55,934 940 u
^{4}He = 4,002 603 u	^{12}C = 12,000 000 u	^{235}U = 235,043 928 u

Zeit

1 Sekunde	= 9 192 631 770fache Periodendauer der Frequenz der Strahlung, die beim Übergang zwischen beiden Hyperfeinstrukturniveaus $^2S_{1/2}$ des Nuklids 133 Cs (Caesium-Atomkern) ausgesandt wird
	= 1 Atomzeitsekunde (SI-Einheit)
1 Ephemeriden-sekunde	= 1/31 556 925,975 der Länge des tropischen Jahres zur Epoche 1900.0
1 Sonnenzeit-sekunde	= 1/86 400 mittlerer Sonnentag
1 Sternzeitsekunde	= 1/86 400 mittlerer Sterntag
1 Sonnenzeit-sekunde	= 1,002 737 909 3 Sternzeitsekunden
1 mittlerer Sonnen-tag	= 1,002 737 909 3 mittlere Sterntage
	= $24^h03^m56\overset{s}{.}554$ Sternzeit
	= 86 636,554 Sternzeitsekunden
1 mittlerer Sterntag	= 0,997 269 566 4 mittlere Sonnentage
	= $23^h56^m04\overset{s}{.}0905$ Sonnenzeit
	= 86 164,0509 Sonnenzeitsekunden

Physikalische Fundamentalkonstanten

NEWTONsche Gravitationskonstante	$G = 6{,}672 \times 10^{-11}\ m^3\ kg^{-1}\ s^{-2}$
GAUSS-Gravitationskonstante	$k = 0{,}017202\ 098\ 950\ AE^{3/2}\ \mathfrak{M}_{\odot}^{-1/2}\ s^{-1}$
Lichtgeschwindigkeit im Vakuum	$c = 2{,}997\ 925 \times 10^8\ m\ s^{-1}$
PLANCKsches Wirkungsquantum	$h = 6{,}625 \times 10^{-34}\ J\ s$
$(h/2\pi)$	$\hbar = 1{,}054 \times 10^{-34}\ J\ s$
BOLTZMANN-Konstante	$k = 1{,}380 \times 10^{-23}\ J\ K^{-1}$
$(S = k \cdot \ln W)$	
LOSCHMIDTsche Zahl (Avogadro-Zahl)	$L = 6{,}022 \times 10^{23}\ mol^{-1}$
Universelle Gaskonstante	$\mathfrak{R} = 8{,}314\ 34\ J\ K^{-1}\ mol^{-1}$
STEFAN-BOLTZMANN-Konstante	$\sigma = 5{,}669 \times 10^{-8}\ W\ m^{-2}\ K^{-4}$
$(E = \sigma \cdot T^4_{eff})$	
Konstante des WIENschen Verschiebungsgesetzes	$T \cdot \lambda_{max} = 2{,}90 \times 10^{-3}\ m\ K$
Elektrische Elementarladung	$e = 1{,}6022 \times 10^{-19}\ C$
EINSTEINsches Masseäquivalent	$1\ kg \mathrel{\hat{=}} 9 \times 10^{16}\ J$
$(E = mc^2)$	$\mathrel{\hat{=}} 5{,}62 \times 10^{32}\ eV$
COMPTON-Wellenlänge	$\lambda_c = 2{,}426\ 310 \times 10^{-12}\ m$
$(\lambda_c = h/m_e \cdot c)$	

Mathematische Größen und Relationen

Kreiszahl (U/d)	$\pi = 3{,}141\ 592\ 654$
EULERsche Zahl (Basis Logarithmus naturalis)	$e = 2{,}718\ 281\ 828$
lg — BRIGGscher Logarithmus	(Basis: 10)

ln	Logarithmus naturalis (Basis: e)	
ld	Logarithmus dualis (Basis: 2)	
$\log_n$	Logarithmus zur Basis n	
$\lg x = 2{,}30259 \ln x$		$e^{2{,}30259} = 10$
$\ln x = 0{,}43429 \lg x$		$10^{0{,}43429} = e$
$\lg x = 3{,}32193\ \mathrm{ld}\ x$		$2^{3{,}32193} = 10$
$\mathrm{ld}\ x = 0{,}30103 \lg x$		$10^{0{,}30103} = 2$

Winkel- und Bogenmaße

Voller Kreis $2\pi = 360° = 21600' = 1296000''$

$360° \mathrel{\hat{=}} 24^h$ $\quad 1° \mathrel{\hat{=}} 4^m$ $\quad 1' \mathrel{\hat{=}} 4^s$

$15° \mathrel{\hat{=}} 1^h$ $\quad 15' \mathrel{\hat{=}} 1^m$ $\quad 15'' \mathrel{\hat{=}} 1^s$

$\hat{\alpha} = \frac{\pi}{180°}\alpha°$ $\qquad \alpha° = \frac{180°}{\pi}\hat{\alpha}$

$\text{arc } 1° = \frac{\pi}{180°} = 0{,}017\,453$

$\text{arc } 57°17'44{,}''8 = 1$

1 Radiant (rad) $= 360°/2\pi = 57{,}°195\,779\,51$
$= 3437{,}'746\,771$
$= 206\,264{,}''8063$

Einheit des Raumwinkels:
1 Steradiant (sterad) = 3282,806 Quadratgrad
1 Raumwinkel der vollen Kugel:
4π sterad = 41 252,95684 Quadratgrad

Trigonometrische Funktionen

Name	Symbol	Verhältnis	Wertebereich
Sinus	sin	Gegenkathete/ Hypotenuse	-1 bis $+1$
Kosinus	cos	Ankathete/ Hypotenuse	-1 bis $+1$
Tangens	tg, tan	Gegenkathete/ Ankathete	$-\infty$ bis $+\infty$
Kotangens	ctg, cot	Ankathete/ Gegenkathete	$-\infty$ bis $+\infty$
Sekans	sec	Hypotenuse/ Ankathete	$-\infty$ bis $+\infty$
Kosekans	cosec	Hypotenuse/ Gegenkathete	$-\infty$ bis $+\infty$

Vorzeichen in den Quadranten:

	I.	II.	III.	IV.
	0°–90°	90°–180°	180°–270°	270°–360°
sin	+	+	–	–
cos	+	–	–	+
tg	+	–	+	–
ctg	+	–	+	–

$1/\sin\alpha = \text{cosec}\,\alpha$ $\qquad \sin\alpha / \cos\alpha = \text{tg}\,\alpha$

$1/\cos\alpha = \sec\alpha$ $\qquad \text{tg}\,\alpha \cdot \text{ctg}\,\alpha = 1$

$1/\text{tg}\,\alpha = \text{ctg}\,\alpha$ $\qquad \sin^2\alpha + \cos^2\alpha = 1$

Imaginäre Zahleneinheit: $i = \sqrt{-1}$

EULERsche Formel: $e^{i\varphi} = \cos\varphi + i \cdot \sin\varphi$

$e^{i\pi} = -1$ $\qquad e^{2 \cdot i\pi} = 1$

Tabelle der Tagesbruchteile (T. B.)

T.B.	h m	T.B.	h m s
0,1	2 24	0,01	0 14 24
0,2	4 48	0,02	0 28 48
0,3	7 12	0,03	0 43 12
0,4	9 36	0,04	0 57 36
0,5	12 00	0,05	1 12 00
0,6	14 24	0,06	1 26 24
0,7	16 48	0,07	1 40 48
0,8	19 12	0,08	1 55 12
0,9	21 36	0,09	2 09 36
1,0	24 00	0,10	2 24 00

T.B.	m s	T.B.	m s
0,001	1 26	0,0001	0 9
0,002	2 53	0,0002	0 17
0,003	4 19	0,0003	0 26
0,004	5 46	0,0004	0 35
0,005	7 12	0,0005	0 43
0,006	8 38	0,0006	0 52
0,007	10 05	0,0007	1 00
0,008	11 31	0,0008	1 09
0,009	12 58	0,0009	1 18
0,010	14 24	0,0010	1 26

Rechenbeispiel:
Der dezimale Tagesbruchteil 0,7823 soll in Stunden, Minuten und Sekunden verwandelt werden:

Es sind
$0{,}7 = 16^h48^m00^s$
$0{,}08 = 1^h55^m12^s$
$0{,}002 = 2^m53^s$
$0{,}0003 = 0^m26^s$

$0{,}7823 = 18^h46^m31^s$

Darstellung großer und kleiner Zahlen

Name	Vorsilbe	Abk.	Zehner-potenzen	Zahlen
1 Trillion	Exa	E	10^{18}	1000000000000000000
1 Billiarde	Peta	P	10^{15}	1000000000000000
1 Billion	Tera	T	10^{12}	1000000000000
1 Milliarde	Giga	G	10^{9}	1000000000
1 Million	Mega	M	10^{6}	1000000
1 Tausend	Kilo	k	10^{3}	1000
1 Hundert	Hekto	h	10^{2}	100
1 Deka	Deka	D	10^{1}	10
Eins	–	–	10^{0}	1
1 Zehntel	Dezi	d	10^{-1}	0,1
1 Hundertstel	Zenti	c	10^{-2}	0,01
1 Tausendstel	Milli	m	10^{-3}	0,001
1 Millionstel	Mikro	µ	10^{-6}	0,000001
1 Milliardstel	Nano	n	10^{-9}	0,000000001
1 Billionstel	Piko	p	10^{-12}	0,000000000001
1 Billiardstel	Femto	f	10^{-15}	0,000000000000001
1 Trillionstel	Atto	a	10^{-18}	0,000000000000000001

10^{18} Trillion	10^{42} Septillion
10^{21} Trilliarde	10^{45} Septilliarde
10^{24} Quadrillion	10^{48} Oktillion
10^{27} Quadrilliarde	10^{51} Oktilliarde
10^{30} Quintillion	10^{54} Nonillion
10^{33} Quintilliarde	10^{57} Nonilliarde
10^{36} Sextillion	10^{60} Dezillion
10^{39} Sextilliarde	10^{63} Dezilliarde

Im Englischen ist 1 billion = 10^{9}, 1 trillion = 10^{12}, 1 quadrillion = 10^{15} usw.

Akronyme (Abkürzungen)

AG	– **A**stronomische **G**esellschaft (gegründet 1863)
CCD	– **C**harge **C**oupled **D**evice elektronische Kamera, Photonenempfänger auf Halbleiter-Basis
CFHT	– **C**anadian–**F**ranco–**H**awaiian–**T**elescope, Mauna Kea, Hawaii
COBE	– **Co**smic **B**ackground **E**xplorer Satellite
COLUMBUS	– Bemannte Raumstation (ESA)
CRAF	– **C**omet **R**endezvous and **A**steroid **F**lyby
CTIO	– **C**erro **T**ololo **I**nteramerican **O**bservatory
CZPS	– **C**arl-**Z**eiss-**P**lanetarium **S**tuttgart
DFVLR	– siehe DLR
DLR	– **D**eutsche Forschungsanstalt für **L**uft- und **R**aumfahrt (früher DFVLR = **D**eutsche **F**orschungs- und **V**ersuchsanstalt)
ESA	– **E**uropean **S**pace **A**gency
ESO	– **E**uropean **S**outhern **O**bservatory

ESOC	– **E**uropean **S**pace **O**peration **C**entre
FIRST	– **F**ar **I**nfra**R**ed **S**pace **T**elescope
GPO	– **G**rand **P**rism **O**bjective (ESO)
HERMES	– Europäischer, bemannter Raumtransporter (ESA-Projekt)
HEXE	– **H**igh **E**nergy **X**-ray **E**xperiment
HIPPARCOS	– **Hi**gh **P**recision **Par**allax **Co**llecting **S**atellite, Astrometrie-Satellit der ESA
HUYGENS	– Raumsonde zur Erforschung des Saturnmondes Titan (1997–2003)
IAF	– **I**nternational **A**stronautical **F**ederation
IAU	– **I**nternational **A**stronomical **U**nion (gegründet 1919)
IHW	– **I**nternational **H**alley **W**atch
ILOC	– **I**nternational **L**unar **O**ccultation **C**entre, Tokio
IPPS	– **I**nteractive **P**icture **P**rocessing **S**ystem (Bildauswertung, mit Computer, Beseitigung der Luftunruhe u. a.)
IRAM	– **I**nstitut für **R**adio-**A**stronomie im **M**illimeter-Bereich (dt.-franz.)
IRAS	– **I**nfra**R**ed **A**stronomical **S**atellite
ISO	– **I**nfrared **S**atellite **O**bservatory
JPL	– **J**et **P**ropulsion **L**aboratory, Pasadena, USA
KAO	– **K**uiper **A**irborne **O**bservatory
LEST	– **L**arge **E**uropean **S**olar **T**elescope
MPI	– **M**ax-**P**lanck-**I**nstitut (für ...)
MPG	– **M**ax-**P**lanck-**G**esellschaft
NASA	– **N**ational **A**eronautics and **S**pace **A**dministration
NTT	– **N**ew **T**echnology **T**elescope
OSL	– **O**rbiting **S**olar **L**aboratory
REOSC	– **R**echerches et **E**tudes d'**O**ptique de **S**ciences **C**onnexes in Ballainvilles bei Paris
ROSAT	– **Ro**entgen **Sat**ellit Deutscher Satellit zu Erforschung der kosmischen Röntgenstrahlen
ROSETTA (CNSR)	– **C**omet **N**ucleus **S**ample **R**eturn Mission Projektierte Kometensonde der ESA
SAR	– **S**ynthetic **A**perture **R**adar
SEST	– **S**wedish-**ESO**-**S**ubmillimetre **T**elescope auf La Silla, Chile
SOFIA	– **S**tratospheric **O**bservatory **F**or **I**nfrared **A**stronomy
SOHO	– **So**lar **H**eliospheric **O**bservatory sonnennahe Raumsonde + vier Satelliten für erdnahes Plasma
SPEKTRO-SAT	– Nachfolgeprojekt von ROSAT
SSEC	– **S**olar **S**ystem **E**xploring **C**ommittee (of NASA Advisory council)
ULYSSES (ISPM)	– **I**nternational **S**olar **P**olar **M**ission (ESA-NASA-Projekt, mit Vorbeiflug an Jupiter)
VLT	– **V**ery **L**arge **T**elescope (ein ESO-Projekt)
XMM	– **X**-Ray **M**ulti-**M**irror Observatory Röntgenspektroskopie-Teleskop

Register